Schnittpunkt 6

Mathematik
Baden-Württemberg

W0392780

Arbeitsheft

herausgegeben von Matthias Dorn und Petra Hillebrand

erarbeitet von
Ilona Bernhard, Matthias Dorn, Jürgen Frink, Petra Hillebrand, Klaus-Peter Jungmann, Karen Kaps, Michael Kölle, Nicolas Kümmerle, Michael Neubert, Tanja Sawatzki, Uwe Schumacher

Ernst Klett Verlag
Stuttgart · Leipzig

Liebe Schülerinnen und Schüler,

auf dieser Seite stellen wir euch euer Arbeitsheft für die 10. Klasse vor.

Die Kapitel und das Lösungsheft
Zu allen Kapiteln eures Buches findet ihr Übungsaufgaben. Ausführliche Lösungen der Aufgaben befinden sich im eingehefteten Lösungsheft. Zusätzlich bietet das Heft **20 Trainingsseiten für die Prüfungsvorbereitung**. Ihr wisst: Die beste Lernmethode für Prüfungen ist, sich alle Lern- und Übungsschritte, in kleine Portionen unterteilt, über einen längeren Zeitraum vorzunehmen. Damit dies möglich ist, haben wir spezielle Seiten für die langfristige Prüfungsvorbereitung in das Arbeitsheft aufgenommen.
Das Prüfungstraining fängt gleich nach dem zweiten Kapitel an, damit ihr schon möglichst früh das wiederholen und üben könnt, worauf es ankommt. Hier werden wichtige Themen auch aus den vorangegangenen Jahren wiederholt, Wissen gesichert und Aufgaben im Stil der Prüfungen gestellt.

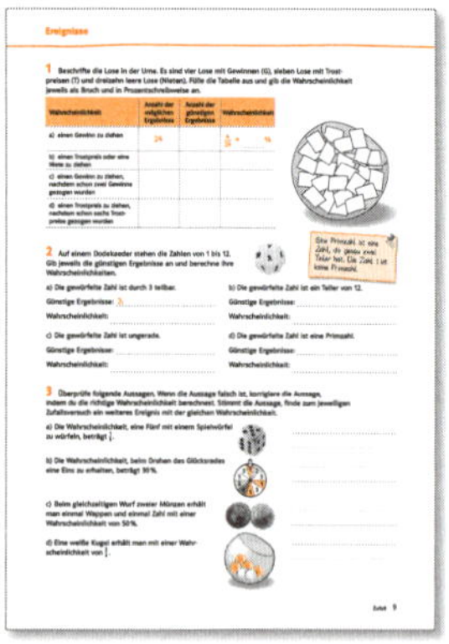

Übungsblätter
Zu allen wichtigen Bereichen der 10. Klasse findet ihr hier viele verschiedene Übungen. Damit ihr seht, wie eine Aufgabe gemeint ist, haben wir an einigen Stellen schon *einen Aufgabenteil gelöst (orange Schreibschrift)*. Eure Antworten schreibt ihr auf die vorgegebenen Linien ____________ oder in die farbigen Kästchen ▭ .
Manchmal braucht ihr einen Zettel für Nebenrechnungen. An manchen Aufgaben findet ihr Nummern, z. B. [T1]. Falls ihr Schwierigkeiten haben solltet, für die gekennzeichnete Aufgabe einen Lösungsansatz zu finden, könnt ihr den entsprechend nummerierten Tipp am unteren Seitenrand durchlesen und dann weiterarbeiten. Damit diese Tipps nicht unbeabsichtigt gelesen werden können, haben wir sie auf den Kopf gestellt.

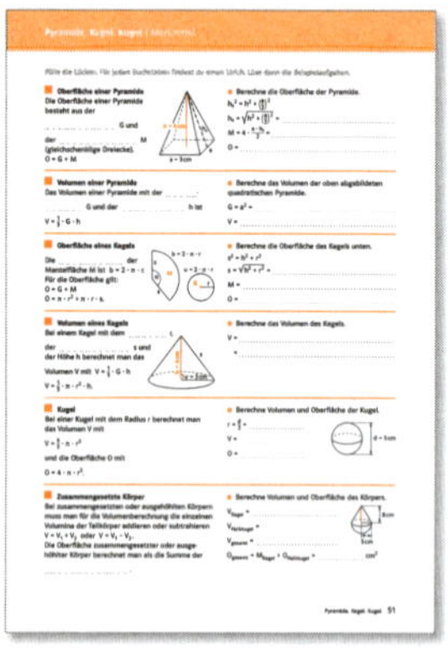

Merkzettel befinden sich am Ende von jedem Kapitel. Dort stehen alle wichtigen Regeln und Begriffe, die das Kapitel enthält. Um euch zu helfen, diese Begriffe leichter und auch dauerhaft zu merken, sollt ihr auch diese Blätter selbst bearbeiten und lösen.

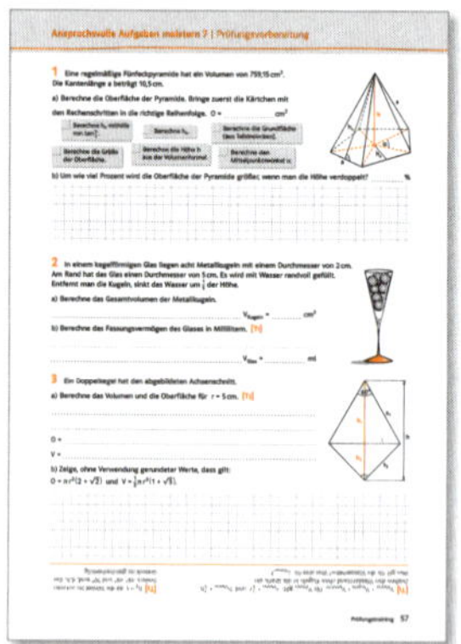

Training: Der Bereich **Grundlagen festigen** übt Aufgabentypen des ersten Prüfungsteils (Pflichtbereich). Der Bereich **Anspruchsvolle Aufgaben meistern** trainiert Aufgabentypen auf dem Niveau des zweiten Prüfungsteils. Auf Seite 73 findet ihr eine detaillierte Übersicht zu den Inhalten der Prüfungsvorbereitungsseiten.

Der Wissensspeicher und das Register
Wisst ihr nicht, was ein Begriff bedeutet? Oder sucht ihr Übungen zu einem bestimmten Thema? Habt ihr beim Lösen einer Aufgabe ein Problem? Hier hilft das Register auf Seite 72. Alle mathematischen Begriffe der 10. Klasse könnt ihr dort nachschlagen. Von dort werdet ihr auf die Seite verwiesen, auf der ihr eine Erklärung des Begriffs findet.
Probiert es am besten gleich aus:
Auf welcher Seite wird „Summenregel" erklärt?

____

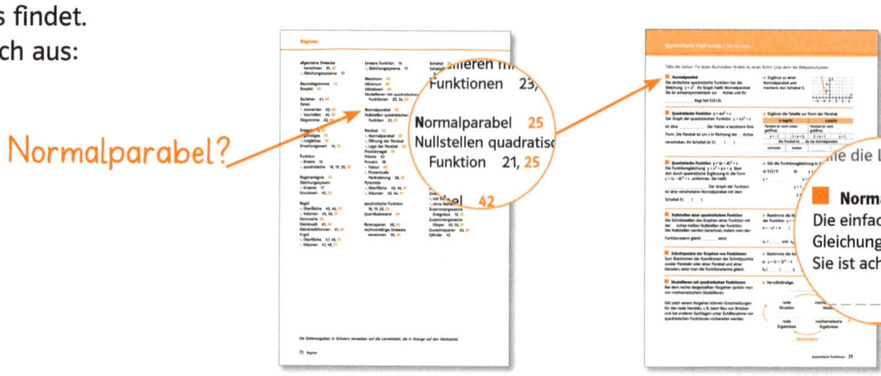

Wenn ihr das Heft durcharbeitet, werdet ihr gut gerüstet sein, um dann als letzten Schritt der Vorbereitungen Originalprüfungen der letzten Jahre in Angriff zu nehmen.

Für dieses Schuljahr und die kommenden Prüfungen wünschen wir euch viel Erfolg.

Euer Autorenteam

1 Jeweils drei Kärtchen gehören zusammen. Färbe in einer Farbe.

25 % | 0,40 | $\frac{25}{100}$ | 40 % | $\frac{1}{8}$ | $\frac{33,\overline{3}}{100}$ | 0,125 | $\frac{1}{3}$ | 12,5 % | 0,25 | 50 % | 0,5 | $\frac{4}{10}$ | 33,$\overline{3}$ % | $\frac{1}{2}$

2 Zur Berechnung des Prozentwertes benutzt man die Formel W = p % · G.

a) Stelle die Formel nach G um.

____

b) Stelle die Formel nach p % um.

____

3 Löse das Kreuzzahlrätsel. Kommas bekommen eigene Kästchen.
Schreibe zuerst hinter die Aufgabe, was gesucht ist: Grundwert (G), Prozentwert (W), Prozentsatz (p %), Kapital (K), Zinsen (Z).

a		b		c				d	e	
f				g			h			
							i			
			j		k					
		l					m			n
			o							
	p				q					
r				s				t		
u			v							
		w					x			

Waagerecht

b) Familie Meier erhält 3 % Skonto auf ihren Einkauf und zahlt 14,85 € weniger. ______ G

d) Guildo hat ein Sparguthaben von 2600 €. Der Zinssatz beträgt 1,5 %. ______

f) Will erhält für sein Sparbuchguthaben von 1500 € in diesem Jahr 25,50 € Zinsen. ______

g) 100 % sind 240 €, 5 % sind ______

i) Herr Glück hat seinen Lottogewinn angelegt und erhält jährlich 200 € Zinsen. Der Zinssatz beträgt 4 %. ______

j) W = 377,70 €; p % = 3 % ______

l) 25 % von 200 kg

m) K = 1,75 €; p % = 4 % ______

o) 250 – 197,7 ______

Senkrecht

a) Frau Sorglos hat 70 000 € geerbt und möchte ihr Geld jetzt anlegen. Die Bank bietet einen Zinssatz von 4,5 % pro Jahr. ______

b) G = 23 500; p % = 2 % ______

c) Z = 127,55 € im Jahr; p % = 2,5 % ______

e) Die Miete wurde um 3 % erhöht, das ist eine Steigerung von 27,90 €. ______

h) W = 375; p % = 5 % ______

j) 20 % sind 210 ______

k) Die Festplatte ist bereits zu 85 % belegt. Insgesamt kann man 68,8 GByte speichern. ______

l) Statt des gewünschten Umsatzes von 362,6 Mio. Dollar korrigierte das Unternehmen seine Zahlen auf 344,47 Mio. Dollar im Jahr. Der prozentuale Umsatzrückgang betrug: … ______

n) 3 % sind 238,8 m ______

s) Von den 1200 Bewerbern werden nur 10 % zu einem Test eingeladen. ______

t) 114 % sind 2280. ______

p) Rabatt von 397,80 €, der alte Preis betrug 2340,00 €. ______

r) 87 % von 2500 ______

v) Vorher kostete der Rock 98 €, jetzt nur 53,90 €. Preisminderung um … % ______

q) Lisa hat 300 € gespart. Nach einem Jahr hat sie 312 € auf dem Sparbuch. ______

r) Von den 900 Vereinsmitgliedern sind 30 % Kinder. ______

s) 30 % von 600 l : … l. ______

t) Klaus leiht sich bei der Bank für ein Jahr 2500 €. Er muss dafür 8 % Zinsen bezahlen. ______

u) Die Reise kostet normal 595 €, mit Frühbucherrabatt spart man 12 %, das sind … €. ______

w) 99,75 $ von 665 $: … % ______

x) 12 % von 900 ______

1 Berechne den Flächeninhalt und den Umfang der Figuren.

Figuren	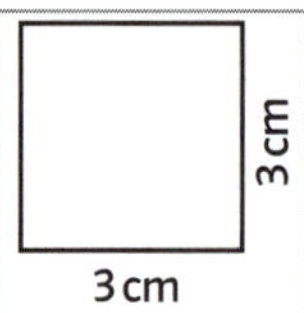	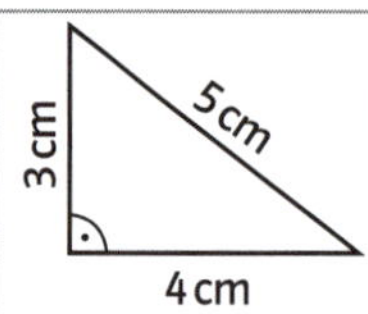	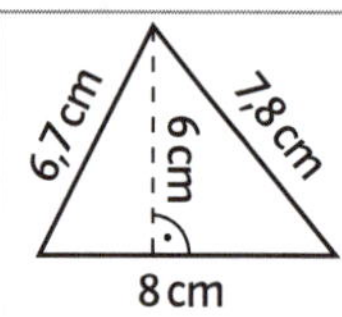	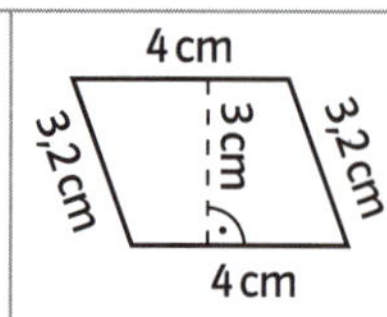	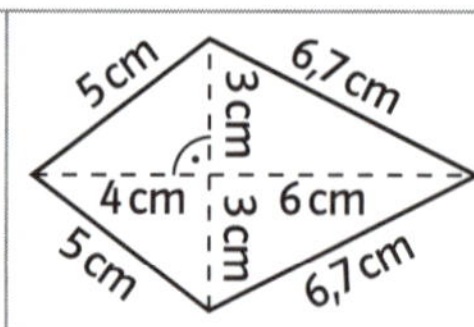	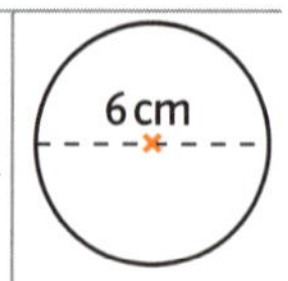
Flächeninhalt						
Umfang						

2 Berechne Flächeninhalt und Umfang der beiden Figuren.

a)

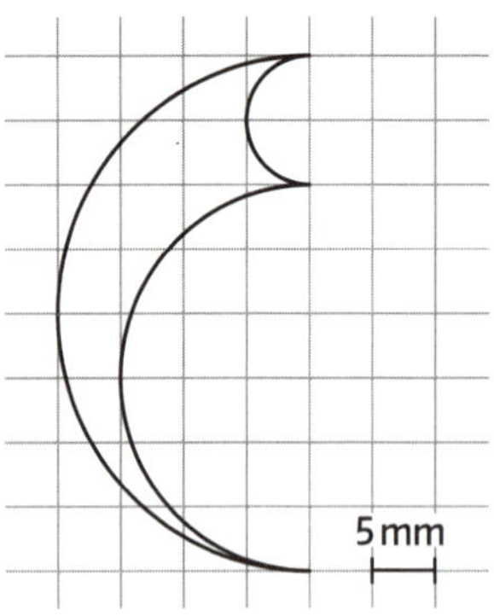

u = ______

______

______

A = ______

______

______

b)

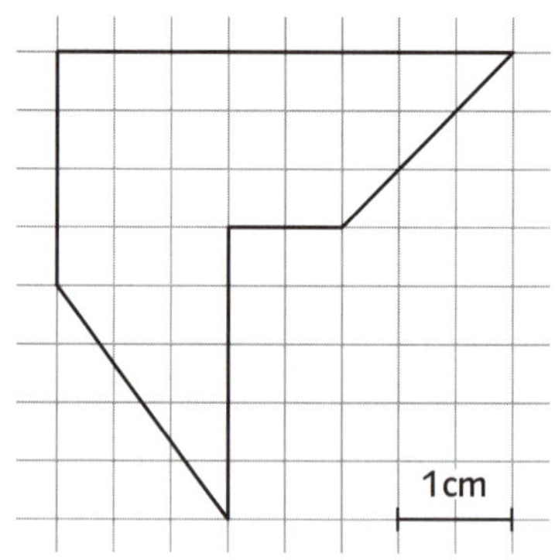

u = ______

______

______

A = ______

______

______

3 Berechne das Volumen und die Oberfläche des Quaders.

O = ______

______

V = ______

______

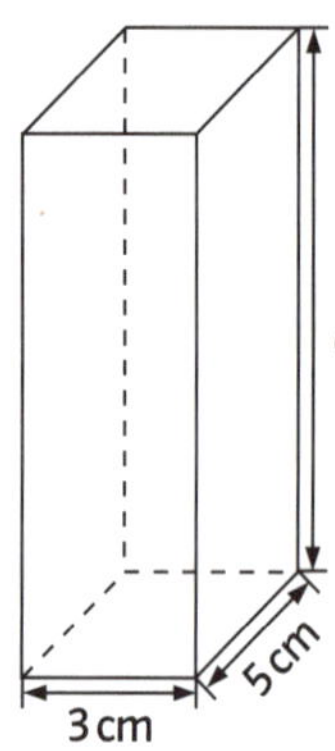

4 Berechne das Volumen der Skulptur.

______

______

______

______

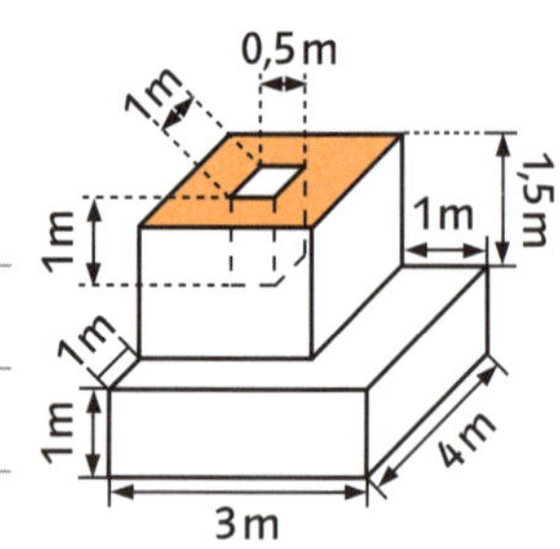

5 Berechne Oberfläche und Volumen des Prismas.

a) in Abhängigkeit von e

O = ______ ; V = ______

b) für e = 3,0 cm

O = ______ cm^2; V = ______ cm^3

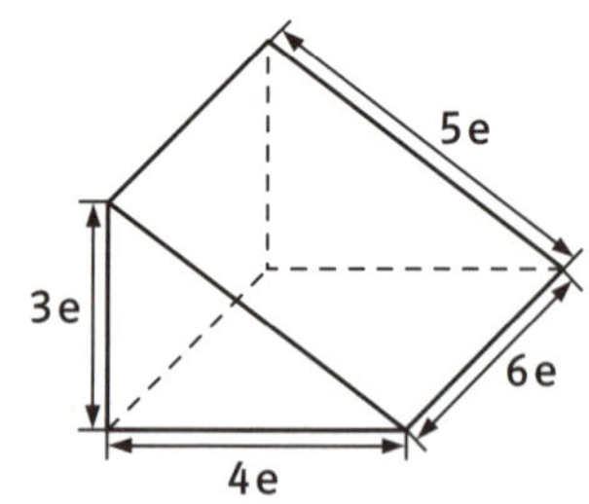

6 Von einem Kreiszylinder sind einige Werte gegeben. Berechne die fehlenden Werte.

	Radius r	Durchmesser d	Höhe h	Volumen V
a)	8 dm		9 dm	
b)		12 cm	7 cm	
c)	9 mm	18 mm		25 446,90 mm^3

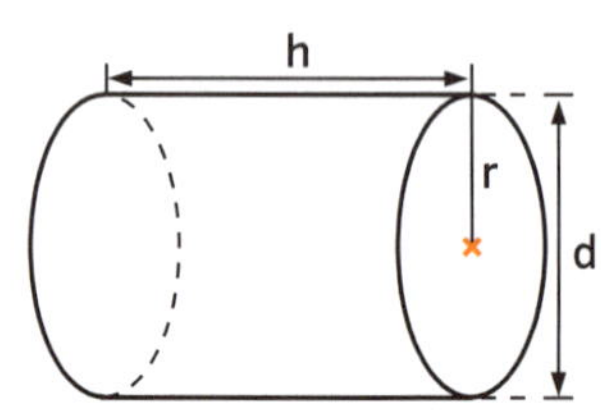

1 a) Berechne die Werte der Terme.

Term	$4(3x-y)$	$(y-2x)^2$	$(3x-4)(2y+5)$
$x = 2;\ y = 7$			
$x = 3;\ y = -5$			

b) Anna hat sich bei einer Berechnung verrechnet. Korrigiere.

$(2x - 3y)(2x + 3y) = 2 \cdot x^2 - 3 \cdot y^2 = 2 \cdot 16 - 3 \cdot 49 = -115$

____

2 Vereinfache den Term. Die Buchstaben auf den entsprechenden Kärtchen ergeben ein Lösungswort.

a) $7{,}5x - 4 + 5{,}3 - 10{,}8x - 2{,}4x + 6{,}7 - 0{,}3x =$ ______________ L

b) $3(5x - 12) - 4(3x + 8) =$ ______________ ☐

c) $(-3 - 2x)(5x - 8) + (-x - 16) =$ ______________ ☐

d) $(-3 + 5x)(-3 - 5x) - (12 - 25x^2) =$ ______________ ☐

e) $(3 + x)^2 - (x - 5)^2 =$ ______________ ☐

Kärtchen: -3 | I; $16x - 16$ | E; $-4x + 36$ | E; $50x^2 - 3$ | G; $-6x + 8$ | L; $3x - 68$ | I; $3x - 4$ | B; $-10x^2 + 8$ | L

3 Fülle die Lücken so, dass Binome entstehen. Notiere, ob du das 1., 2. oder 3. Binom benutzt.

a) $(x +$ ___ $)($ ___ $- 5) =$ ___ $-$ ___   ___

b) $(x -$ ___ $)^2 =$ ___ $-$ ___ $+ 4y^2$ ___

c) $(x -$ ___ $)^2 =$ ___ $- 12xy +$ ___   2.

d) $($ ___ $+$ ___ $)^2 = 9x^2 + 24xy +$ ___   ___

e) $($ ___ $- 3x)($ ___ $+$ ___ $) = 2{,}25 -$ ___   ___

f) $($ ___ $-$ ___ $)^2 =$ ___ $- 4x + 4x^2$ ___

4 Löse die Gleichung.

a) $(x + 3)(x - 3) = (x - 5)(x - 3)$

b) $-2x(20 - 8x) - (15 - 5x) = (4x - 5)^2$

5 Löse die Gleichungen mithilfe der pq-Formel. Bestimme die Anzahl der Lösungen über die Diskriminante.

$x^2 + px + q = 0; \quad x_{1,2} = -\frac{p}{2} \pm \sqrt{\left(\frac{p}{2}\right)^2 - q}$

quadratische Gleichung	Wert der Diskriminante	Anzahl der Lösungen	Einsetzen in pq-Formel	Lösung(en)
a) $x^2 + 2x - 3 = 0$	$\left(\frac{2}{2}\right)^2 - (-3) = 4$	2	$x_{1,2} = -\frac{2}{2} \pm \sqrt{\left(\frac{2}{2}\right)^2 - (-3)}$	
b) $x^2 + 3x + 5 = 0$				
c) $x^2 - 3x + 2{,}25 = 0$				

6 a) Stelle einen möglichst einfachen Term für die Strecke y auf.

____

b) Erstelle einen vereinfachten Term für den Umfang nur mithilfe von x.

____

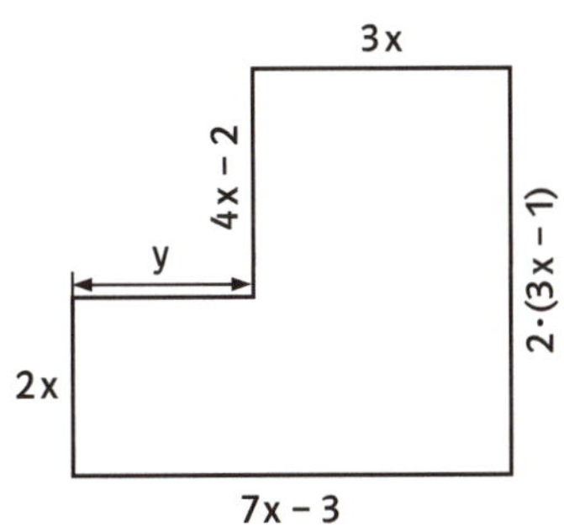

1 Markiere die Karten, die zusammengehören.

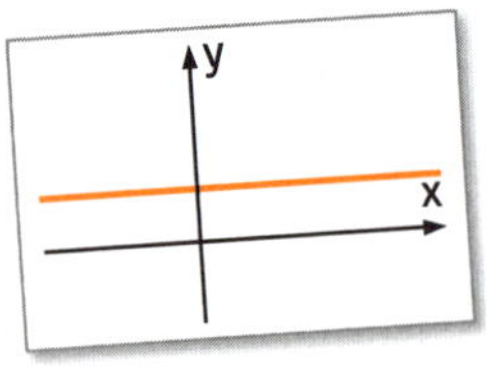

Steigung m = 0

y = mx + b

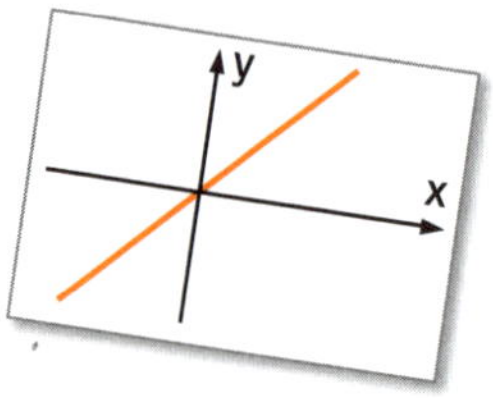

Die Gerade verläuft parallel zur x-Achse.

y = mx

Die Gerade verläuft durch den Ursprung.

y-Achsenabschnitt b = 0

Die Gerade hat die Steigung m und schneidet die y-Achse im Punkt (0 | b).

y = b

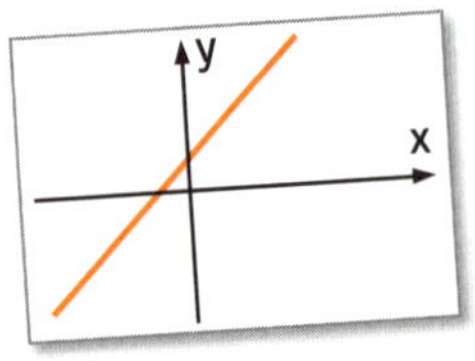

2 Bestimme die Funktionsgleichungen der Geraden.

a) y = ____________ b) y = ____________

c) y = ____________ d) y = ____________

e) y = ____________ f) y = ____________

g) y = ____________ h) y = ____________

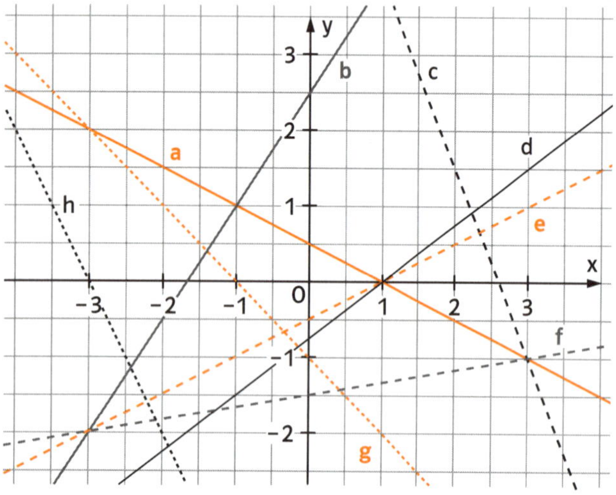

3 Zeichne die Schaubilder der linearen Funktionen.

a) $y = 2x + 3$ b) $y = 2x - 1$

c) $y = -\frac{1}{3}x + 1$ d) $y = \frac{3}{4}x - \frac{1}{2}$

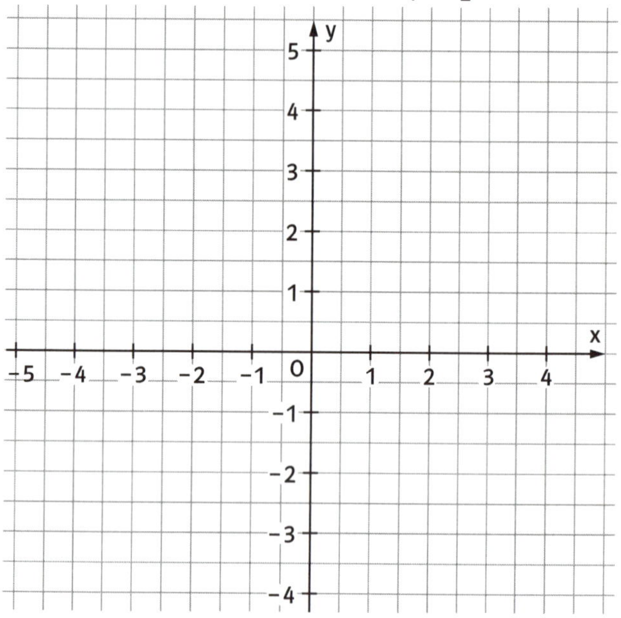

4 In die Gefäße (maximales Volumen: 50 l) 1; 2; 3 und 4 wird Wasser zugeführt oder abgelassen. Wenn man für x die Zeitdauer (in Minuten) einsetzt, erhält man für y jeweils die Wassermenge (in Litern).

A: $y = 2 \cdot x + 10$ B: $y = 5 \cdot x$ C: $y = 21 - 7 \cdot x$ D: $y = 25 + 2 \cdot x - 7 \cdot x$

a) Ordne die Abbildungen den Funktionstermen zu.

b) Wann sind die Gefäße (1) und (3) mit gleich viel Wasser gefüllt?

____

c) Welches Gefäß läuft als Erstes über und wann?

____

d) Welches Gefäß ist am schnellsten leer?

____

e) Welches Gefäß beinhaltet am Anfang das meiste Wasser, welches das wenigste?

Gib in Litern an. ______________________________

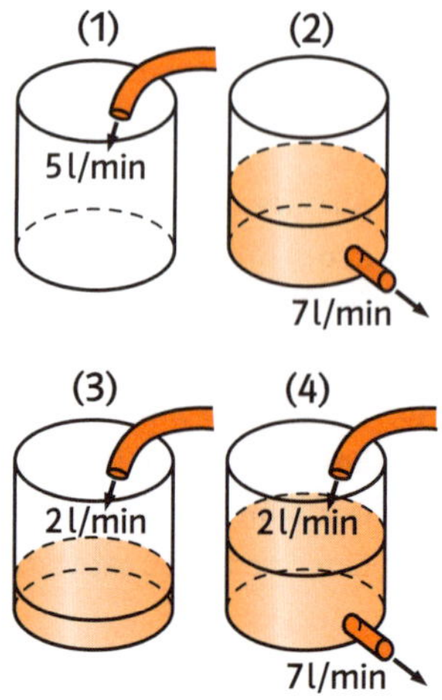

1 Bei der Vergleichsarbeit in Mathematik wurden folgende Punkte von maximal 20 Punkten erreicht:
Klasse 10 a: 12; 15; 3; 14; 6; 8; 16; 17; 10; 15; 11; 16; 10; 5; 11; 18; 12; 20; 12; 0; 13; 9; 16; 18; 6; 20; 14
Klasse 10 b: 11; 5; 9; 13; 1; 16; 3; 5; 17; 7; 18; 7; 8; 10; 17; 11; 2; 15; 14; 15; 11; 15; 8; 16; 15; 18; 14; 13

a) Erstelle die Rangliste für die beiden Klassen.

10 a: ______________________________

10 b: ______________________________

b) Fülle die Notenübersicht aus. [T1]

%	bis 90	bis 75	bis 60	bis 45	bis 30	bis 0	—
Note	1	2	3	4	5	6	Ø
Punkte	20–18						—
Kl. 10 a	4	6					
Kl. 10 b							

> Durchschnitt (Mittelwert)
> $Ø = \frac{(4 \cdot 1 + 6 \cdot 2 + ...)}{\text{Schülerzahl}}$
> $= ...$

c) Bestimme die Rangplätze für die Quartile.

	Rechenvorschrift	Klasse 10 a	Klasse 10 b
Anzahl der Daten			
Rangplatz für das untere Quartil (q_u)	$\frac{1}{4}$	7	7; 8
Rangplatz für den Zentralwert (z)			
Rangplatz für das obere Quartil (q_o)			

> **Bestimmung der Quartile**
> Multipliziere die Anzahl der Daten mit $\frac{1}{4}$, $\frac{1}{2}$ und $\frac{3}{4}$. Ist das Ergebnis ganzzahlig, nimm den Mittelwert aus dem errechneten Wert und dem Wert auf dem nächsthöheren Rangplatz, andernfalls nimm den Wert auf dem nächsthöheren Rangplatz.

d) Trage die Kennwerte in die Tabelle ein.

	Minimum (kleinster Wert)	q_u	z	q_o	Maximum (größter Wert)	Spannweite (Max. – Min.)	Quartilabstand ($q_o - q_u$)
Kl. 10 a							
Kl. 10 b							

e) Erstelle für beide Klassen einen Boxplot und verbinde die Kärtchen mit der richtigen Stelle.

Kl. 10 a: Antenne | Box | Antenne

Kl. 10 b: z | Min. | q_u | Max. | q_o

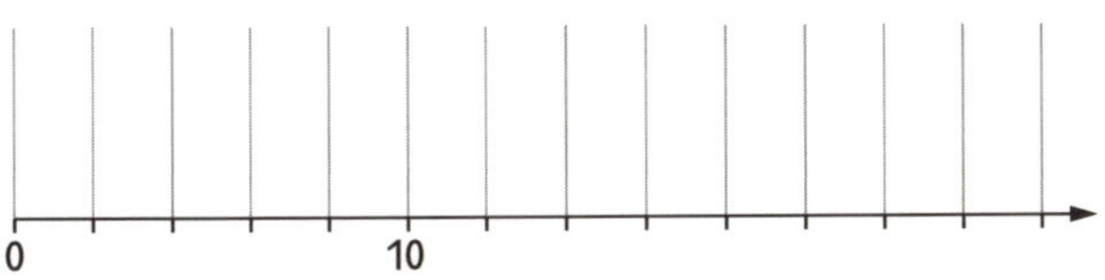

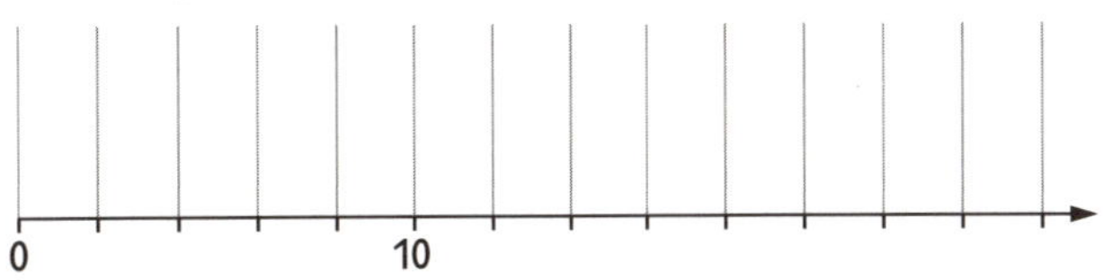

f) Markiere „wahr" oder „falsch". Für das Lösungswort setze die Buchstaben richtig zusammen: ____________

Aussage	wahr	falsch
(a) In der Urliste liegen die Daten noch ungeordnet vor.	L	A
(b) Der Mittelwert ist der Wert in der Mitte der Rangliste.	N	T
(c) Unteres und oberes Quartil liegen gleich weit vom Zentralwert entfernt.	U	X
(d) Die Quartile sind immer real vorkommende Werte der Liste.	R	P
(e) Bei vielen Daten ist die Spannweite immer größer als der Quartilabstand.	O	L
(f) Der Zentralwert ist immer größer oder gleich dem Mittelwert.	I	B
(g) Eine Stichprobe sagt ungefähr das Gleiche aus, wie die gesamte Erhebung aussagen würde.	O	V

[T1] Berechne die Punkteverteilung anhand der Prozentsätze.

1 Welche der Geräte sind Zufallsgeräte? Kreuze an.

☐ Oktaederwürfel

☐ Reißzwecke

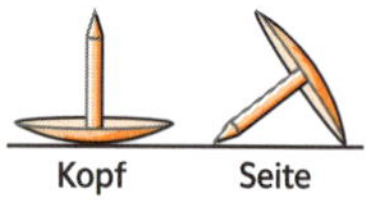

☐ Uhr

☐ Urne

☐ Thermometer

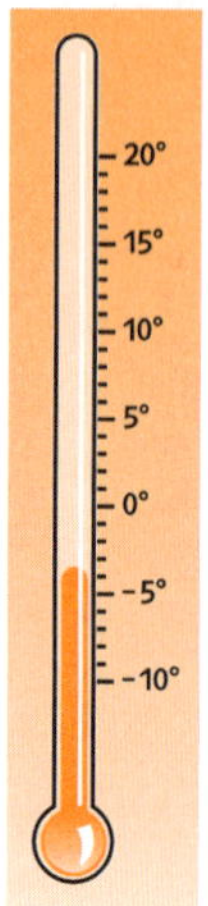

2 Auf welchen Kärtchen stehen wahre Aussagen?
Streiche die falschen Aussagen durch.

(1) Mit einem grünen Würfel kann man eher eine Sechs würfeln.

(2) Wahrscheinlichkeiten kann man nicht berechnen.

(3) Wenn man sechsmal würfelt, kann man sicher davon ausgehen, dass man eine Sechs würfelt.

(4) Es lässt sich nicht vorhersagen, welche Zahl man würfelt.

(5) Bei einem Würfel sind alle sechs Augenzahlen gleich wahrscheinlich.

3 Mit einem Spielwürfel wird einmal gewürfelt. Gib die Wahrscheinlichkeiten der Ereignisse an.
Die Wahrscheinlichkeit,

a) eine ungerade Zahl zu würfeln, beträgt ________.

b) eine Zahl größer als 4 zu würfeln, beträgt ________.

c) eine Zahl größer als 6 zu würfeln, beträgt ________.

d) eine Zahl zwischen 1 und 6 zu würfeln, beträgt ____.

4 Gib die Wahrscheinlichkeiten an.

Die Wahrscheinlichkeit, die Farbe Grau zu würfeln,

beträgt ______, Weiß zu würfeln ______ und

für __________ beträgt die Wahrscheinlichkeit $\frac{1}{2}$.

5 Eine Münze wird 50-mal geworfen.
Ergänze die Tabelle.

	absolute Häufigkeit	relative Häufigkeit	geschätzte Wahrscheinlichkeit
a)	25		
b)		$\frac{1}{10}$	
c)			20 %

6 Du ziehst jeweils eine Kugel aus dem Behälter. Gib die Wahrscheinlichkeit an, eine orange Kugel zu ziehen.

 ________

 ________

 ________

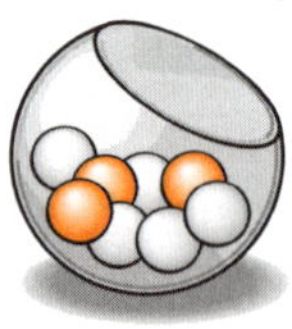 ________

7 Gib die Wahrscheinlichkeit als Bruch und in Prozent an.

a)

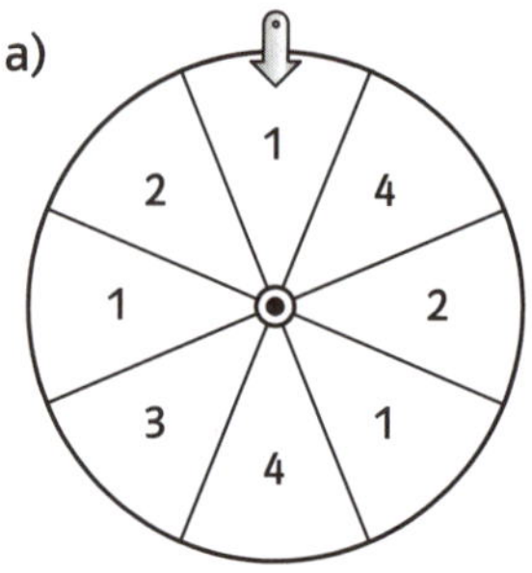

Ergebnis	Wahrscheinlichkeit
1	
2	
3	
4	

b)

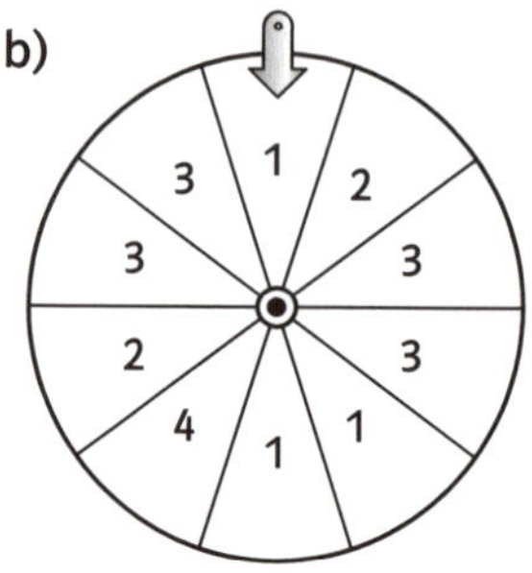

Ergebnis	Wahrscheinlichkeit
1	
2	
3	
4	

1 Beschrifte die Lose in der Urne. Es sind vier Lose mit Gewinnen (G), sieben Lose mit Trostpreisen (T) und dreizehn leere Lose (Nieten). Fülle die Tabelle aus und gib die Wahrscheinlichkeit jeweils als Bruch und in Prozentschreibweise an.

Wahrscheinlichkeit	Anzahl der möglichen Ergebnisse	Anzahl der günstigen Ergebnisse	Wahrscheinlichkeit
a) einen Gewinn zu ziehen	24		$\frac{4}{24} \approx$ ____ %
b) einen Trostpreis oder eine Niete zu ziehen			
c) einen Gewinn zu ziehen, nachdem schon zwei Gewinne gezogen wurden			
d) einen Trostpreis zu ziehen, nachdem schon sechs Trostpreise gezogen wurden			

Eine Primzahl ist eine Zahl, die genau zwei Teiler hat. Die Zahl 1 ist keine Primzahl.

2 Auf einem Dodekaeder stehen die Zahlen von 1 bis 12. Gib jeweils die günstigen Ergebnisse an und berechne ihre Wahrscheinlichkeiten.

a) Die gewürfelte Zahl ist durch 3 teilbar.

Günstige Ergebnisse: 3; ______

Wahrscheinlichkeit: ______

b) Die gewürfelte Zahl ist ein Teiler von 12.

Günstige Ergebnisse: ______

Wahrscheinlichkeit: ______

c) Die gewürfelte Zahl ist ungerade.

Günstige Ergebnisse: ______

Wahrscheinlichkeit: ______

d) Die gewürfelte Zahl ist eine Primzahl.

Günstige Ergebnisse: ______

Wahrscheinlichkeit: ______

3 Überprüfe folgende Aussagen. Wenn die Aussage falsch ist, korrigiere die Aussage, indem du die richtige Wahrscheinlichkeit berechnest. Stimmt die Aussage, finde zum jeweiligen Zufallsversuch ein weiteres Ereignis mit der gleichen Wahrscheinlichkeit.

a) Die Wahrscheinlichkeit, eine Fünf mit einem Spielwürfel zu würfeln, beträgt $\frac{1}{5}$.

______

______

b) Die Wahrscheinlichkeit, beim Drehen des Glücksrades eine Eins zu erhalten, beträgt 30 %.

______

______

c) Beim gleichzeitigen Wurf zweier Münzen erhält man einmal Wappen und einmal Zahl mit einer Wahrscheinlichkeit von 50 %.

______

______

d) Eine weiße Kugel erhält man mit einer Wahrscheinlichkeit von $\frac{2}{4}$.

______

______

1 Färbe das Glücksrad entsprechend der Wahrscheinlichkeit in den Farben Rot, Gelb und Grün ein.

a)
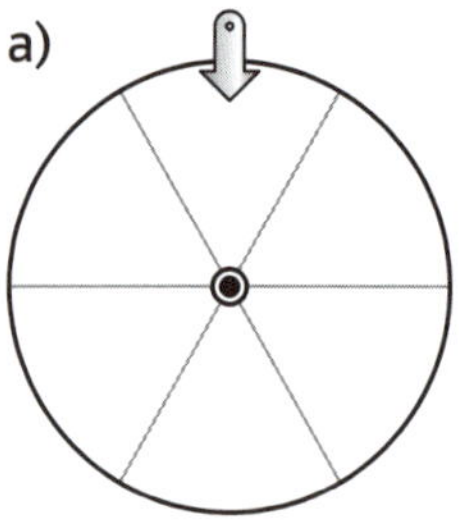

Die Wahrscheinlichkeit, dass der Zeiger auf Rot steht, liegt bei etwa 67%.

b)
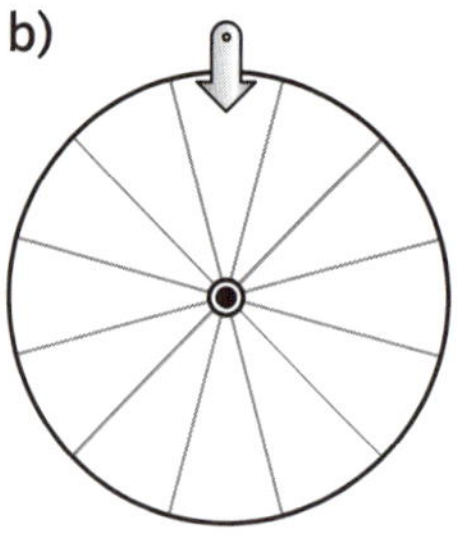

Die Wahrscheinlichkeit, dass der Zeiger auf Gelb stehen bleibt, liegt bei 75%.

c)
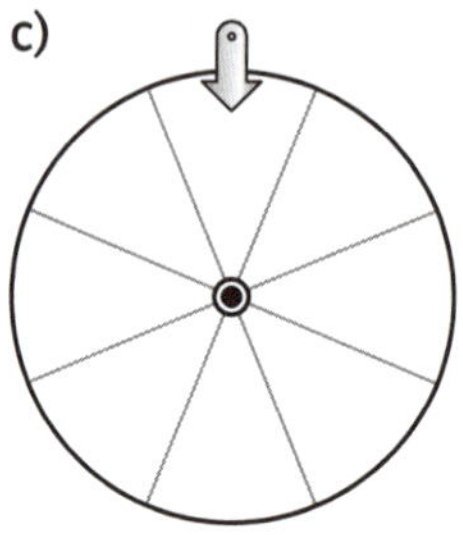

Die Wahrscheinlichkeit, dass der Zeiger auf Rot oder Grün stehen bleibt, liegt bei 62,5%.

2 Wie groß ist die Wahrscheinlichkeit des Ereignisses und die des Gegenereignisses?

a) die Zahlen 1 oder 5 zu würfeln

$P(1 \text{ oder } 5) = \frac{2}{6} = \frac{1}{3}$

Gegenereignis: P(keine 1 oder 5)

= 1 − ______

b) die Zahlen 2, 4, 3 oder 5 zu würfeln

______

Gegenereignis: ______

______

c) mit einem 12-seitigen Würfel eine 1, 2, 3 oder 4 zu würfeln

______

Gegenereignis: ______

______

d) bei dem Glücksrad eine 3 oder 4 zu drehen

______

Gegenereignis: ______

______

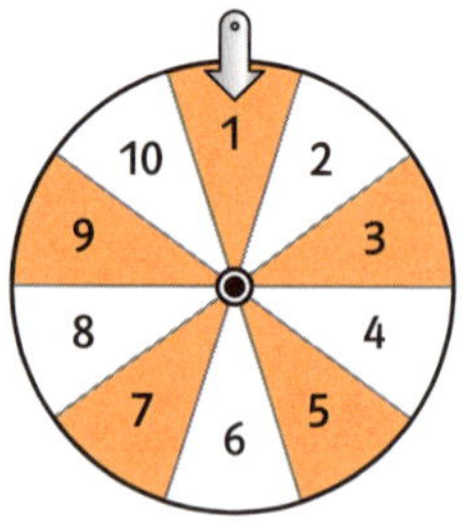

e) bei dem Glücksrad eine Zahl, die größer als 5 ist, zu drehen

______ Gegenereignis: ______

3 Hier siehst du ein Glücksrad. Hanno gewinnt, wenn eine kleinere Zahl als 4 kommt, Jörg gewinnt bei den anderen Zahlen.

a) Male Hannos Gewinnfelder rot an und die von Jörg blau.

b) ______ hat die besseren Gewinnchancen.

Die Wahrscheinlichkeit beträgt für ihn ______ .

Die Wahrscheinlichkeit für einen Gewinn von ______

beträgt ______ .

4 In einer Urne sind drei Kugeln mit den Zahlen von eins bis drei. Die Kugeln werden gezogen, bis die Urne leer ist. Gib die Wahrscheinlichkeit jeweils mit einem Bruch und in Prozent an.

a) Welche Zahlenkombinationen sind möglich? Liste sie auf.

______ ______ ______ ______ ______ ______

b) Mit welcher Wahrscheinlichkeit ziehst du die „321"? $\frac{\square}{\square}$ ≈ ______

c) Mit welcher Wahrscheinlichkeit hat man die „3" an letzter Stelle? $\frac{\square}{\square}$ ≈ ______

d) Mit welcher Wahrscheinlichkeit ist die Zahl ungerade? $\frac{\square}{\square}$ ≈ ______

1 In einer Urne befinden sich drei schwarze, zwei weiße und eine orange Kugel. Es wird zweimal ohne Zurücklegen gezogen. Berechne die Wahrscheinlichkeiten aller Ereignisse mithilfe des Baumdiagramms.

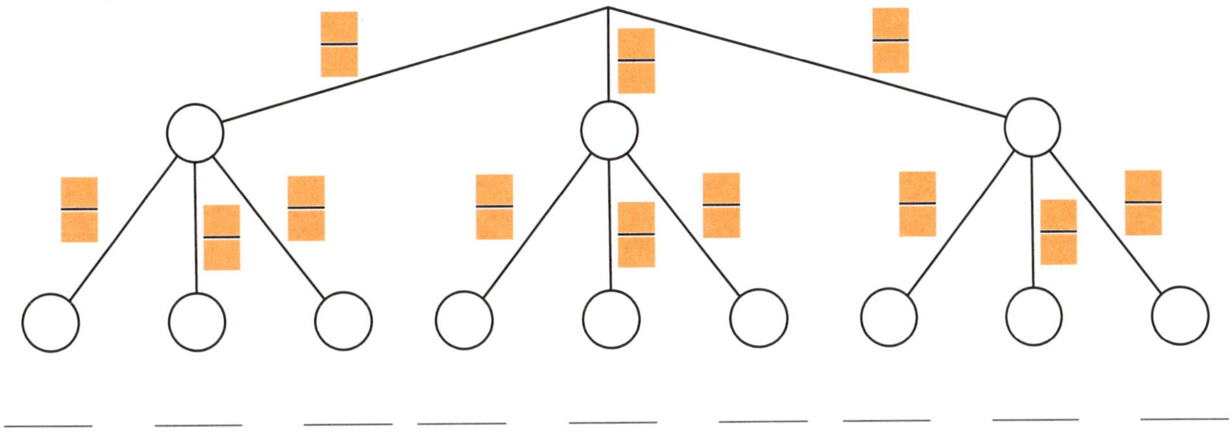

2 In einer Urne befinden sich vier orange und acht weiße Kugeln. Du ziehst zweimal hintereinander. Vervollständige den Baum und berechne die einzelnen Wahrscheinlichkeiten.

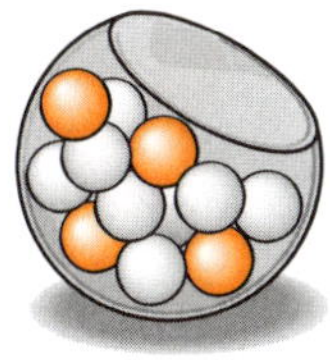

a) Ziehen ohne Zurücklegen

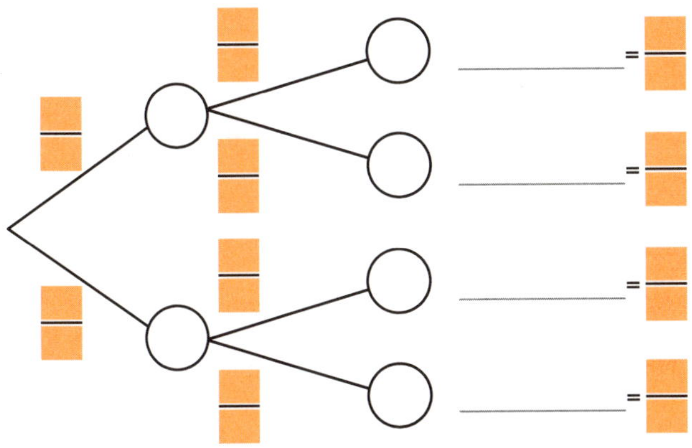

b) Ziehen mit Zurücklegen

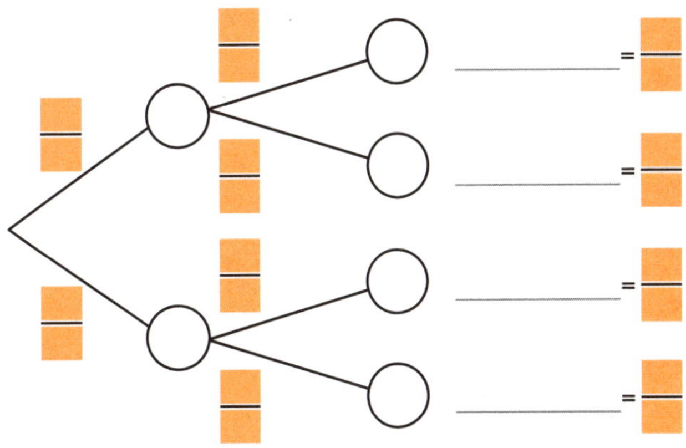

3 Ein Losverkäufer verteilt seine Lose auf drei Lostrommeln A, B und C (vgl. Abbildung). Steffi wählt zunächst eine Lostrommel aus und zieht dann ein Los. Ergänze das Baumdiagramm.

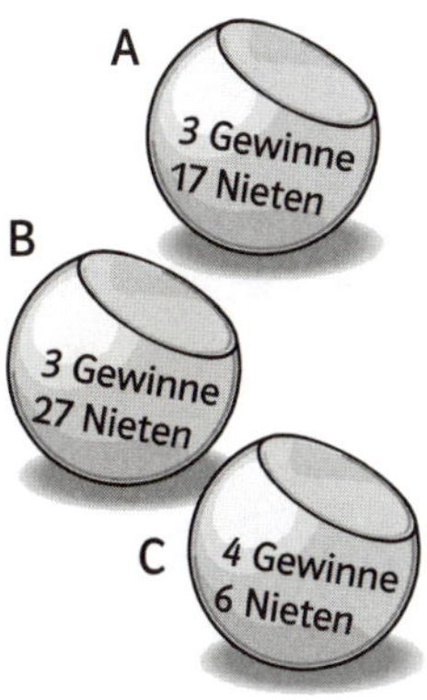

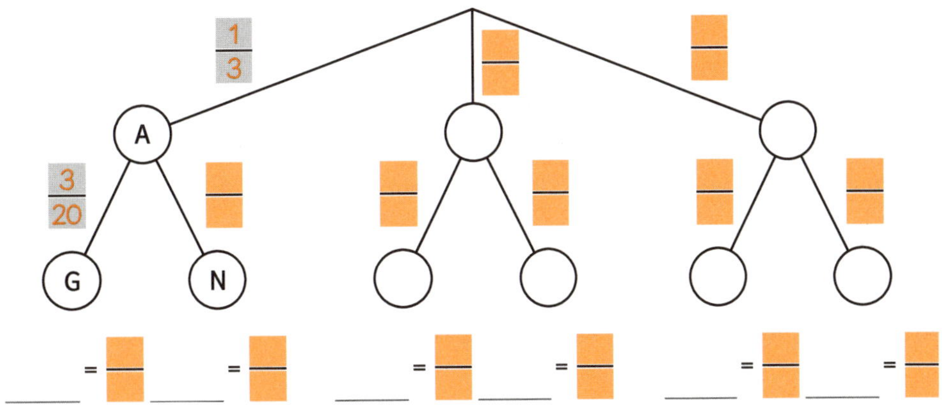

a) Die Gewinnwahrscheinlichkeit bei dem zweistufigen Zufallsversuch beträgt: ______________.

b) Vor dem Ziehen eines Loses werden alle Lose zusammengeschüttet.
Die Gewinnwahrscheinlichkeit bei diesem einstufigen Zufallsversuch beträgt: ______________.

Zweistufige Zufallsversuche ohne Reihenfolge

1 In der Voliere einer Tierhandlung befinden sich verschiedenfarbige Papageien. Fünf Tiere sind überwiegend blau, drei grün und vier rot. Zwei zufällig ausgewählte Vögel werden verkauft.

a) Die Papageien werden nacheinander eingefangen. Ergänze das Baumdiagramm.

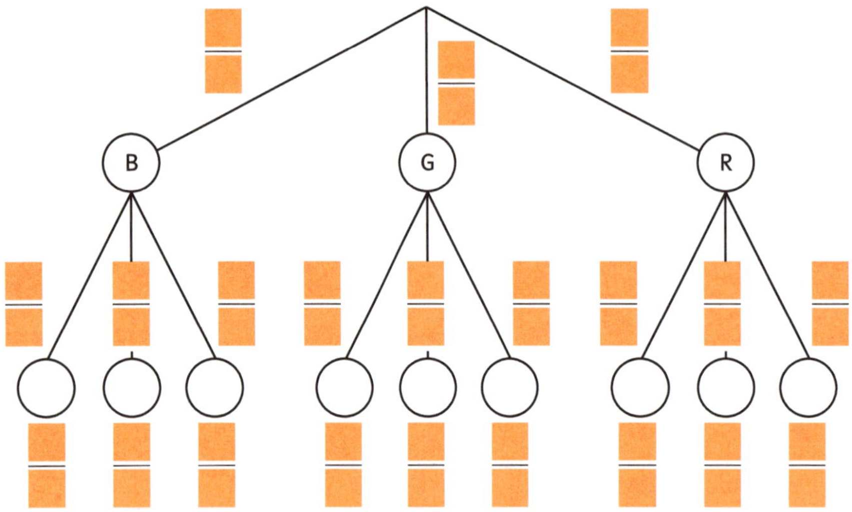

b) Wie groß ist die Wahrscheinlichkeit für den Kunden, dass er einen blauen und einen roten Papagei erhält?

____

c) Wie groß ist die Wahrscheinlichkeit, dass er zwei verschiedenfarbige Vögel erhält?

____

d) Wie groß ist die Wahrscheinlichkeit, dass mindestens ein grüner Papagei ausgewählt wird?

____

2 In einem Eimer sind vier alte und sechs neue Tennisbälle.
Sophie nimmt zufällig zwei Bälle aus dem Eimer heraus.

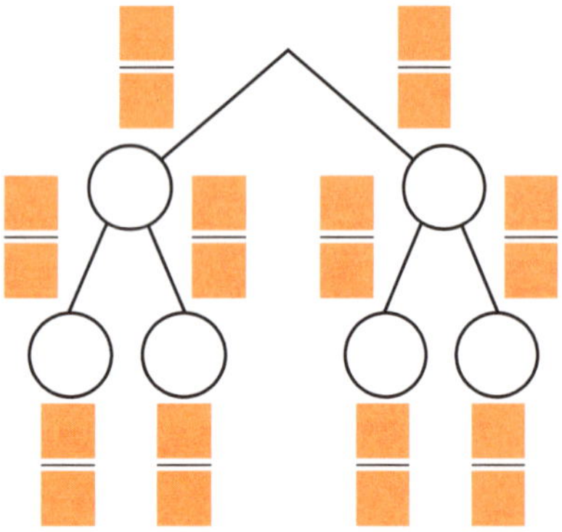

a) Die Wahrscheinlichkeit für zwei neue Bälle beträgt ____________,
die Wahrscheinlichkeit für zwei alte Bälle ____________.

b) Die Wahrscheinlichkeit für einen neuen und einen alten Ball beträgt ____________.

3 Ein grauer und ein oranger Oktaederwürfel (Zahlen 1 bis 8) werden gleichzeitig geworfen.

a) Beachtet man die Farbe, gibt es insgesamt ____________ verschiedene Ergebnispaare, die alle gleich wahrscheinlich sind.

b) Bei welchen dieser Ergebnisse ist die Augensumme mindestens 14?

____

Die Wahrscheinlichkeit dafür, dass die Augensumme mindestens 14 ist, beträgt: ____________.

c) Die Wahrscheinlichkeit für einen Pasch, d. h. zwei gleiche Zahlen, beträgt ____________.

Demnach beträgt die Wahrscheinlichkeit für zwei unterschiedliche Zahlen ____________.

d) Die Wahrscheinlichkeit, dass der graue Würfel eine höhere Augenzahl als der orange Würfel anzeigt, beträgt ____________.

Zweistufige Zufallsversuche mit oder ohne Reihenfolge

1 Marcel besitzt nur weiße und schwarze Socken. Sie sind wie abgebildet auf die beiden Schubladen seines Schranks verteilt. Wie jeden Morgen greift er im Dunkeln zufällig zwei Socken aus einer Schublade heraus.

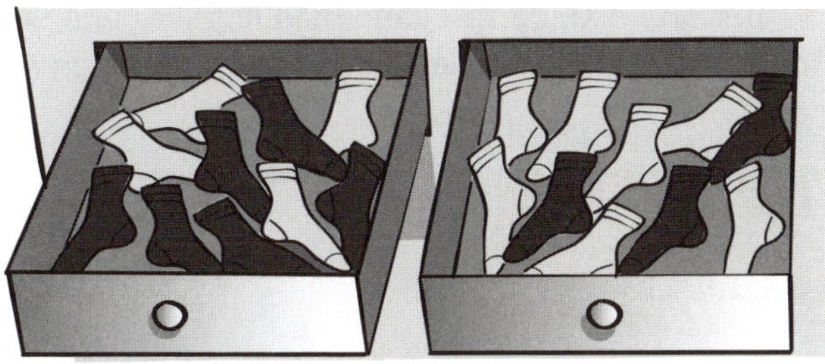

a) Bei welcher Schublade ist die Wahrscheinlichkeit größer, dass er zwei Socken gleicher Farbe erhält?

Schublade 1:

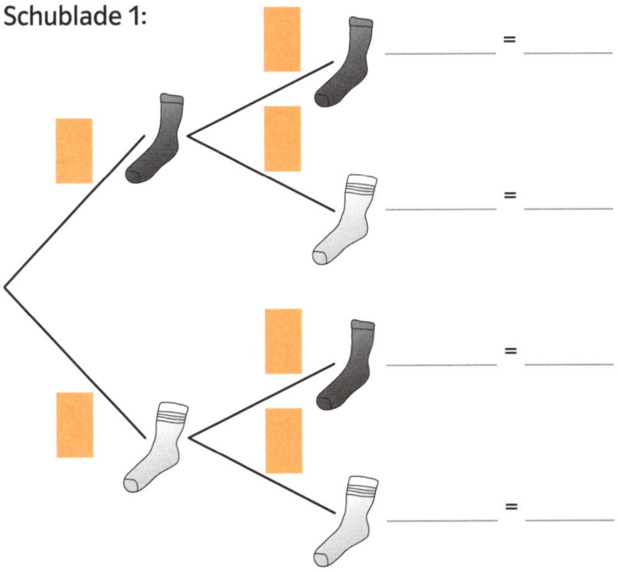

Schublade 2:

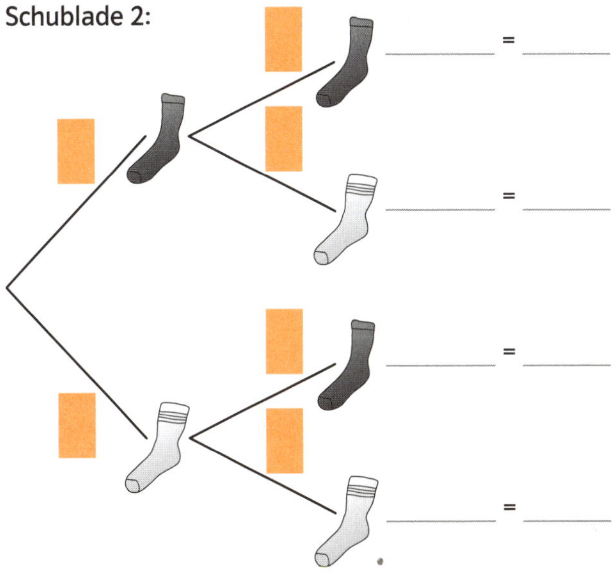

Ergebnis: Die Wahrscheinlichkeit für zwei gleichfarbige Socken beträgt bei Schublade 1 ≈ ____ % und bei Schublade 2 ≈ ____ %. Marcel sollte also Schublade ____ auswählen.

b) Zieht Marcel aus jeder Schublade eine Socke, so beträgt die Wahrscheinlichkeit dafür, dass er zwei Socken gleicher Farbe erhält ____________. Verglichen mit dem Ziehen aus einer der beiden Schubladen ist hierbei die Wahrscheinlichkeit ____________.

2 Tina zieht aus einer zufällig ausgewählten Urne eine Karte.

a) Mit welcher Wahrscheinlichkeit zieht sie ein E? Ergänze den Baum. (K bedeutet „kein E".)

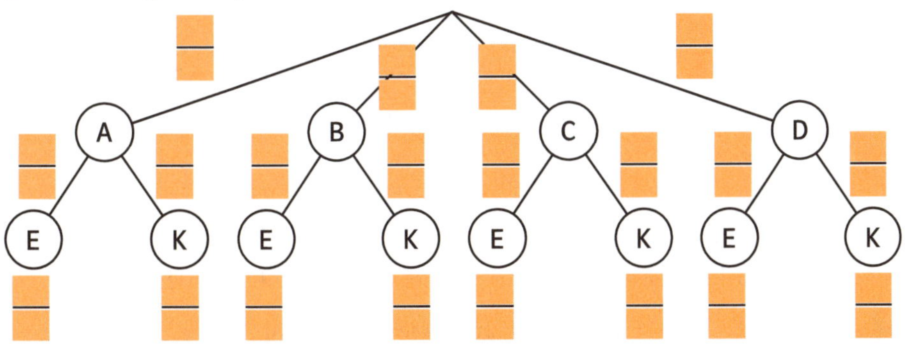

Tinas Wahrscheinlichkeit, ein E zu ziehen, beträgt ____________.

b) Anja schüttet alle Buchstabenkarten in einen Topf und zieht einen Buchstaben.

Die Wahrscheinlichkeit, ein E zu ziehen, beträgt für sie ________.

c) Die größere Wahrscheinlichkeit, ein E zu ziehen, hat ____________.

Erwartungswert

1 Bei einem Kinderfest kann man Kugeln ziehen und erhält als Preis so viele Schokoladentaler, wie die Zahl auf der gezogenen Kugel vorgibt.

a) Ergänze die Tabelle.

Ergebnis	1	3	5	12
Wahrscheinlichkeit				

b) Berechne den Erwartungswert für die Anzahl der Schokotaler bei einem Zug.

c) Tina hat heimlich alle 3er in 8er umgewandelt. Welcher Erwartungswert ergibt sich jetzt?

2 Auf dem Schulfest bietet die Klasse 10 B ein Spiel an: An 100 Fäden hängen Kugeln mit den Zahlen von 1 bis 100, die für den Spieler zunächst verborgen sind. Dieser wählt einen Faden aus, zieht die daran hängende Kugel hoch, und erhält möglicherweise eine Auszahlung (vgl. Plakat). Dann wird die Kugel wieder herabgelassen und kann wieder gezogen werden. Einmaliges Ziehen kostet 2 €. Ergänze die Tabelle und berechne den Erwartungswert für den Gewinn (Auszahlung minus Einsatz) pro Spiel.

Ereignis	77	eine 7er-Ziffer	Vielfaches von 7	Sonstige
Gewinn (in €)	15			
Wahrscheinlichkeit	$\frac{1}{100}$			

Erwartungswert für den Gewinn: ______________________

Die Klasse kann also mit einer durchschnittlichen Einnahme von __________ pro Spiel rechnen.

Will sie insgesamt 150 € einnehmen, so ist zu erwarten, dass etwa __________ Mal gespielt werden muss.

3 Für den Einsatz von 3 € darf Amelie das Glücksrad drehen. Sie erhält den Betrag in Euro ausbezahlt, den das Glücksrad anzeigt.

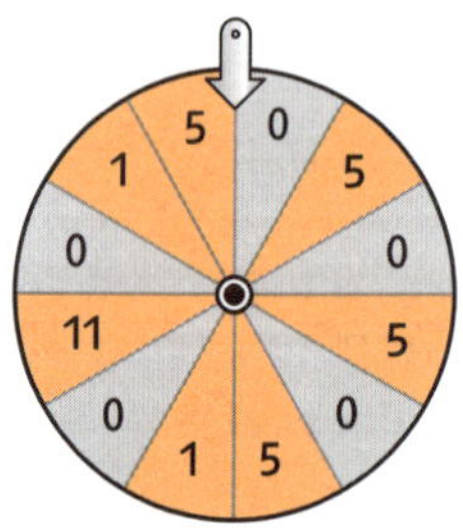

a) Ergänze die Tabelle für Amelies Gewinn.

Zahl	11	5	1	0
Gewinn (in €)				
Wahrscheinlichkeit				

b) Der Erwartungswert beträgt: ______________________ .

Lohnt es sich für Amelie, das Spiel sehr oft zu spielen? ________ , denn der Erwartungswert ist __________ .

c) Durch welche Zahl z muss man die Zahl 11 auf dem Glücksrad ersetzen, damit das Spiel fair wird?

Für ein faires Spiel gilt: Der Erwartungswert ist _____ . Dies ergibt eine Gleichung, die nach z aufzulösen ist.

$\frac{1}{12} \cdot (z - 3) + \frac{4}{12} \cdot$ $\quad | \cdot 12$

Ergebnis: Die Zahl 11 muss durch die Zahl ________ ersetzt werden, damit das Spiel fair ist.

Mögliche Ergebnisse und Ereignisse

Jedes denkbare Ergebnis eines Zufallsversuches heißt __________ Ergebnis.
Alle Ergebnisse, die zu einem Ereignis E führen, heißen _________ Ergebnisse.

■ Mithilfe eines Würfels eine gerade Zahl zu würfeln, hat folgende drei günstige Ergebnisse: _________ ; _________ und _________ .
Die drei Ergebnisse bilden das Ereignis „Würfeln einer geraden Zahl".

Wahrscheinlichkeit

Sind alle Ergebnisse _______ wahrscheinlich, so gilt für die Wahrscheinlichkeit P eines Ereignisses (E):

$$P(E) = \frac{\text{Anzahl der günstigen Ergebnisse}}{\text{Anzahl der möglichen Ergebnisse}} = \frac{m}{n}$$

■ Wie groß ist die Wahrscheinlichkeit, mit einem Würfel eine Zahl zu würfeln, die größer als Vier ist?

Anzahl der günstigen Ergebnisse: _________

Anzahl der möglichen Ergebnisse: _________

Die Wahrscheinlichkeit beträgt also _________ .

Zusammengesetztes Ereignis

Wenn zwei Ereignisse E_1 und E_2 zu einem neuen Ereignis E zusammengefasst werden, so heißt dies ein zusammengesetztes _________ .

Für die Berechnung der Wahrscheinlichkeiten gilt:
$P(E) = P(E_1) + P(E_2)$.

■ Berechne die Wahrscheinlichkeit, mit einem Würfel eine durch 2 oder 5 teilbare Zahl zu würfeln.
P(E) = „eine durch 2 oder 5 teilbare Zahl würfeln"

$P(E_1) =$ ____________________

$P(E_2) =$ ____________________

$P(E) =$ ____________________

Gegenereignis

Die ungünstigen ___________ eines Ereignisses E bilden das Gegenereignis $\overline{E}$.
$P(\overline{E}) = 1 - P(E)$

■ Zufallsversuch: einmal würfeln
Ereignis: keine Sechs würfeln
Gegenereignis: eine Sechs würfeln

P(keine 6) = 1 − P(eine 6) = _________ = _________

Zweistufige Zufallsversuche

Besteht ein Zufallsversuch aus zwei ___________, so heißt er zweistufiger Zufallsversuch.

Baumdiagramm
Die möglichen Ergebnisse eines zweistufigen Zufallsversuchs und deren Wahrscheinlichkeiten werden in einem Baumdiagramm veranschaulicht.

Produktregel
Die Wahrscheinlichkeit eines ____________ ist gleich dem Produkt der Wahrscheinlichkeiten entlang des zugehörigen Pfades.

Summenregel
Die Wahrscheinlichkeit eines ____________ ist die Summe der Wahrscheinlichkeiten der zugehörigen Ergebnisse.

■ Beim zweimaligen Werfen eines Reißnagels ergibt sich folgendes Baumdiagramm. Ergänze.
(K = Kopf, S = Seite)

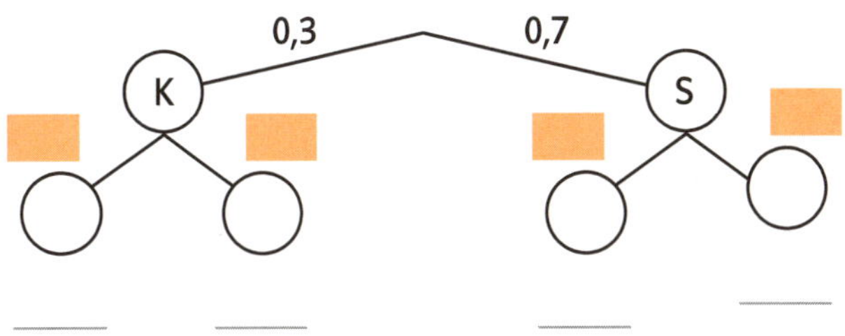

■ P(zweimal gleiche Lage) = ____________________

Erwartungswert

Werden den Ergebnissen eines Zufallsversuchs Zahlenwerte oder _______ zugeordnet und diese mit den Wahrscheinlichkeiten ______-__________, so ist die Summe dieser Produkte der Erwartungswert des Zufallsversuchs.

■ Bei einem Würfelspiel erhält man bei der 6 einen Gewinn von 3,00 €, bei der 2 und 4 jeweils 1,50 €. Bei ungeraden Zahlen muss man 2,00 € bezahlen.

Erwartungswert = ____________________

____

Das Spiel ist ____________________ .

Lineare Funktionen

1 Zeichne die Graphen der Funktionsgleichungen in das Koordinatensystem ein. Kreuze an, ob die Gerade steigt oder fällt.

a) $y = -1{,}5x$ ☐ steigend ☐ fallend
b) $y = 0{,}25x$ ☐ steigend ☐ fallend
c) $y = -3x + 1$ ☐ steigend ☐ fallend
d) $y = 2x - 5$ ☐ steigend ☐ fallend

2 Notiere die Funktionsgleichungen der dargestellten Graphen.

e) m = ______ b = ______ y = ______________

f) m = ______ b = ______ y = ______________

g) m = ______ b = ______ y = ______________

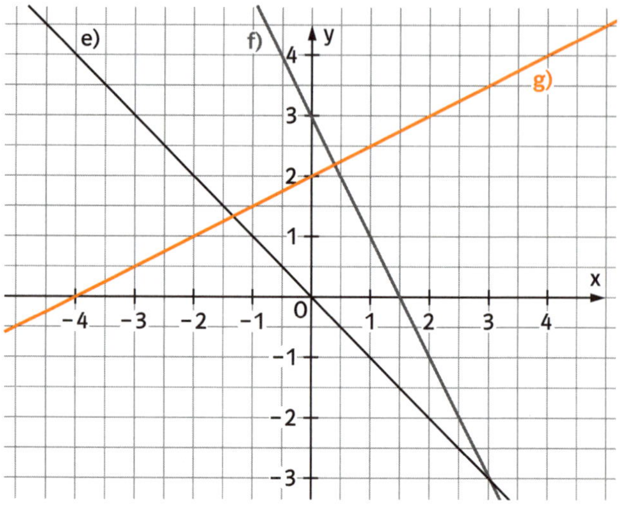

3 Zeichne zu den Funktionen die dazugehörigen Graphen. Benutze dazu den y-Achsenabschnitt b und die Steigung m.

a) $y = 3{,}5x$

b) Der Graph verläuft durch P_1 und Q_1:
$P_1(0\,|\,-2)$, $Q_1(1\,|\,-4)$

y = ______________ m = ______ b = ______

c) Punkte des Graphen sind $P_2(4\,|\,3)$, $Q_2(-4\,|\,1)$.

y = ______________ m = ______ b = ______

4 Notiere zuerst die Steigung m und den y-Achsenabschnitt b und dann erst die Funktionsgleichung der dargestellten Geraden.

d) m = ______ b = ______ y = ______________

e) m = ______ b = ______ y = ______________

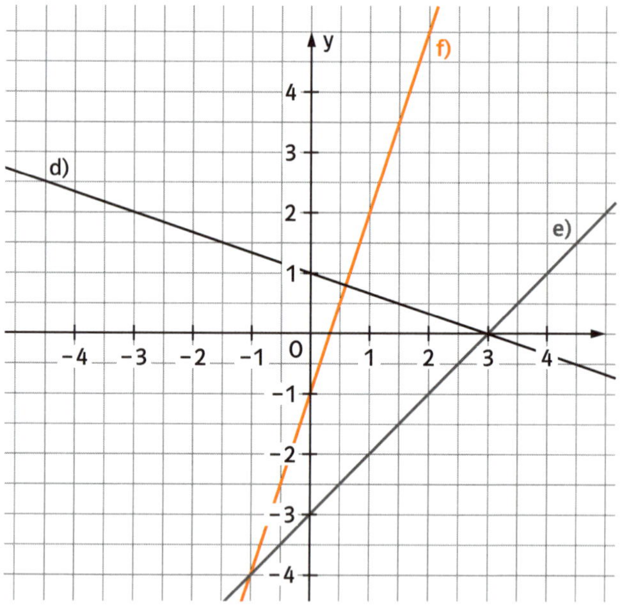

f) m = ______ b = ______ y = ______________

5 a) Der Graph der linearen Funktion $y = mx + b$ verläuft durch den Punkt P bzw. Q. Gib die Funktion an und bestimme, wo der Graph die x-Achse schneidet (Nullstelle).

(1) $m = 2$ $P(-2\,|\,4)$

y = ______________ Nullstelle bei x = ______

(2) $m = \frac{3}{5}$ $b = -0{,}4$

y = ______________ Nullstelle bei x = ______

(3) $Q(9\,|\,-2)$ $b = 5{,}2$

y = ______________ Nullstelle bei x = ______

b) Zeichne die Graphen. Der Schnittpunkt von (1) und (2) liegt bei (______ | ______), von (1) und (3) bei (______ | ______) und von (2) und (3) bei (______ | ______).

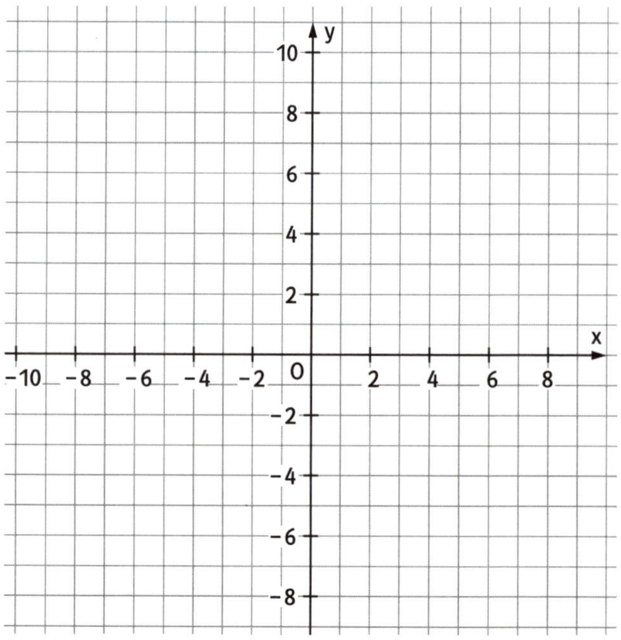

1 Löse das lineare Gleichungssystem mit dem Additionsverfahren.

(1) $7x + 5y = 26{,}5$
(2) $3x - 5y = 18{,}5$

(1) + (2): ______

x = ______

Setze x in (1) ein:

(1) $7 \cdot$ ____ $+ 5y = 26{,}5$
____ $5y = 26{,}5$
$5y =$ ____
$y =$ ____

Probe mit Gleichung (2):

(2) $3 \cdot$ ____ $- 5 \cdot$ ____ $= 18{,}5$
____ + ____ $= 18{,}5$
____ $= 18{,}5$

2 Löse das lineare Gleichungssystem mit dem Einsetzungsverfahren.

(1) $23x + 7y = 29$
(2) $23x = 2y + 110$
(2) in (1): $2y + 110 +$ ____ = ____
______ | ____
______ | ____
$y =$ ____

x mit (1):
$23x + 7 \cdot$ ____ $= 29$
$23x$ ____ $= 29$ | ____
$23x =$ ____ | ____
$x =$ ____

P in (2): $23 \cdot$ ____ $= 2 \cdot$ ____ $+ 110$
____ = ____
____ = ____

3 Löse das lineare Gleichungssystem mit dem Gleichsetzungsverfahren.

(1) $4x - 6 = 7y$
(2) $7y = 2x - 10$
(1) = (2): $4x - 6 =$ ____ | ____
______ | ____
______ | ____
$x =$ ____

y mit (1): $4 \cdot$ ____ $- 6 = 7y$
____ $= 7y$
____ $= 7y$ | ____
____ $= y$

P in (2): $7 \cdot$ ____ $= 2 \cdot$ ____ $- 10$
____ = ____
____ = ____

4 Verändere jeweils eine der beiden Gleichungen des linearen Gleichungssystems an einer Stelle so, dass es

a) unendlich viele Lösungen gibt.
(1) $y = 4x + 5$
(2) $y = 4x - 2$

______

b) keine Lösung gibt.
(1) $y = -5x - 4$
(2) $y = 2x - 4$

______

c) genau eine Lösung gibt.
(1) $2{,}5y = 12{,}5x + 7{,}5$
(2) $0{,}5y = 2{,}5x + 1{,}5$

______

5 Kreuze an, ob mit dem Einsetzungsverfahren (EV) oder dem Gleichsetzungsverfahren (GV) gearbeitet wurde und rekonstruiere anschließend die fehlende Gleichung des linearen Gleichungssystems.

a) (1) $y - 4x = 9$
(2) ______
$5x - 6 - 4x = 9$
EV ☐ GV ☐

b) (1) $-3x + 7 = y$
(2) ______
$-3x + 7 = -2x + 5$
EV ☐ GV ☐

c) (1) $2y = \frac{2}{5}x + 3{,}5$
(2) ______
$2(4x - 2{,}5) = 0{,}4x + 3{,}5$
EV ☐ GV ☐

d) (1) $5y = 3x + 6{,}5$
(2) ______
$5y = -3y + 1 + 6{,}5$
EV ☐ GV ☐

6 Die linearen Gleichungssysteme wurden mit dem Additionsverfahren gelöst. Ordne jedem linearen Gleichungssystem eine Gleichung und eine Lösung zu. Trage den Buchstaben passend in die zugehörigen Kärtchen ein.

A: (1) $-2x + 12y = 108$; (2) $2x + 7y = 44$

B: (1) $56x = 8y + 216$; (2) $9x + 8y = 109$

C: (1) $x + 3y = 22$; (2) $2x + 3y = 23$

D: (1) $6x + 8y - 26 = 0$; (2) $9x = 57 - 3y$

(1) + (2) $65x = 325$ | ____

(1) + (2) $-18y = 36$ | ____

(1) + (2) $19y = 152$ | ____

(1) + (2) $x = 1$ | ____

$7 | -2$ | ____

$-6 | 8$ | ____

$1 | 7$ | ____

$5 | 8$ | ____

Die quadratische Funktion $y = x^2 + c$

1 Gib die Koordinaten des Scheitels an und zeichne den Graphen der Funktion in das Koordinatensystem.

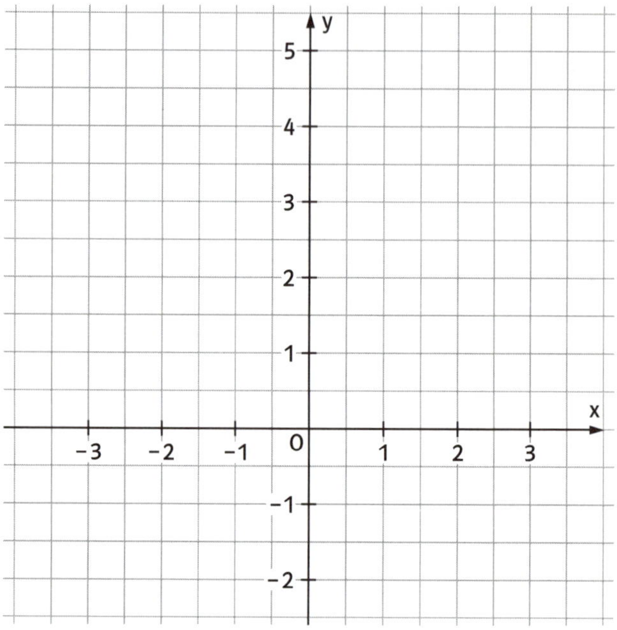

a) $y = x^2$ S(____ | ____)

b) $y = x^2 + 1$ S(____ | ____)

c) $y = x^2 - 2$ S(____ | ____)

d) $y = x^2 - 0{,}5$ S(____ | ____)

e) Vergleiche die Graphen:
Wenn man den Graphen aus a) (Normalparabel) um ____ nach ____________ verschiebt, erhält man die Parabel aus b). Wenn man die Normalparabel um 0,5 bzw. 2 nach ____________ verschiebt, erhält man die Parabeln aus ____ bzw. ____ . Alle Graphen haben dieselbe Form wie die Normalparabel.

2 Gib die zugehörige Funktionsgleichung an.

a) y = ____________

b) y = ____________

c) y = ____________

d) y = ____________

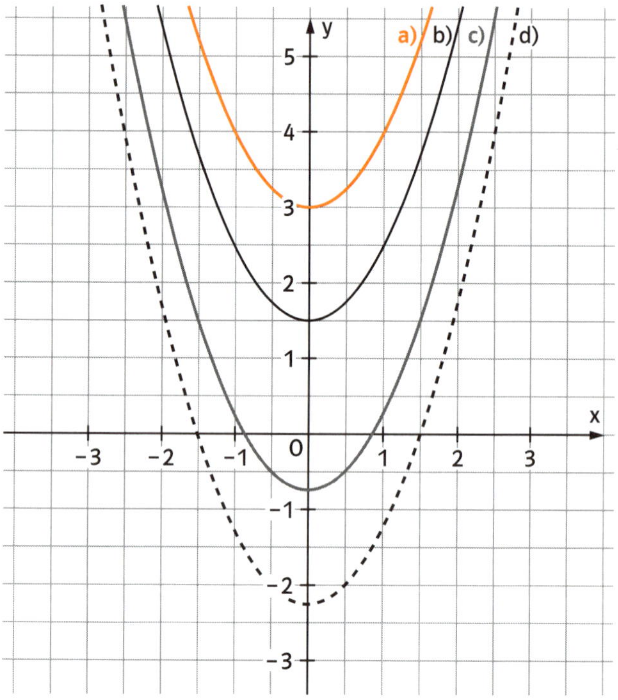

3 Kreise die Punkte ein, die auf der Normalparabel liegen.

A(−4 | 16) B(0 | 4) C(3 | 9) D(−1 | 5) E(1 | 1) F(0,5 | 0,25) G(2 | 8)

Die anderen drei Punkte liegen auf einer verschobenen Normalparabel.
Wie heißt die Funktionsgleichung?

y = ____________

4 Fülle die Lücken mit den Zahlen der Kärtchen, sodass die Punkte auf der Normalparabel liegen.

P(−2 | ____) Q(____ | 36) R(0,8 | ____) T(____ | 1,21)

U(−1,5 | ____) V(____ | 30) W(3,2 | ____) X(____ | 5)

Kärtchen: 4 $\sqrt{30}$ 0,64 2,25 10,24 $-\sqrt{5}$ −6 1,1

5 Die Parabel einer quadratischen Funktion mit der Gleichung $y = x^2 + c$ verläuft durch den angegebenen Punkt. Gib die zugehörige Funktionsgleichung an.

a) P(2 | 9)

☐ = ☐^{2} + c

____ = c , also y = x^2 ____________

b) Q(−2 | −5)

☐ = ☐^{2} + c

____

c) R(−4 | 0)

____

____

1 Die Wertetabelle gehört zu einer quadratischen Funktion. Zeichne ihr Schaubild und ordne die passende Funktionsgleichung zu.

$y = 0{,}5x^2$ $y = -x^2$

a) y = ______________

x	−2	−1	0	1	2
y	2	0,5	0	0,5	2

b) y = ______________

x	−2	−1	0	1	2
y	−4	−1	0	−1	−4

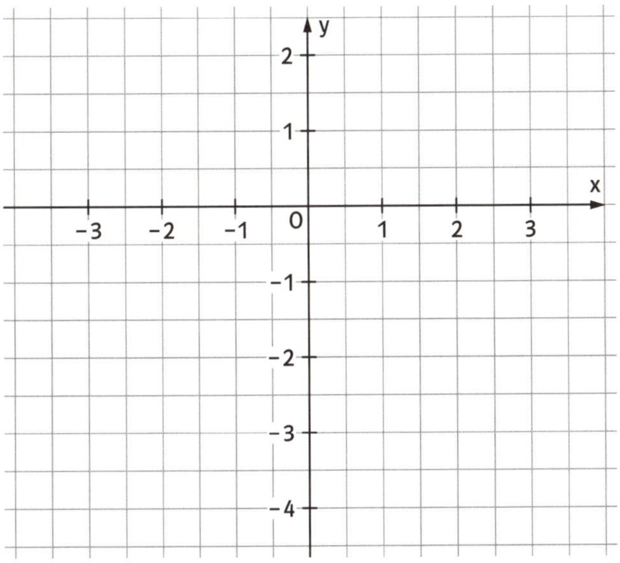

2 Ordne jeder Funktionsgleichung den passenden Graphen zu.

a) $y = -0{,}5x^2 + 3$ ▢
b) $y = \frac{1}{3}x^2$ ▢
c) $y = x^2 - 2$ ▢
d) $y = -2x^2 + 3$ ▢
e) $y = -4x^2 + 2$ ▢

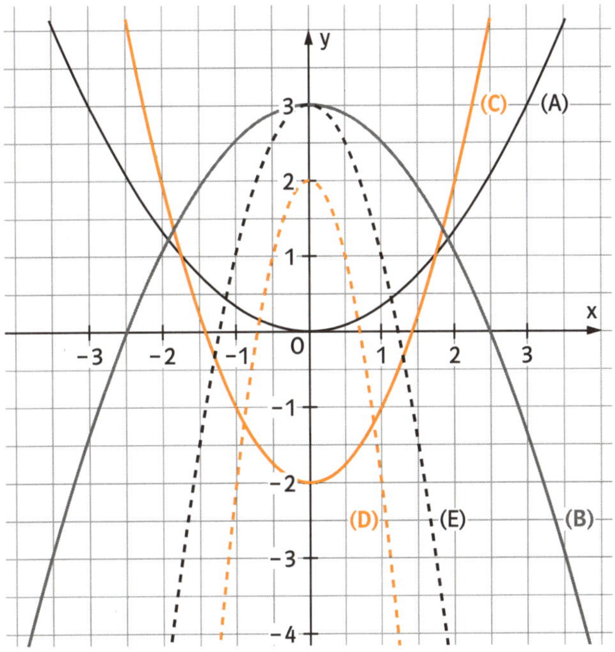

3 Vergleiche Lage und Form des Graphen der vorliegenden Funktion mit der Normalparabel. Kreuze an und trage den entsprechenden Wert ein.

	Funktionsgleichung	verschoben um … nach oben	verschoben um … nach unten	geöffnet nach oben	geöffnet nach unten	breiter	schmaler
a)	$y = 5x^2 - 1$		1 LE	⊗	○	○	○
b)	$y = \frac{1}{4}x^2 + 5$			○	○	○	○
c)	$y = -2x^2$			○	○	○	○
d)	$y = -\frac{1}{2}x^2 + 0{,}3$			○	○	○	○
e)	$y = -x^2 - 5$			○	○	○	○

4 Verbinde jeden Punkt mit dem Graphen, auf dem er liegt.
Tipp: Auf einem der Graphen liegen zwei Punkte.

a) $y = 1{,}5x^2 - 2$
b) $y = -3x^2 + 5$
c) $y = -x^2 + 2$
d) $y = \frac{1}{2}x^2 - 4$

A(−4|4) B(2|4) C(−1|2) D(−2|−2) E(6|14)

5 P liegt auf dem Graphen der Funktion $y = ax^2 + c$. Bestimme die Funktionsgleichung.

a) $c = -3$; P(1 | 2)
▢ = a · ▢ ^{2} − 3
____
a = ______________
y = ______________

b) $a = \frac{1}{2}$; P(−4|10)
____
____
c = ______________
y = ______________

1 Das Schaubild zeigt verschobene Normalparabeln. Lies die Koordinaten des Scheitels am Graphen ab und gib die Funktionsgleichung in Scheitelform an.

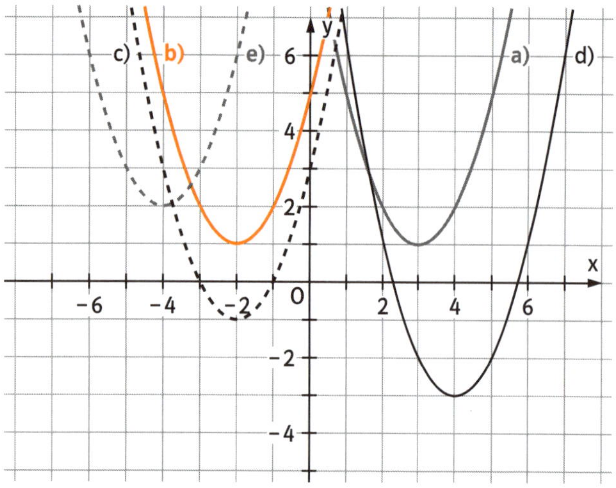

a) S(3 | 1) $y = (x - 3)^2 + 1$

b) S(___ | ___) $y = (x$ ___ $)^2$ ___

c) S(___ | ___) $y = (x$ ___ $)^2$ ___

d) S(___ | ___) $y = (x$ ___ $)^2$ ___

e) S(___ | ___) $y = (x$ ___ $)^2$ ___

2 Welche Punkte liegen auf dem Graphen?

a) $y = (x + 1)^2 - 6$ b) $y = -x^2 - x$

P(−1|−6) Q(0|0) R(−2,5|−3,75) S(1|−2) T(2|−6)

Die Punkte ___________ liegen auf der Parabel a),

die Punkte ___________ liegen auf der Parabel b).

3 Zu jeder Funktionsgleichung mit $y = x^2 + px + q$ gehört eine Gleichung in Scheitelform. Verbinde die Paare.

$y = (x + 4)^2$ $y = x^2 + 10x + 25$ $y = x^2 + 8x + 16$ $y = (x - 3)^2 - 1$ $y = (x + 1)^2 + 2$ $y = (x + 5)^2$ $y = x^2 + 2x + 3$ $y = x^2 - 4x + 4$ $y = x^2 - 6x + 8$ $y = (x - 2)^2$

4 Wandle in die Scheitelform um und bestimme den Scheitel.

a) $y = x^2 + 6x + 10$ | − 10

$y - 10 = x^2 + 6x$ | + (___ $)^2$ quadratische Ergänzung

____

___________ | ___ binomische Formel

$y = (x$ ___ $)^2$ ___ Scheitelform

S(___ | ___)

b) $y = x^2 - 12x + 16$ | ___

___________ | ___

____

___________ | ___

y = ___________

S(___ | ___)

5 Gib die Koordinaten des Scheitels an. Stelle dann die Funktionsgleichung in Scheitelform auf. Wandle sie in die Form $y = x^2 + px + q$ um.

a) Die Normalparabel wurde um 5 LE nach rechts und um 2,5 nach unten verschoben. S(___ | ___) $y = (x$ ___ $)^2$ ___

____

$y = x^2$ ___________

b) Die Normalparabel wurde um 1,1 LE nach links und 11 nach oben verschoben. S(___ | ___) $y = (x$ ___ $)^2$ ___

____

$y = x^2$ ___________

1 Zeichne den Graphen der Funktion und lies dann die Nullstellen der Funktion ab.

Nullstellen sind:

(A) $y = (x - 1)^2 - 1$ $x_1 =$ ______

(B) $y = (x + 1)^2$ ______

(C) $y = x^2 - 2{,}25$ ______

(D) $y = (x - 2)^2 + 1$ ______

Keine Nullstelle hat die Funktion ______ . ______ Nullstelle hat die Funktion (B). Die Funktionen ______ und ______ haben ______ Nullstellen.

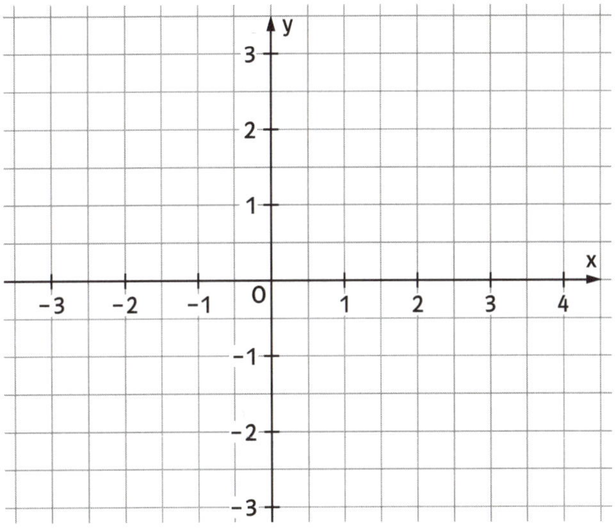

2 Berechne die Nullstellen der Funktion.

a) $y = x^2 - 16$

$0 = x^2 - 16$ | + ______

______ | $\sqrt{\ }$ ______

$x_1 =$ ______ ; $x_2 =$ ______

b) $y = x^2 - 1{,}21$

$0 =$ ______

______

$x_1 =$ ______ ; $x_2 =$ ______

c) $y = (x + 3)^2 - 1$

$0 = (x + 3)^2 - 1$ | + ______

$1 =$ ______ | $\sqrt{\ }$ ______

$\pm 1 = x_{1,2} +$ ______

$x_1 =$ ______ ; $x_2 =$ ______

d) $y = (x - 5)^2 - 64$

______

______

______

$x_1 =$ ______ ; $x_2 =$ ______

3 Bringe die Funktionsgleichung zuerst auf die Scheitelform. Gib dann die Nullstellen an.

a) $y = x^2 - 4x + 3$

______

______

______

$x_1 =$ ______ ; $x_2 =$ ______

b) $y = x^2 + 6x + 10$

______

______

______

______

c) $y = x^2 - 8x + 16$

______

______

______

______

4 Kreuze an, wie viele Nullstellen die Funktion hat.

	Funktionsgleichung	Scheitel	Anzahl der Nullstellen		
			keine	eine	zwei
a)	$y = (x + 2)^2 - 5$		○	○	○
b)	$y = x^2 + 4$		○	○	○
c)	$y = (x - 5)^2 + 9$		○	○	○
d)	$y = (x - 3)^2$		○	○	○
e)	$y = x^2 - 2$		○	○	○

5 Gib zu den Nullstellen die Koordinaten des Scheitels der verschobenen Normalparabel an. Stelle dann die Funktionsgleichung auf.
Tipp: Mache dir eine Skizze.

a) $x_1 = -3$; $x_2 = -1$

S(______ | ______)

y = ______

b) $x_1 = -1$; $x_2 = 3$

S(______ | ______)

y = ______

c) $x_1 = -1$; $x_2 = 1$

S(______ | ______)

y = ______

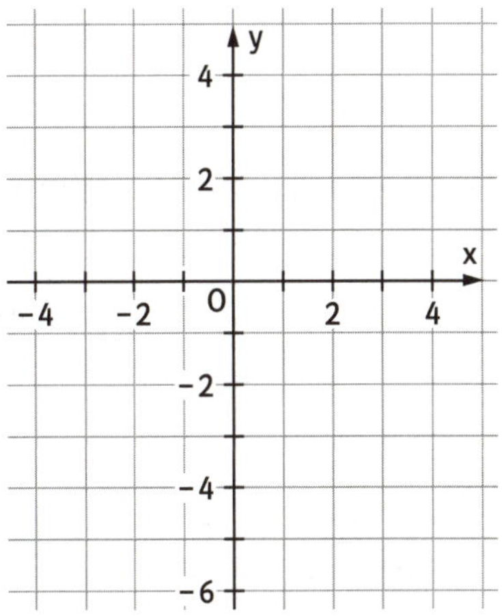

1 Bestimme die gemeinsamen Schnittpunkte der Parabeln rechnerisch.

a) (1) $y = (x-3)^2 + 4$ (2) $y = -x^2 + 6x + 3$

__________ = __________ | _____

__________ = __________ | _____

__________ = __________ | _____

__________ = __________ | _____

P_1 = (____ | ____) P_2 = (____ | ____)

b) (1) $y = -x^2 + 4x - 3$ (2) $y = x^2 - 1$

__________ = __________ | _____

__________ = __________ | _____

__________ = __________ | _____

__________ = __________ | _____

P_1 = (____ | ____) P_2 = (____ | ____)

2 Berechne die Schnittpunkte zwischen Parabel und Gerade.

a) (1) $y = x^2 - 2x + 3$ (2) $y = x + 3$

__________ = __________ | _____

__________ = __________ | _____

__________ = __________ | _____

__________ = __________ | _____

P_1 = (____ | ____) P_2 = (____ | ____)

b) (1) $y = -(x-1)^2 + 4$ (2) $y = -2x + 7$

__________ = __________ | _____

__________ = __________ | _____

__________ = __________ | _____

__________ = __________ | _____

P_1 = (____ | ____) P_2 = (____ | ____)

3 Bestimme die Schnittpunkte der Graphen der folgenden Funktionen zeichnerisch und rechnerisch.

a) (1) $y = x^2 + 4x + 1$ (2) $y = -x^2 - 2x + 1$

__________ = __________ | _____

__________ = __________ | _____

__________ = __________ | _____

__________ = __________ | _____

P_1 = (____ | ____) P_2 = (____ | ____)

b) (1) $y = x^2 - 3x + 0{,}75$ (2) $y = -x + 2$

__________ = __________ | _____

__________ = __________ | _____

__________ = __________ | _____

__________ = __________ | _____

P_1 = (____ | ____) P_2 = (____ | ____)

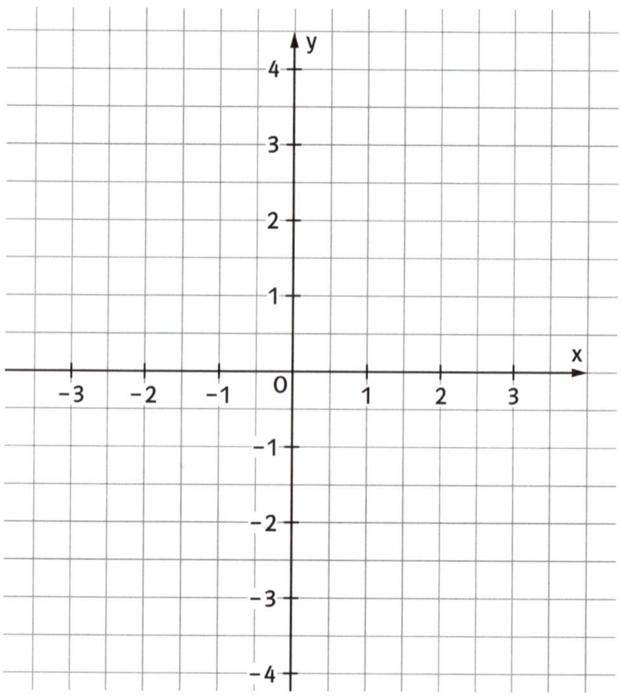

4 Löse im Kopf: Wie viele gemeinsame Punkte haben die Graphen der Funktionen?

a) (1) $y = (x+2)^2 - 1$
(2) $y = -(x+2)^2 + 1$
______ Punkt(e)

b) (1) $y = x^2 + x - 1$
(2) $y = x^2 - 1$
______ Punkt(e)

c) (1) $y = x^2 - 3$
(2) $y = 3x + 4$
______ Punkt(e)

d) (1) $y = (x-2)^2 + 1$
(2) $y = -(x-2)^2 - 1$
______ Punkt(e)

5 Die Punkte P(1 | ____) und Q(4 | ____) liegen auf der Parabel mit der Funktionsgleichung $y_1 = (x-2)^2 + 1$. Die Geradengleichung des Graphen, welcher die gegebene Parabel in den Punkten P und Q schneidet, lautet:

y_2 = ______________ .

Fertige eine Skizze an.

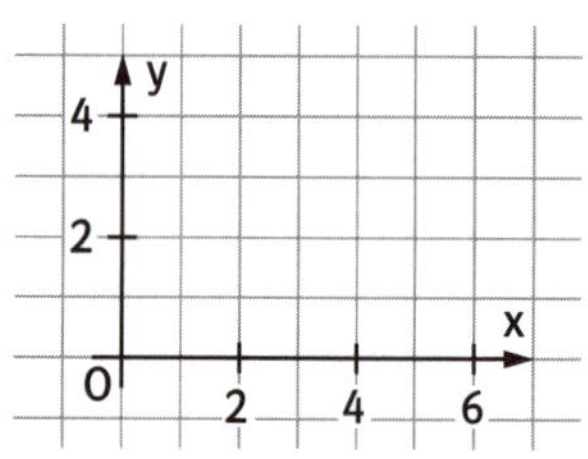

Modellieren (1)

1 Bei Hochspringern lässt sich die Flugbahn des Körperschwerpunktes durch eine Parabel beschreiben. Der Körperschwerpunkt eines stehenden Menschen liegt bei 60 % der Körpergröße. Den Weltrekord der Männer hielt Anfang 2008 der Kubaner Javier Sotomayor, der bei einer Körpergröße von 1,93 m am 27. 07. 1993 2,45 m übersprang. Nimm an, dass bei seinem Sprung der Scheitelpunkt genau 5 cm oberhalb der Latte lag. Die Absprungstelle war 1 m vor der Latte. Welche Höhe hätte Sotomayor übersprungen, wenn er eine Fußlänge (25 cm) zu früh abgesprungen wäre?

Realsituation

(1) Gegeben: Der Körperschwerpunkt befindet sich beim Absprung ________ m vor der Latte und in der Höhe von ________ % der Körpergröße (________ m), dies sind ________ m. Der Scheitelpunkt der Flugbahn liegt ________ cm über der Latte (________ m), also in einer Höhe von ________ m.

(2) Gefragt ist, welche Höhe er bei verändertem Absprung (________ cm früher) übersprungen hätte.

Mathematisches Modell

(1) Wahl einer geeigneten Funktionsgleichung:
Da es sich bei der Flugbahn um eine Parabel handelt, deren Scheitelpunkt bekannt ist, kann sie durch die Funktionsgleichung in der Form $y = ax^2 + c$ beschrieben werden.

(2) Wahl eines Koordinatensystems und Auswertung der Informationen.

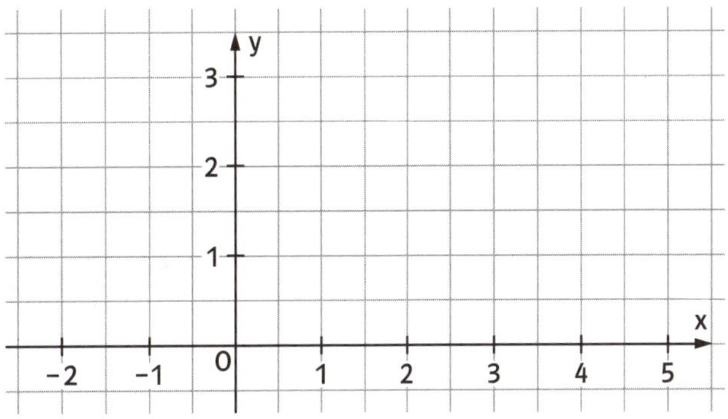

Tipp: Wähle das Koordinatensystem so, dass der Scheitelpunkt auf der y-Achse liegt. Der Betrag von x beschreibt dann jeweils die horizontale Entfernung zwischen dem ____________________ und den Nullstellen der Funktion, y die Flughöhe des Körperschwerpunktes.

Fertige eine Skizze an, die alle wichtigen Informationen enthält. Koordinaten des Körperschwerpunktes beim Absprung: P(____ | _______); Koordinaten des Scheitelpunktes: S(____ | ____)

Mathematische Ergebnisse

(1) Einsetzen des Punktes S(____ | ____) in die Funktionsgleichung ergibt y = ________________ .

Durch Einsetzen des Punktes P(____ | _______) erhält man ________ = ______________________ .

Umformen ergibt a = ____________________________ .

Also ergibt sich als Funktionsgleichung: y = ______________________________ .

(2) Wenn Sotomayor 25 cm früher abgesprungen wäre, hätte er bei der Latte dieselbe Höhe gehabt wie bei der skizzierten Flugbahn 25 cm _________ der Latte. Also gibt die y-Koordinate an der Stelle x = _________ die gesuchte Höhe an: ____ .

Notwendiger Abstand zur Latte (________ cm); übersprungene Höhe: ________ m

Reale Ergebnisse

(1) Wenn Sotomayor 25 cm früher abgesprungen wäre, hätte er nur eine Höhe von ________ m übersprungen.

(2) Das Ergebnis ist realistisch, weil ____ .

1 Eine zwischen zwei Masten durchhängende Hochspannungsleitung hat die Form einer Parabel. Gib die Funktionsgleichung an unter Berücksichtigung des Ursprungs des Koordinatensystems und der Umweltbedingungen. (Die Leitung hängt unterschiedlich weit durch.) [T1]

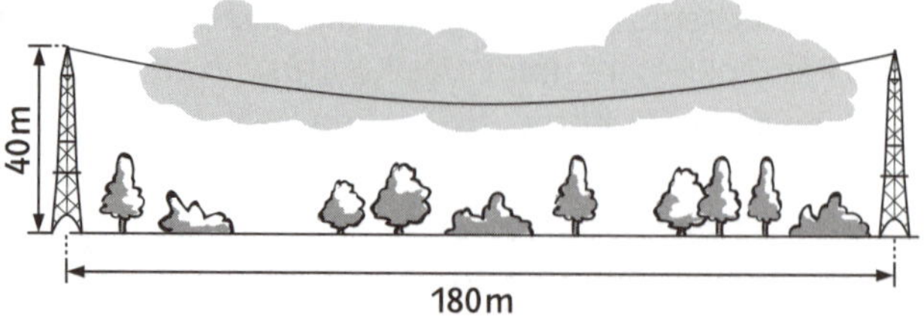

	Der Ursprung liegt im Scheitelpunkt.	Der Ursprung liegt in der Spitze des linken Mastes.	Der Ursprung liegt im Fußpunkt des linken Mastes.
Das Kabel hängt 8 m durch.	y =	y =	y =
Im Hochsommer hängt es 16 m durch.	y =	y =	y =
Im vereisten Zustand hängt es 24 m durch.	y =	y =	y =

2 Die Flugbahn einer Kugel beim Stoßen lässt sich beschreiben mit $y = -0{,}04x^2 + 1{,}8$ (dabei ist x die Weite und y die Höhe in m).

a) Nach zwei Metern horizontalen Fluges hat die Kugel eine Höhe von __________ Metern über der Abwurfhöhe.

b) Wenn die Kugel eine Höhe von einem Meter über der Abwurfhöhe hat, ist sie horizontal bereits __________ Meter weit geflogen.

c) Ihre maximale Höhe von __________ Metern über der Abwurfhöhe erreicht die Kugel nach __________ Metern horizontalen Fluges.

3 Ein Basketballspieler wirft in einer 7,5 m hohen Halle den Ball entsprechend der Funktionsgleichung $y = -0{,}16x^2 + 4$ genau in Richtung Korb und trifft. Der Korb hängt 0,7 m höher als der Abwurfpunkt.

a) Skizziere die Wurfparabel. (Die x-Achse stellt die Abwurfhöhe dar, also die Höhe Null.)

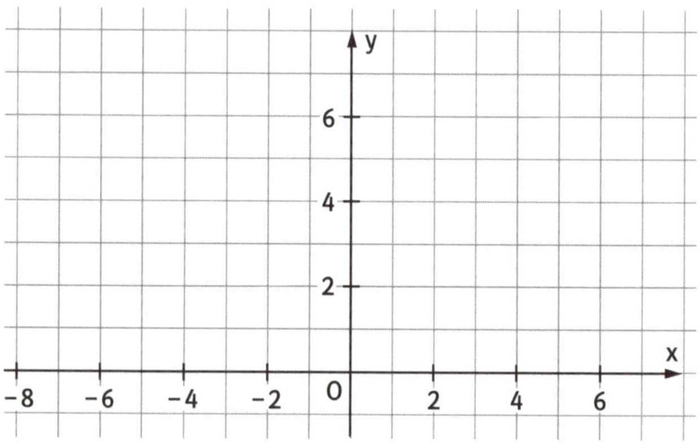

b) Der Abwurfpunkt war genau __________ Meter vom Korb entfernt.

c) Die Höhendifferenz zwischen Ball und Korb betrug im Maximum __________ Meter.

d) Ein Werfer der Gegenmannschaft hat aus dem Stand heraus einen genialen Wurf, der der Funktionsgleichung $y = -0{,}1x^2 + 6{,}2$ folgt. Welche Tatsache hat den Korbtreffer aus über 14 m Entfernung verhindert? [T2]

____

____

____

[T1] Berechne zunächst die Funktionsgleichung in der Form $y = a \cdot x^2 + c$ und bestimme hier a und c für den Fall, dass der Ursprung gleichzeitig Scheitelpunkt ist. Verschiebe dann den Ursprung und überlege, was daraus für den Scheitelpunkt folgt.

[T2] Beachte den Eingangstext für diese Aufgabe.

Fülle die Lücken. Für jeden Buchstaben findest du einen Strich. Löse dann die Beispielaufgaben.

Normalparabel

Die einfachste quadratische Funktion hat die Gleichung $y = x^2$. Ihr Graph heißt Normalparabel. Sie ist achsensymmetrisch zur _-Achse und ihr _ _ _ _ _ _ _ _ liegt bei S(0 | 0).

- Ergänze zu einer Normalparabel und markiere den Scheitel S.

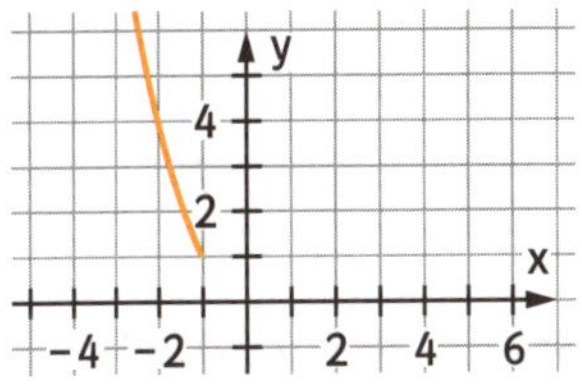

Quadratische Funktion $y = ax^2 + c$

Der Graph der quadratischen Funktion $y = ax^2 + c$ ist eine _ _ _ _ _ _ _ _. Der Faktor a bestimmt ihre Form. Die Parabel ist um c in Richtung der _-Achse verschoben, ihr Scheitel ist S(___ | ___).

- Ergänze die Tabelle zur Form der Parabel.

a negativ		a positiv	
Parabel ist nach unten geöffnet.		Parabel ist nach _ _ _ _ geöffnet.	
$a < -1$	$-1 < a < 0$	$0 < a < 1$	$a > 1$
Die Parabel ist … als die Normalparabel.			
schmaler	breiter	______	______

Quadratische Funktion $y = (x - d)^2 + c$

Die Funktionsgleichung $y = x^2 + px + q$ lässt sich durch quadratische Ergänzung in die Form $y = (x - d)^2 + c$ umformen. Sie heißt _ _ _ _ _ _ _ _ _ _ _ _ _. Der Graph der Funktion ist eine verschobene Normalparabel mit dem Scheitel S(___ | ___).

- Gib die Funktionsgleichung in Scheitelform an.

a) S(2 | 1)

y = ______

b) $y = x^2 + 2x - 1$ | ____

y + 1 = ______ | + (____)^2

y + 1 ____ = ______

y + ____ = (______)^2

y = (______)^2 ______

Nullstellen einer quadratischen Funktion

Die Schnittstellen des Graphen einer Funktion mit der _-Achse heißen Nullstellen der Funktion. Die Nullstellen werden berechnet, indem man den Funktionsterm gleich _ _ _ _ setzt.

- Bestimme die Nullstellen der Funktion $y = -x^2 + 9$.

$0 = -x^2 + 9$ | ____

______

x_1 = ____ und x_2 = ____

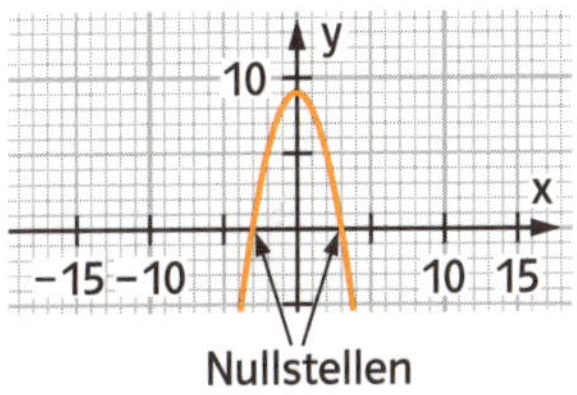

Schnittpunkte der Graphen von Funktionen

Zum Bestimmen der Koordinaten der Schnittpunkte zweier Parabeln oder einer Parabel und einer Geraden, setzt man die Funktionsterme gleich.

- Bestimme die Koordinaten der Schnittpunkte.

p: $y = (x + 2)^2 - 4$ g: $y = 2x + 3$

S_1(_____ | _____); S_2(_____ | _____)

Modellieren mit quadratischen Funktionen

Bei dem rechts dargestellten Vorgehen spricht man von mathematischem Modellieren.

Mit solch einem Vorgehen können Entscheidungen für das reale Handeln, z. B. beim Bau von Brücken und bei anderen Sachlagen unter Zuhilfenahme von quadratischen Funktionen vorbereitet werden.

- Vervollständige.

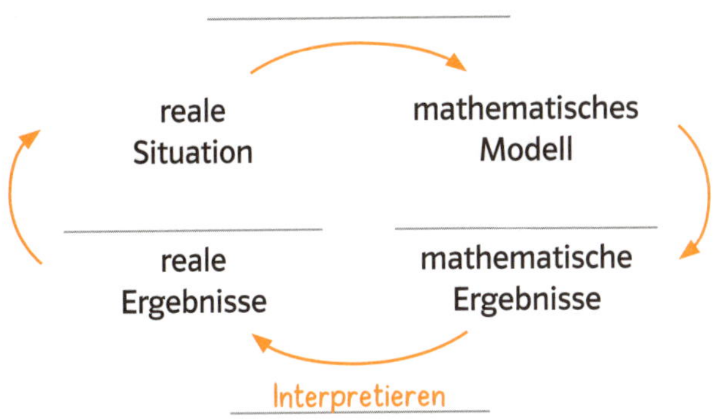

1 In den Urnen befinden sich weiße Kugeln. Male zusätzlich schwarze und rote Kugeln in passender Anzahl in die Urnen, sodass

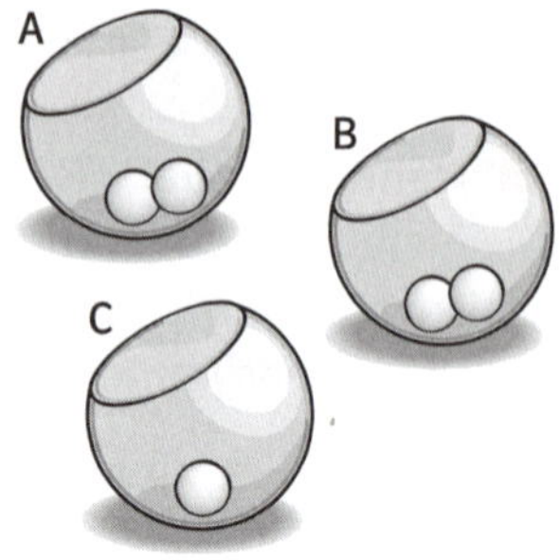

a) die Wahrscheinlichkeit, eine weiße Kugel zu ziehen 40 % beträgt (Urne A).

b) eine weiße oder schwarze Kugel mit einer Wahrscheinlichkeit von 75 % gezogen wird (Urne B).

c) die Wahrscheinlichkeit, eine weiße Kugel zu ziehen 20 % beträgt und die Wahrscheinlichkeit, keine schwarze Kugel zu ziehen 100 % beträgt (Urne C).

2 Aus einem Aquarium wird ein zufällig gefangener Fisch verkauft. Bestimme für jedes Aquarium die Wahrscheinlichkeit der entsprechenden Ereignisse, trage sie in Bruchschreibweise in die Tabelle ein.

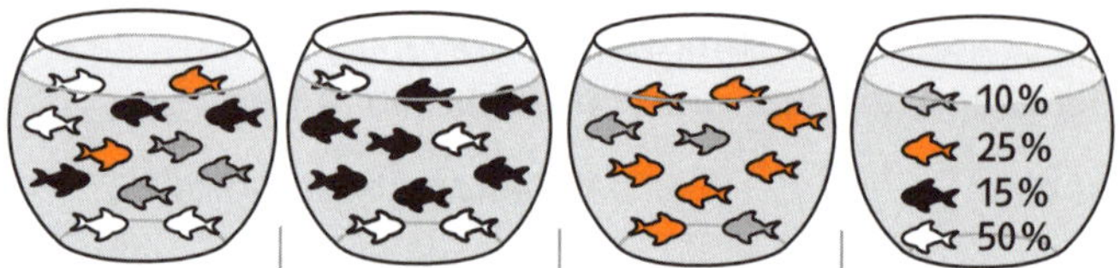

einen grauen Fisch erhalten				
einen schwarzen oder weißen Fisch erhalten				
einen orangen oder grauen Fisch erhalten				
keinen schwarzen Fisch erhalten				

3 a) Notiere Steigung, y-Achsenabschnitt und Funktionsgleichung der dargestellten Schaubilder.

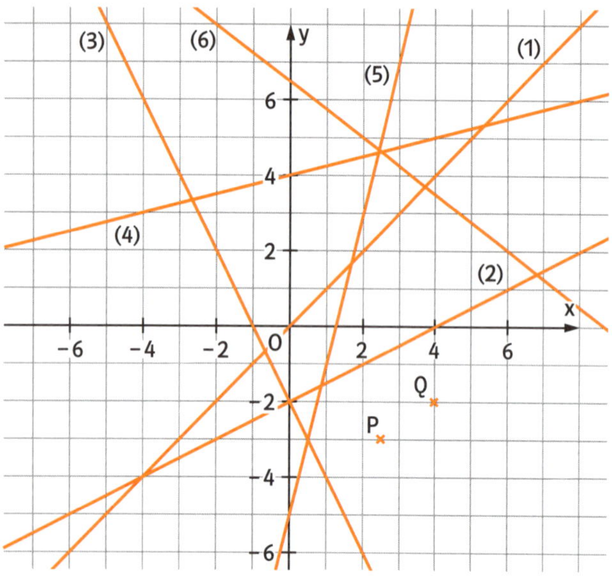

(1) m = ______ b = ______ y = ______________

(2) m = ______ b = ______ y = ______________

(3) m = ______ b = ______ y = ______________

(4) m = ______ b = ______ y = ______________

(5) m = ______ b = ______ y = ______________

(6) m = ______ b = ______ y = ______________

b) Wie lautet die Gleichung der linearen Funktion, die durch die Punkte P(2,5 | −3) und Q(4 | −2) geht? Berechne und kontrolliere mithilfe einer Zeichnung.

(7) m = ______ b = ______ y = ______________

c) Das Dreieck, das die Geraden (1) und (2) mit der y-Achse bilden, hat einen Flächeninhalt von ______ FE.

4 a) Zeichne die Schaubilder der Parabeln in unterschiedlichen Farben in das Koordinatensystem ein.

(1) $y = -x^2 + 2$
(2) $y = \frac{1}{4}x^2$
(3) $y = (x - 0{,}5)^2 - 2{,}5$
(4) $y = -(x + 2)^2 + 3$

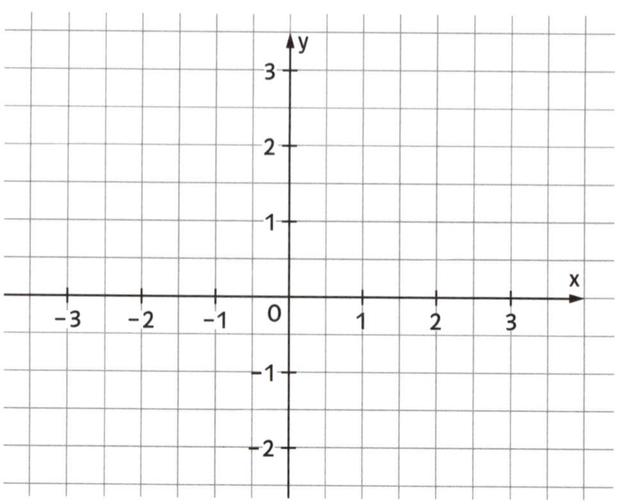

b) Fülle die Tabelle aus.

Parabel	Scheitel	Öffnung	Form
(1)	(0 | 3)	nach unten	wie NP
(2)			
(3)			
(4)			

1 Chantal erhielt in fünf Jahren insgesamt 914,06 € Zinsen für ihre Spareinlage von 3500,00 €.
Berechne den Zinssatz, den ihr die Bank gewährte.

gegeben: K_0 = ____________ €; K_n = ____________ €;

n = ______ Jahre; gesucht: p %

Sie erhielt einen Zinssatz von ______ %.

2 Tibor legt sein Erspartes vier Monate und 25 Tage zu einem Zinssatz von 3,25 % an. Nach Ablauf dieses Zeitraums erhält er 37,96 € Zinsen.

gegeben: Zinssatz ______ %; Zinsen ____________ €

Zeit: ______ Tage; gesucht: ____________

____

3 Christian hat das Haus seiner Oma geerbt. Um es zu renovieren, nimmt er ein Darlehen über 30 000,00 € zu einem festgelegten Zinssatz von 5 % und einer Laufzeit von zwölf Jahren bei seiner Bank auf. Die jährlich zu tilgende Rate wird auf 5500,00 € festgelegt.
Fülle den Tilgungsplan für die ersten drei Jahre aus.

Jahr	Restschuld am Jahresanfang	Zinsen	Tilgung	Restschuld am Jahresende
1				
2				
3				

4 Die Lösungsschritte samt Probe des linearen Gleichungssystems sind durcheinandergeraten.
Schreibe den Lösungsweg richtig auf.

- $x = 1$
- $-60 = -60$
- (2′) $18x + 39y = -60$
- $55y = -110 \quad | :55$
- (1) $9x - 8y = 25$
- $9x = 9 \quad | :9$
- (1) $9x - 8 \cdot (-2) = 25 \quad | -16$
- $18 \cdot 1 + 39 \cdot (-2) = -60$
- (2′) = − (1′):
- P mit (2′):
- (2) $6x + 13y = -20$
- (1′) $18x - 16y = 50$
- $y = -2$

5 Löse die Gleichungssysteme mit einem Verfahren deiner Wahl und verbinde mit der richtigen Lösung.
Überprüfe deine Lösung durch die Probe.

a) (1) $3x - 2y = 14$
(2) $7x + 4y = 24$

b) (1) $3x = 1 - 2y$
(2) $4x + 1 = -5y$

c) (1) $5x - 2y = 23$
(2) $6y = 6 - 10x$

d) (1) $\frac{x}{6} + \frac{3y}{4} = 8$
(2) $\frac{3x}{9} - \frac{5y}{4} = -6$

L = {(3; −4)} L = {(12; −8)} L = {(12; 8)} L = {(4; −1)} L = {(1; −1)}

1 a) Ordne jedem Schaubild die entsprechende Funktionsgleichung zu. Begründe die Zuordnung.

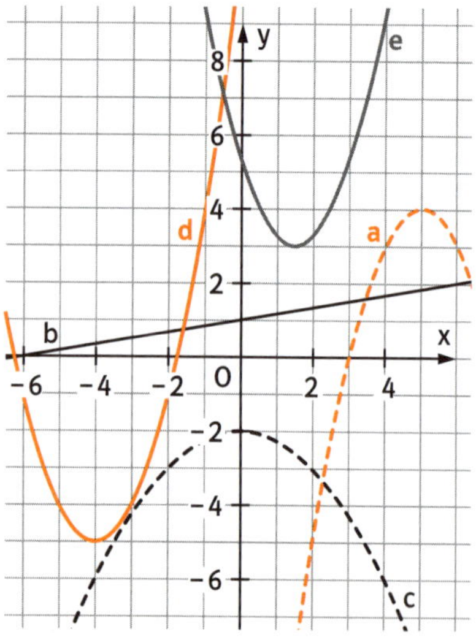

a: ____ ; Begründung: ________________________________

b: ____ ; Begründung: ________________________________

c: ____ ; Begründung: ________________________________

d: ____ ; Begründung: ________________________________

e: ____ ; Begründung: ________________________________

(1) | $y = (x-4)^2 - 5$

(2) | $y = x^2 - 3x + 5{,}25$

(3) | $y = \frac{1}{6}x + 1$

(4) | $y = (x-5)^2 + 4$

(5) | $y = (x+4)^2 - 5$

(6) | $y = -\frac{1}{4}x^2 - 2$

(7) | $y = -4x^2 - 2$

(8) | $y = -(x-5)^2 + 4$

(9) | $y = 6x + 1$

(10) | $y = x^2 + 3x + 5{,}25$

b) Verändere den y-Achsenabschnitt von b so, dass sich für die neue Gerade g genau ein Schnittpunkt mit e ergibt. Die Funktionsgleichung für g lautet dann: y = ____________________ .

2 Eine nach unten geöffnete Normalparabel wird um 1,5 Einheiten nach links und um 6 Einheiten nach oben verschoben. Eine zweite, nach oben geöffnete Normalparabel geht durch die Punkte A(−0,5 | 5) und B(−2,5 | −3).

a) Berechne die Schnittpunkte der Parabeln. [T1]

Der Scheitelpunkt von p_1 ist S(____ | ____).

p_1: y = ____________________

p_2: y = ____________________

P(____ | ____); Q(____ | ____)

b) Durch die Schnittpunkte der Parabeln verläuft eine Gerade. [T2] Berechne ihre Nullstelle.

g: y = ____________________ ; N(____ | ____)

c) Überprüfe die Ergebnisse mit einer Zeichnung.

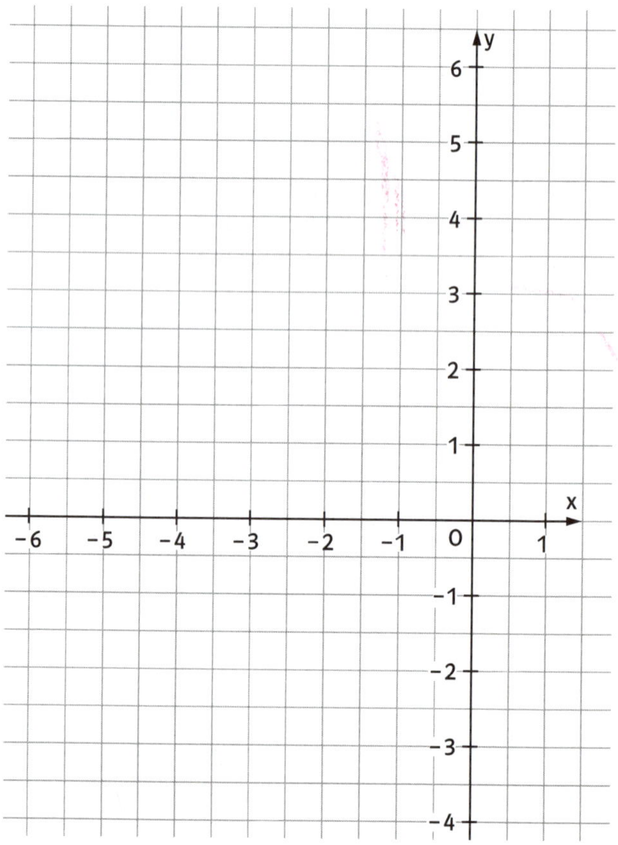

3 Bestimme die Schnittpunkte rechnerisch.

a) $y = x^2 - 1$ S_1 = (____ | ____)

$y = \frac{1}{4}x^2 + 2$ S_2 = (____ | ____)

b) $y = x^2 - 3x + 0{,}75$ S_1 = (____ | ____)

$y = -x + 2$ S_2 = (____ | ____)

[T1] Bestimme zuerst den Scheitelpunkt der ersten Parabel (daraus Funktion in Scheitelform). Bei der zweiten Parabel Punkte einsetzen (ergibt zwei Gleichungen), lineares Gleichungssystem lösen.

[T2] Mithilfe der beiden Schnittpunkte kannst du ein lineares Gleichungssystem aufstellen (m, b bestimmen).

1 Markiere im rechtwinkligen Dreieck jeweils Ankathete, Gegenkathete und Hypotenuse von α. Gib dann zu jedem Dreieck sin α, cos α und tan α als Bruch an.

a)

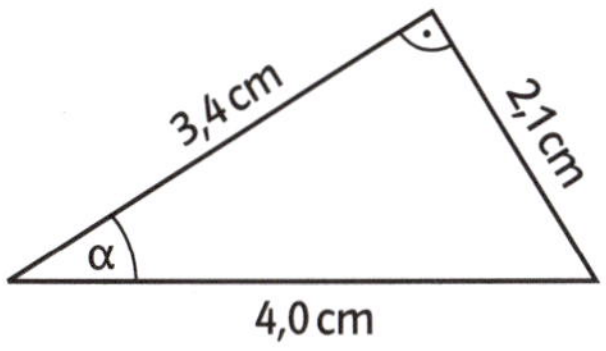

sin α = ——

cos α = ——

tan α = ——

b)

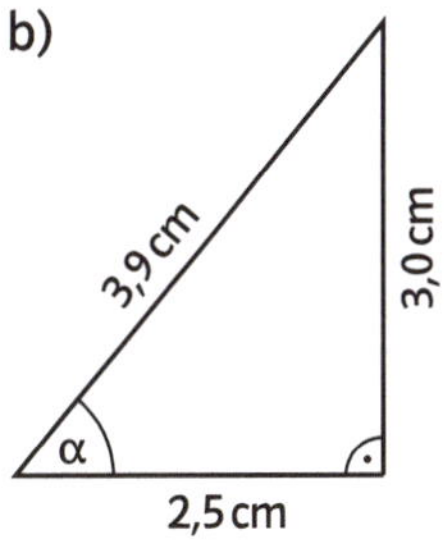

sin α = ——

cos α = ——

tan α = ——

2 Schreibe alle unterschiedlichen Möglichkeiten auf.

sin ☐ = ☐/c   sin ☐ = ☐/c

sin ☐ = ☐/c   sin ☐ = ☐/c

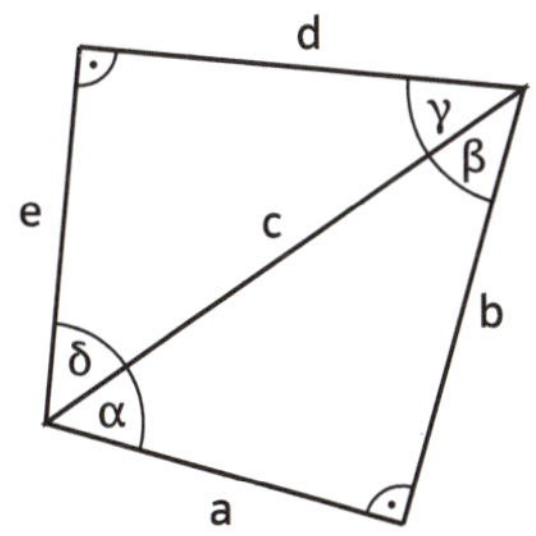

cos ☐ = ☐/c   cos ☐ = ☐/c

cos ☐ = ☐/c   cos ☐ = ☐/c

3 Richtig oder falsch? Kreuze an und korrigiere die Fehler in den Seitenverhältnissen.

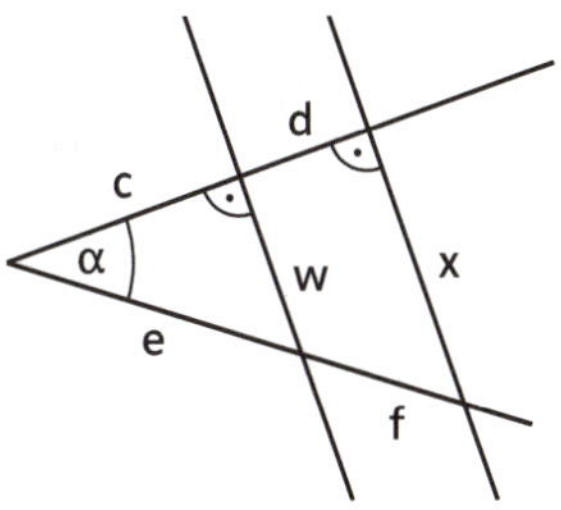

	Seitenverhältnis	richtig	falsch	Korrektur
a)	$\sin\alpha = \frac{c}{w}$	○	⊗	$\sin\alpha = \frac{w}{e}$
b)	$\sin\alpha = \frac{x}{e+f}$	○	○	
c)	$\cos\alpha = \frac{c}{e}$	○	○	
d)	$\tan\alpha = \frac{x}{d}$	○	○	
e)	$\cos\alpha = \frac{c+d}{e+f}$	○	○	

4 Es ist $\tan\alpha = \frac{3}{2}$. Skizziere zwei Dreiecke mit diesem Seitenverhältnis.

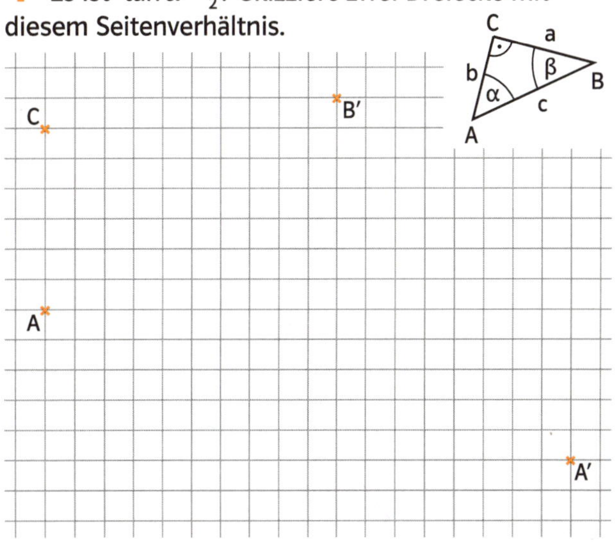

5 Kreuze richtige Aussagen an.

	a)	b)	c)	d)
sin α < cos α	○	○	○	○
tan β = 0,75	○	○	○	○
cos β = sin α	○	○	○	○
tan α = 1	○	○	○	○
sin β = cos β	○	○	○	○

a)

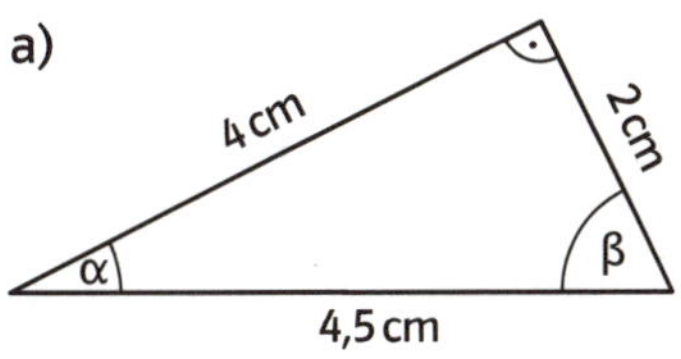

b)

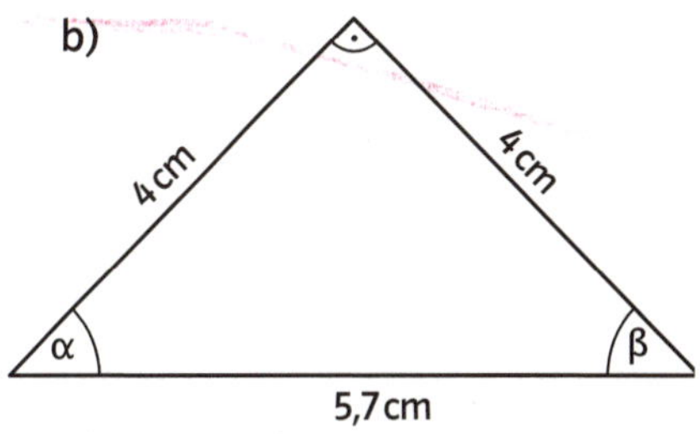

c)

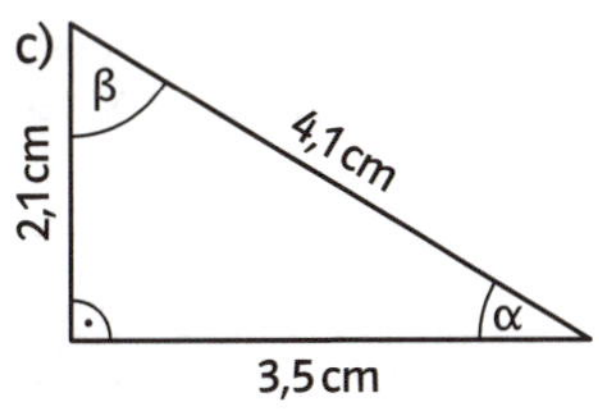

d)

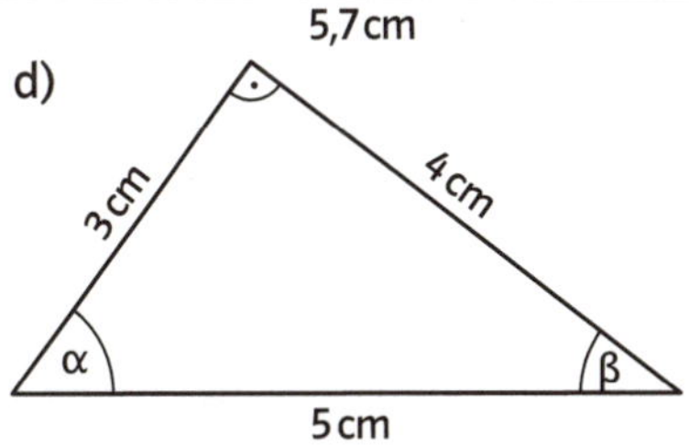

1 Ordne die Kärtchen A bis D den Dreiecken passend zu. Achte darauf, dass die unbekannten Winkel und Seiten nur mit den vorgegebenen Werten berechnet werden.

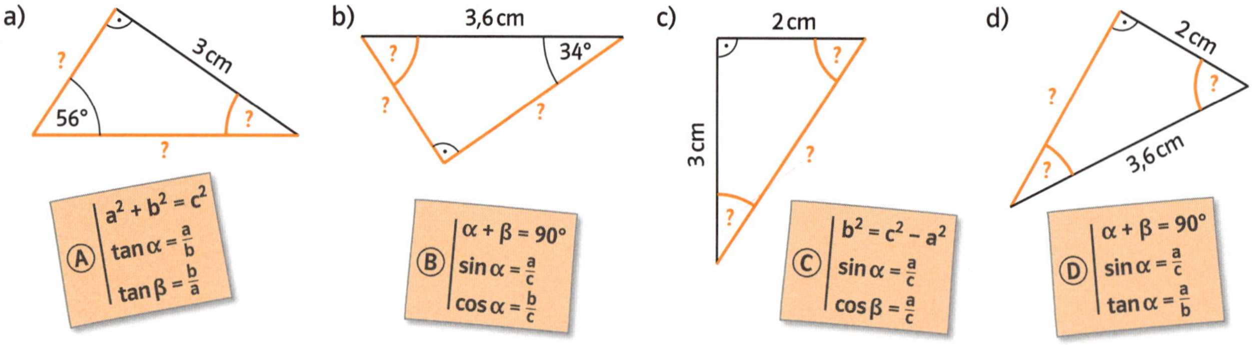

2 Ein Turm ist 8 m von einem geradlinig verlaufenden Fluss entfernt. Von der Aussichtsplattform in 20 m Höhe erscheint das jenseitige Flussufer unter einem Winkel von $\alpha = 50°$. Wie breit ist der Fluss?

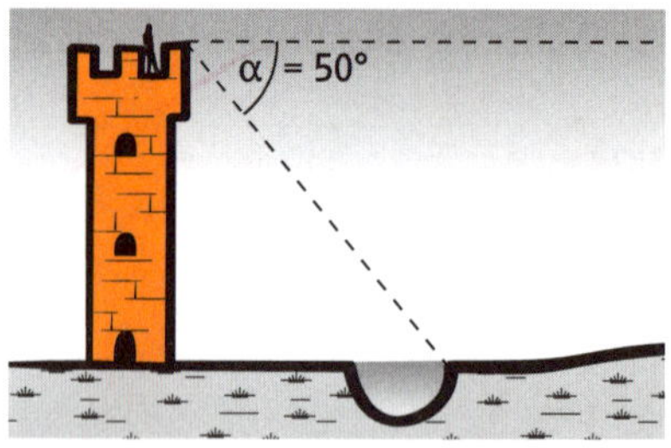

a) Welche Skizze passt zur Aufgabe? Kreuze an.

b) Bestimme x mit ______ 40° = $\frac{}{}$. x ≈ ______ m

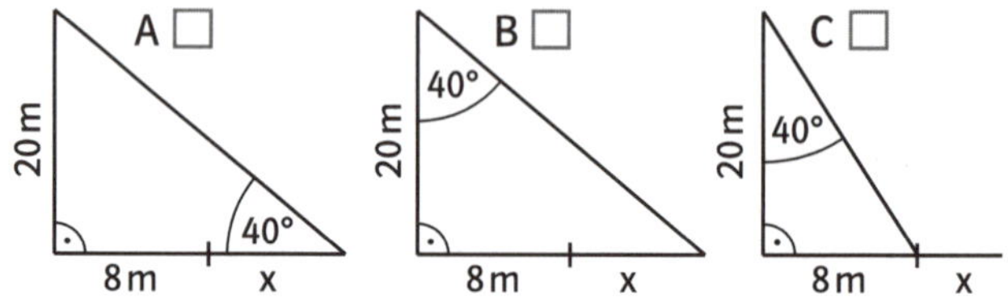

3 Es geht abwärts.

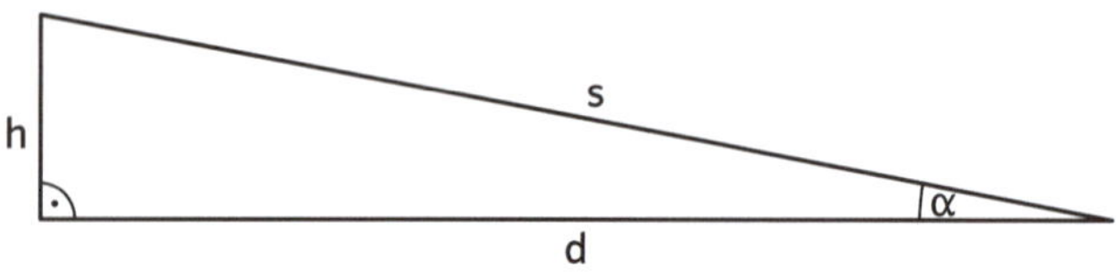

h: Höhenunterschied
s: zurückgelegte Wegstrecke
d: Distanz (auf die horizontale Grundebene bezogener Abstand)

Ergänze die Tabelle. [T1; T2]

	α	m	h	d	s
Segelflieger	3,4°			605 m	
Autofahrer		11,5 %			600 m
Wanderer			35,2 m		300 m

Segelflieger: ______ α = ______ h ≈ ______

______ α = $\frac{}{}$ s ≈ ______

m = ______ α m ≈ ______

Autofahrer: ______ α = ______ α ≈ ______

______ α = $\frac{}{}$ h ≈ ______

______ α = $\frac{}{}$ d ≈ ______

Wanderer: ______ α = $\frac{}{}$ α ≈ ______

m = ______ α m ≈ ______

______ α = $\frac{}{}$ d ≈ ______

Welche Bewegung ist am steilsten?

______

Wer überwindet den größten Höhenunterschied?

______

[T1] $m = \tan\alpha$

[T2] Auch bei Gefälle wird auf Straßenschildern die Steigung in positiven Prozentzahlen angegeben. Beispiel: $m = -0{,}05$ entspricht 5 % Gefälle.

1 Von dem allgemeinen Dreieck sind bekannt: $a = 4\,cm$; $b = 2{,}5\,cm$; $\alpha = 65°$. Trage alle Bezeichnungen und die bekannten Werte in die Skizze ein. Nummeriere die Gleichungen in der Reihenfolge, die du zur Berechnung der fehlenden Winkel und Strecken nutzt. Führe die Berechnungen durch.

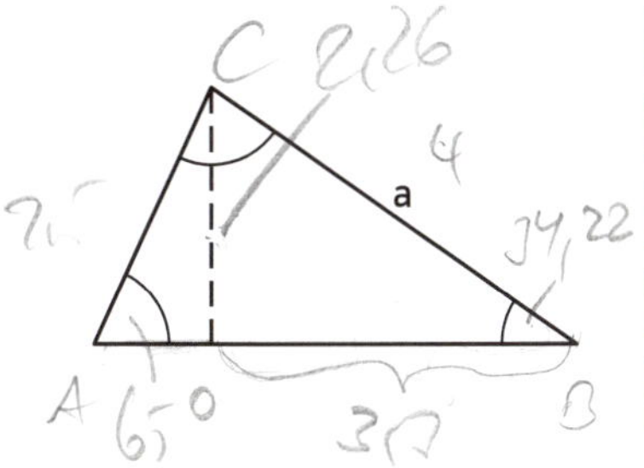

- $\sin\beta = \frac{h_c}{a}$ ______
- $h_c = \sin\alpha \cdot b$ ______
- $\gamma = 180° - \alpha - \beta$ ______
- $q = b \cdot \cos\alpha$ ______
- $p = \cos\beta \cdot a$ ______

2 Die Tabelle zeigt, welche Teile eines Dreiecks bekannt sind. Finde heraus, wie du das Dreieck zerlegen musst, um alle anderen Teile nacheinander berechnen zu können. Beschrifte die Dreiecke. Ergänze die Tabelle.

	a	b	c	α	β	γ	einzeichnen
a)		✓	①		✓	✓	h_a
b)	✓	✓		✓			
c)	✓	✓	✓				
d)	✓			✓	✓		

a)

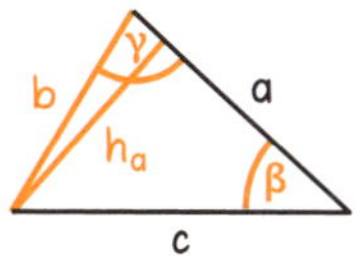

b)

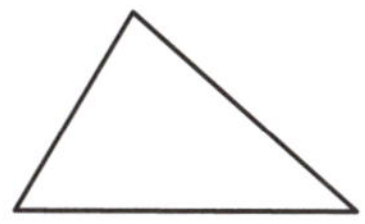

c)

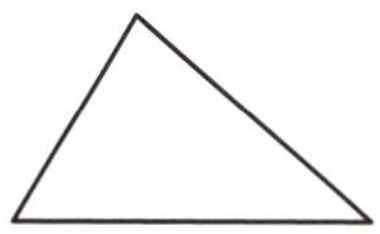

d)

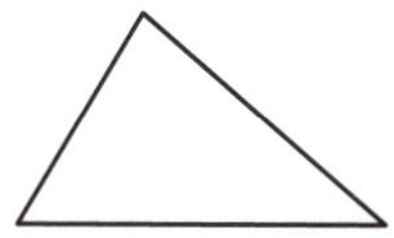

3 Trage die geeignete Höhe h zum Zerlegen des Dreiecks ein. Berechne alle Winkel und alle Seiten.

a)

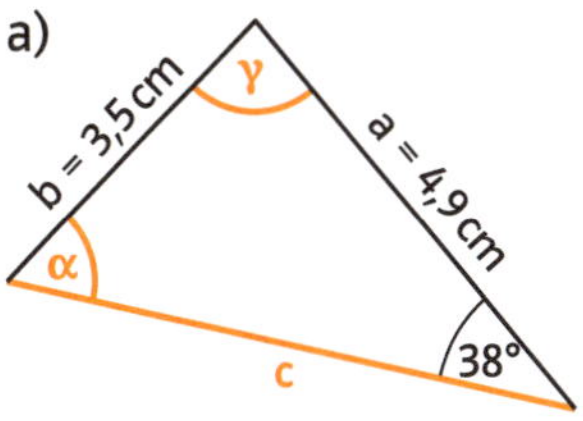

$\alpha =$ ______;

$\gamma =$ ______; $c =$ ______

b)

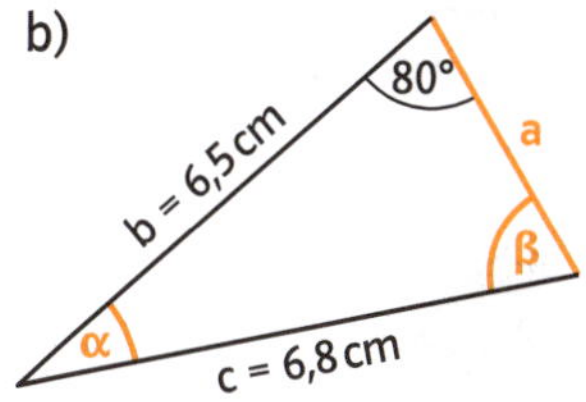

$\alpha =$ ______;

$\beta =$ ______; $a =$ ______

4 Berechne den Flächeninhalt der Dreiecke. Es sind manchmal mehr Angaben notiert, als nötig.
Achtung: In jeder Formel findest du einen Fehler. Korrigiere ihn, bevor du rechnest.

a) $a = 3\,cm$; $c = 3{,}6\,cm$; $\beta = 50°$; $A = 0{,}5 \cdot a \cdot b \cdot \sin\beta$

______

b) $b = 6\,cm$; $h_b = 1{,}8\,cm$; $\gamma = 40°$; $A = 0{,}5 \cdot h_b \cdot \sin\gamma$

______

c) $\alpha = 45°$; $a = 4\,cm$; $b = 4\,cm$; $A = 0{,}5 \cdot b \cdot c$

______

d) $a = 4{,}5\,cm$; $b = 3\,cm$; $\beta = 33°$; $A = a \cdot b \cdot \sin\gamma$

______

______

5 Der Radius des Kreises ist $r = 1{,}6\,cm$.
Berechne die Fläche des Fünfecks.

Die fünf Teildreiecke sind ______ Dreiecke. Der Mittelpunktswinkel eines Teildreiecks beträgt $\gamma =$ ______°.
Die Dreieckshöhe ist $h = r \cdot \sin$ ____ ≈ ______ cm,
die Grundseite $c = 2 \cdot r \cdot \cos$ ____ ≈ ______ cm.
Die Fläche eines Teildreiecks ist
$A_D \approx$ ______ cm^2.
Die Gesamtfläche ist
$A_G =$ ______ .

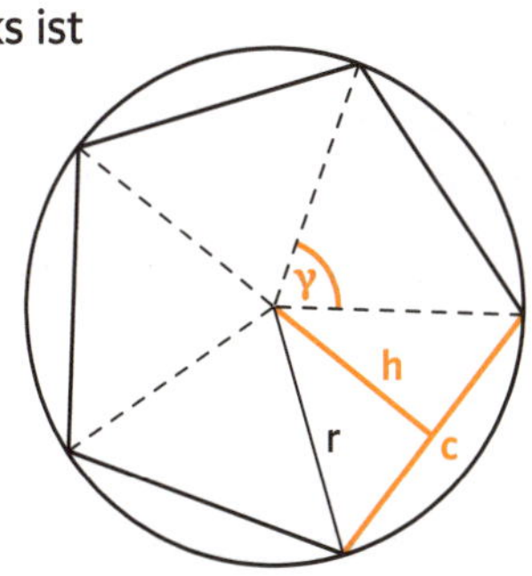

1 Laura und Sören berechnen den Flächeninhalt eines Vierecks auf zwei unterschiedliche Arten. Führe beide Berechnungen durch und trage dabei die Zwischenergebnisse in die Skizzen ein.

a) Laura rechnet:

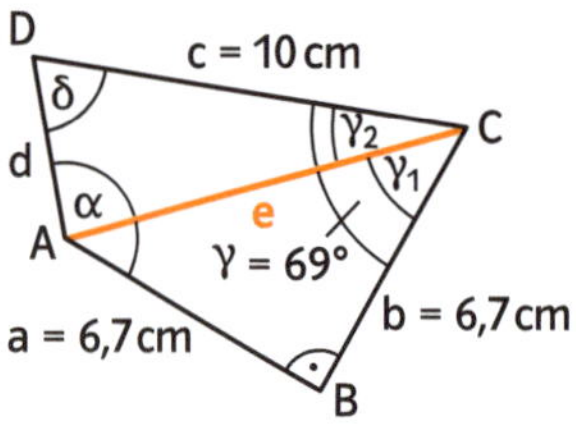

Das Dreieck ABC ist

__________________ und

__________________ .

Flächeninhalt:

A_{ABC} = ____

γ_2 = $\gamma - 45° =$ ______________ ; e = $\sqrt{a^2 + b^2} \approx$ ______________

A_{ACD} = ____

Vierecksfläche:

A_{ABCD} = ____

b) Sören rechnet:

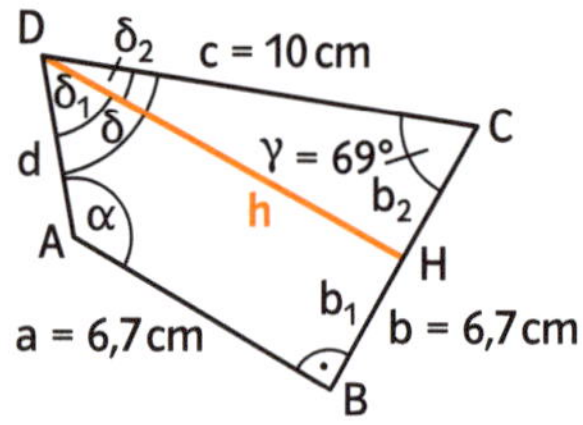

Im __________________

Dreieck HCD ist

h = __________________

__________________ cm.

b_2 = ____

A_{HCD} = ____

b_1 = ____

Flächeninhalt des Trapezes:

A_{ABHD} = ____

Gesamtfläche: A = ______________________________

c) Beschreibe, worin sich die beiden Ansätze unterscheiden: ______________________________

____

2 Du stehst an einer rechtwinkligen Weggabelung **A**. In 7 km Entfernung (Luftlinie) liegt der Ort **C**ellstadt, den du erreichen möchtest. Entscheidest du dich für den rechten Weg, kommst du nach 5 km zur **B**urg und biegst dort im rechten Winkel nach links ab. Der zweite Weg führt von **A** nach links. Nach 3 km kommst du zum **D**orf und biegst schräg rechts ab nach **C**ellstadt. Bestimme den kürzeren Weg.
Erstelle eine Planskizze und berechne die Weglängen.

$\overline{BC}$ mit Pythagoras: ______________________________

∢ BAC mit cos: ______________________________

∢ CAD mit 90°-Ergänzung: ______________________________

$h_{\overline{AC}}$ im Dreieck ACD mit sin: ______________________________

Strecke von A zum Fußpunkt von $h_{\overline{AC}}$ mit Pythagoras:

____

obere Teilstrecke von $\overline{AC}$: ______________________________

$\overline{DC}$ nun mit Pythagoras: ______________________________

Die Differenz zwischen linkem und rechtem Weg beträgt ________ km.

Mit ________ km ist der __________ Weg der kürzere.

3 Eine Schülergruppe erstellt einen Längsschnitt einer Abraumhalde. Den Steigungswinkel des ersten Anstiegs messen sie mit α = 33,7°. Der Weg $\overline{AD}$ ist 72 m lang. Weitere 41 m sind es bis zum Gipfel in 50 m Höhe. Nach 78 m Abstieg ist Punkt B erreicht.

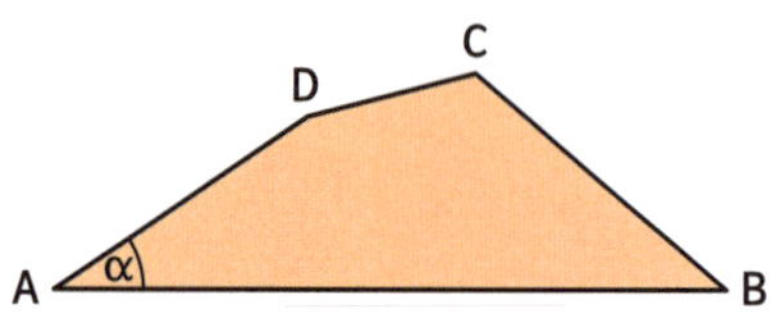

a) Bestimme die Größe der Schnittfläche: __________ m^2. Trage Daten und Hilfslinien in die Skizze ein.

____

____

b) Welches Volumen hat die Halde bei einer Seitenlänge von 100 m? ______________________________

Besondere Werte

1 Verbinde jedes graue Kärtchen mit dem passenden Wert. Ergänze den fehlenden Wert.

cos 60° | sin 30° | sin 45° | sin 60° | tan 30°

$\frac{1}{2}$ | $\frac{1}{2}\sqrt{3}$ | ______ | $\frac{1}{2}\sqrt{2}$ | $\frac{1}{3}\sqrt{3}$ | $\sqrt{3}$

cos 30° | tan 45° | cos 45° | tan 60°

2 Tamara bestimmt für jedes Dreieck die gesuchten Werte für x und y jeweils in Abhängigkeit von e. Leider sind ihr einige Fehler unterlaufen. Korrigiere ihre Fehler.

a)

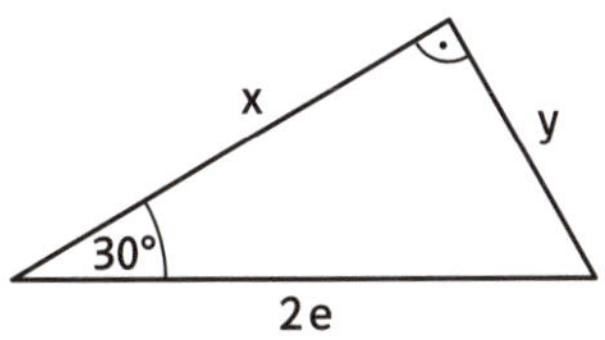

$\sin 30° = \frac{y}{2e}$ ______

~~$\frac{1}{2}\sqrt{3} \cdot 2e = y$~~ $\frac{1}{2} \cdot 2e = y$

$y = e\sqrt{3}$ ______

$\sin 60° = \frac{x}{2e}$ ______

$\frac{1}{2}\sqrt{2} = \frac{x}{2e}$ ______

$x = e\sqrt{2}$ ______

b)

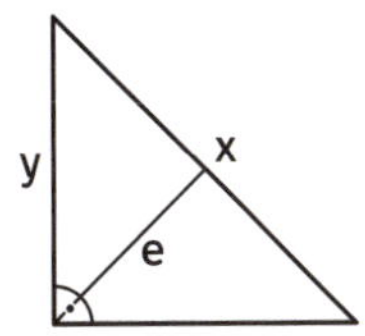

$\sin 45° = \frac{e}{y}$ ______

$\frac{1}{2}\sqrt{2} \cdot y = e$ ______

$y = 2e\sqrt{2}$ ______

$x = 2e$ ______

c)

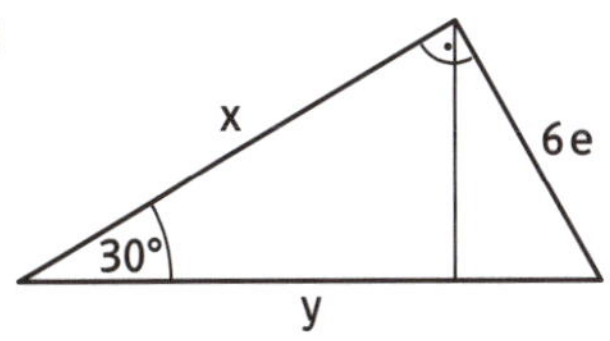

$\sin 30° = \frac{6e}{x}$ ______

$\frac{1}{2} \cdot x = 6e$ ______

$x = 3e$ ______

$\cos 30° = \frac{3e}{y}$ ______

$\frac{1}{2}\sqrt{3} = \frac{3e}{y}$ ______

$y = 2e\sqrt{3}$ ______

3 Drücke den Umfang u und den Flächeninhalt A mithilfe von e aus. Stelle zunächst für die benötigten Längen jeweils einen vereinfachten Term in Abhängigkeit von e auf. Finde das Lösungswort.

a)

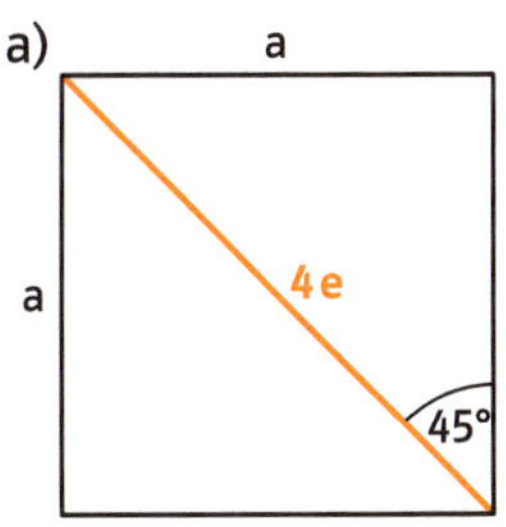

u = $8e\sqrt{2}$

A = ______

b)

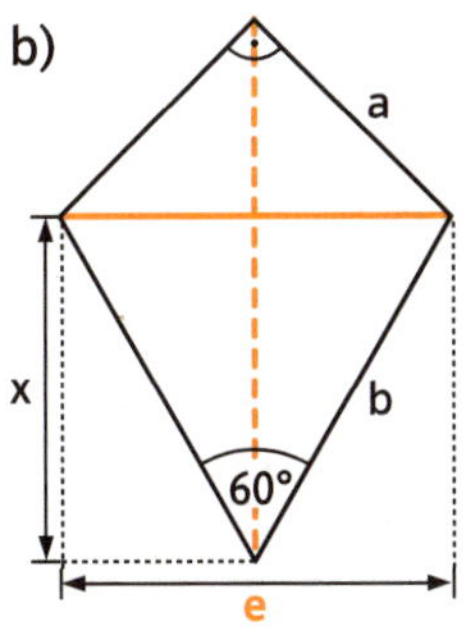

u = ______

A = ______

c)

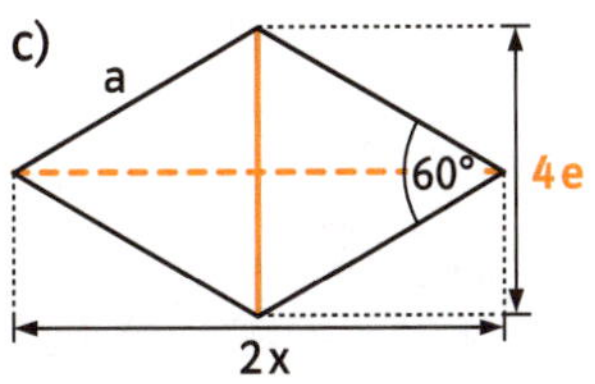

u = ______

A = ______

$8e^2$ | E

$6e^2\sqrt{3}$ | N

$16e$ | E

$8e\sqrt{2}$ | K

$e(\sqrt{2} + 2)$ | L

$6e\sqrt{3}$ | S

$\frac{1}{4}e^2(1 + \sqrt{3})$ | T

$8e^2\sqrt{3}$ | R

Lösungswort: K _ _ _ _ _

1 a) Kreuze die Eigenschaften der Dreiecke an. K liegt in der Mitte der Strecke $\overline{FG}$.

b) Benenne rechte Winkel und gleich lange Seiten der Dreiecke.

	rechtwinklig	gleichschenklig	gleichseitig
Δ AFH	◯	◯	⊗ $\overline{AF} = \overline{FH} = \overline{AH}$
Δ BHD	◯	◯	◯
Δ BCF	◯	◯	◯
Δ ACG	◯	◯	◯
Δ BCK	◯	◯	◯
Δ EBH	◯	◯	◯

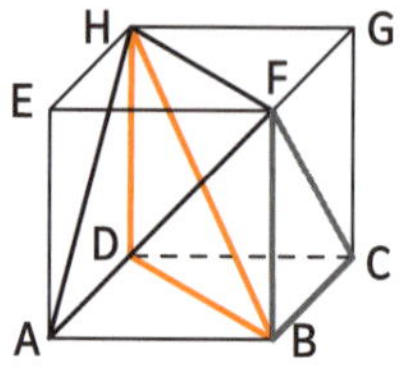

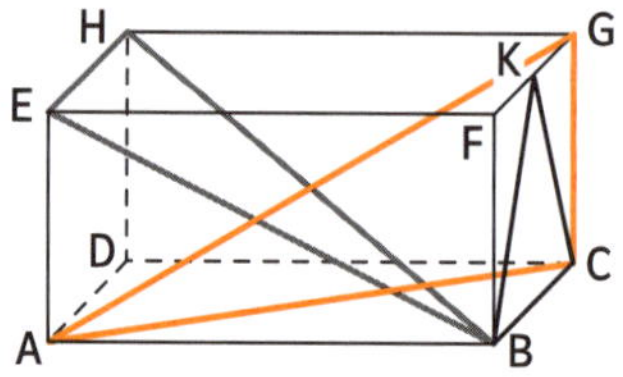

2 Die quadratische Pyramide hat eine Grundkantenlänge von $a = 18\,\text{cm}$ und eine Höhe von $h = 24\,\text{cm}$.

a) Zeichne den Winkel α zwischen der Grundfläche und einer Seitenfläche sowie den Winkel β zwischen der Grundfläche und einer Seitenkante s ein.

b) Beschrifte eine Skizze der Stütz- bzw. Hilfsdreiecke und berechne die Größe der Winkel α und β.

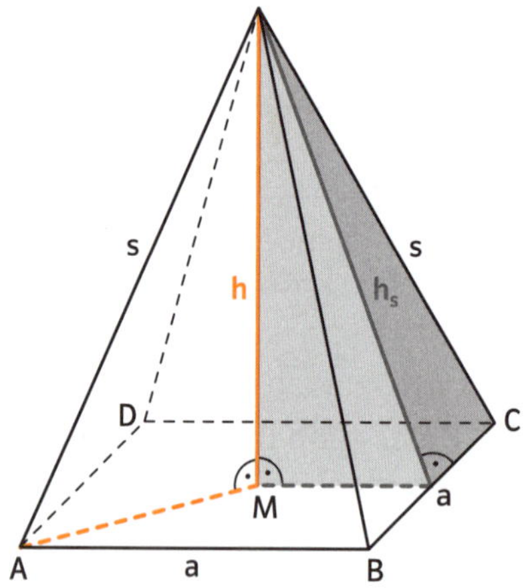

α ≈ ____________ β ≈ ____________

3 a) Ein Quader hat die Kantenlängen $a = 5\,\text{cm}$, $b = 4\,\text{cm}$ und $c = 3\,\text{cm}$. Schneidet man den Quader wie abgebildet durch, erhält man ein Viereck BCHE, in dem β liegt. Färbe das rechtwinklige Dreieck, in dem β liegt. Berechne nun β. [T1]

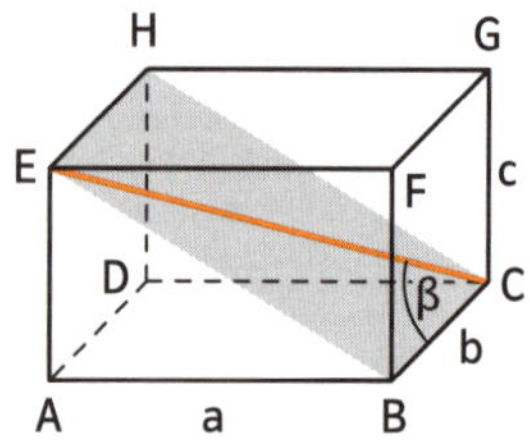

β ≈ ____________

b) Im gleichen Quader soll nun der Winkel α berechnet werden.
Zeichne zuerst eine geeignete Schnittfläche ein (nutze dazu geeignete Hilfslinien). [T2]

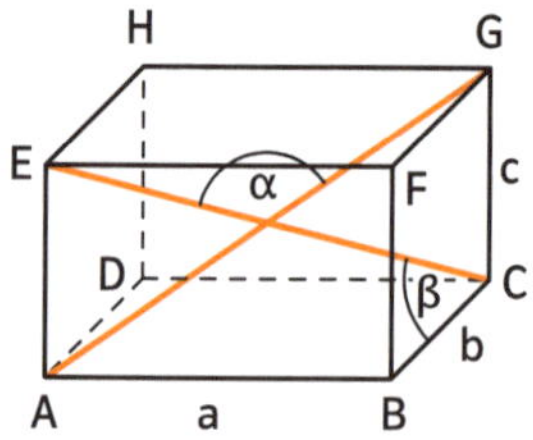

α ≈ ____________

[T2] Betrachte das Rechteck ACGE. Der Schnittpunkt der Diagonalen liegt auf halber Höhe.

[T1] Berechne zunächst $\overline{EB}$ als Flächendiagonale mithilfe des Satzes von Pythagoras.

1 Bei einem Quader sind die Kantenlängen $a = 8\,cm$, $c = 11\,cm$ und der Winkel $\alpha = 36{,}87°$ gegeben.

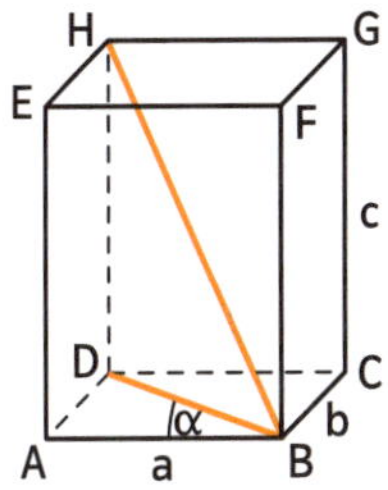

a) Zeichne den Winkel ε zwischen der Flächen- und der Raumdiagonalen ein und berechne ihn. $\varepsilon \approx$ ______ °

b) Berechne die Größe der Oberfläche des Quaders. [T1] O = ________ cm²

2 Tobias berechnet die Winkel α, β und γ des Dreiecks ABC in der quadratischen Pyramide. Der Punkt C halbiert die Seitenkante s. Die Grundkantenlänge a ist 5,4 cm und die Seitenkante ist 12,8 cm lang.

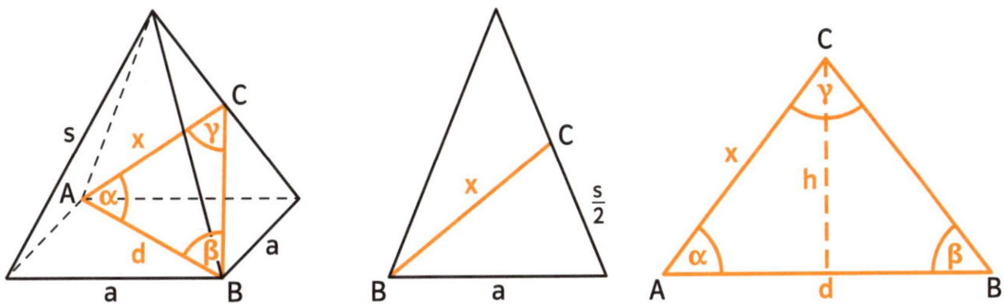

$d = \sqrt{5{,}4^2 + 5{,}4^2}\,cm \approx 7{,}64\,cm$

$x = \sqrt{a^2 + \left(\frac{s}{2}\right)^2}\,cm \approx 8{,}37\,cm$

$\cos\alpha = \frac{0{,}5d}{x}$

$\alpha = \beta \approx 62{,}85°$

$\gamma \approx 54{,}3°$

a) Leider ist ihm bei der Berechnung ein gravierender Fehler unterlaufen. Welcher?

b) Korrigiere die Rechnung. $\alpha \approx$ ______ ; $\beta \approx$ ______ ; $\gamma \approx$ ______

3 Auf der Oberfläche des Trapezprismas ist ein 14,8 cm langer Streckenzug $\overline{BKH}$ gezeichnet.

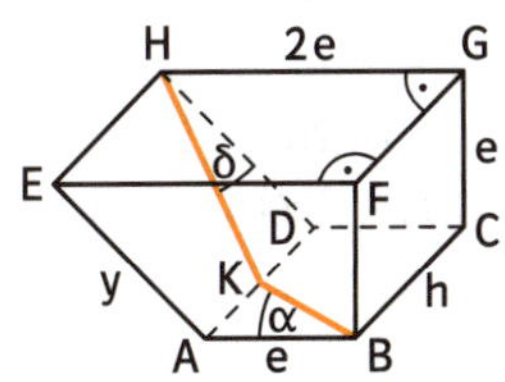

a) Berechne den Winkel δ für $e = 5\,cm$ und $\alpha = 40{,}75°$. [T2] δ = ________

b) Berechne das Volumen des Prismas. Tipp: Um die Körperhöhe h zu erhalten, berechne die Länge der Strecke $\overline{AK}$ im Dreieck ABK und die Länge der Strecke $\overline{DK}$ im Dreieck KDH [T3] V = ________

[T1] $O = 2(ab + bc + ac)$

[T2] Berechne y aus der Grundfläche.

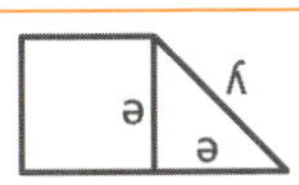

[T3] $V = G \cdot h = \frac{e + 2e}{2} \cdot e \cdot h$

Fülle die Lücken. Für jeden Buchstaben findest du einen Strich. Löse dann die Beispielaufgaben.

Sinus, Kosinus, Tangens

Im _ _ _ _ _ _ _ _ _ _ _ _ _ _ _ _ Dreieck gilt:

$\sin\alpha = \frac{\text{Gegenkathete von } \alpha}{\text{Hypotenuse}}$

$\cos\alpha = \frac{\text{Ankathete von } \alpha}{\text{Hypotenuse}}$

$\tan\alpha = \frac{\text{Gegenkathete von } \alpha}{\text{Ankathete von } \alpha}$

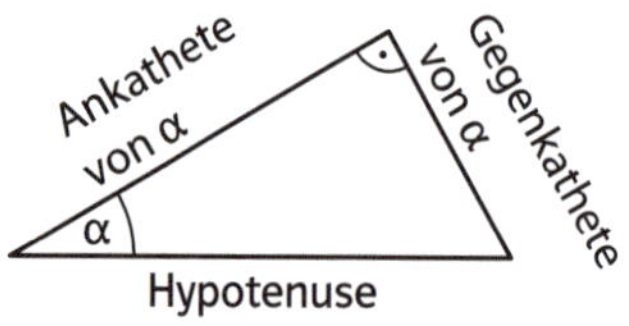

■ Fülle die Lücken.

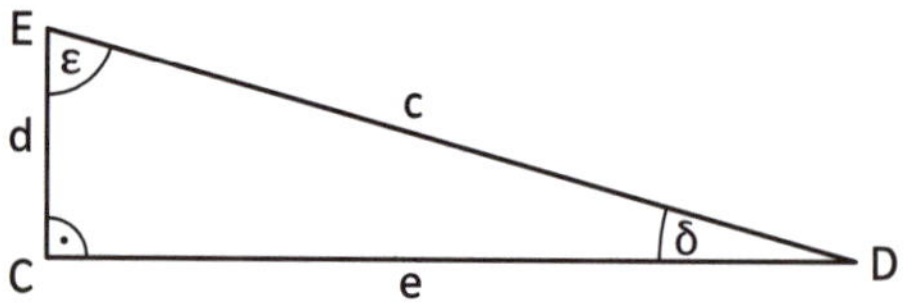

$\cos\delta = \frac{\square}{\square}$

$\sin\delta = \frac{\square}{\square}$

$\sin\varepsilon = \frac{\square}{\square}$; $\cos\varepsilon = \frac{\square}{\square}$; ____ $\varepsilon = \frac{e}{d}$; ____ $\delta = \frac{d}{e}$

Berechnen rechtwinkliger Dreiecke

Will man in einem rechtwinkligen Dreieck ABC mit $\gamma = 90°$ fehlende Seiten und Winkel berechnen, so kann man folgende Beziehungen verwenden:

1. Winkelsummensatz: $\alpha + \beta = 90°$
2. Satz des Pythagoras: $a^2 + b^2 = c^2$
3. Umformungen der Definitionen von Sinus, Kosinus und Tangens.

■ gegeben: Dreieck ABC mit $\gamma = 90°$, $b = 2{,}9\,\text{cm}$, $c = 4{,}1\,\text{cm}$; gesucht: α, β

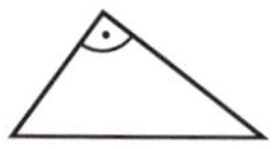

■ gegeben: Dreieck ABC mit $\gamma = 90°$, $a = 5{,}3\,\text{cm}$, $\beta = 52°$; gesucht: c, α

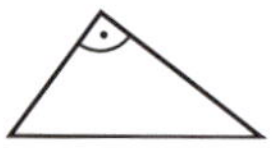

Berechnen allgemeiner Dreiecke

Allgemeine Dreiecke werden durch Einzeichnen

einer Höhe in zwei _ _ _ _ _ _ _ _ _ _ _ _ _ _

Teildreiecke _ _ _ _ _ _ _ .

Mithilfe von Sinus, Kosinus und Tangens lassen sich dann die fehlenden Stücke des Dreiecks berechnen.

■ Gegeben ist a, b, α. Nummeriere die Kärtchen in der Reihenfolge, in der du rechnest.

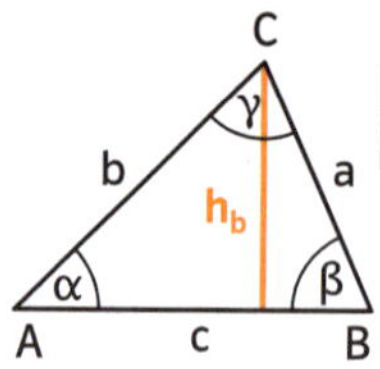

- [ ] β aus $\sin\beta = \frac{h_b}{a}$
- [ ] c_1 aus $\cos\alpha = \frac{c_1}{b}$; c_2 aus $\cos\alpha = \frac{c_2}{a}$
- [ ] c aus $c_1 + c_2$
- [ ] h_b aus $\sin\alpha = \frac{h_b}{b}$
- [ ] $\gamma = 180° - \alpha - \beta$

Trigonometrie in der Ebene

Um fehlende Werte in Vierecken und Vielecken zu berechnen, verwendet man Teil- oder Ergänzungsfiguren. Dazu geeignet sind rechtwinklige Dreiecke, Quadrate, Rechtecke und Trapeze.

■ Zerlege die linke Fläche geeignet und ergänze die Fläche geeignet.

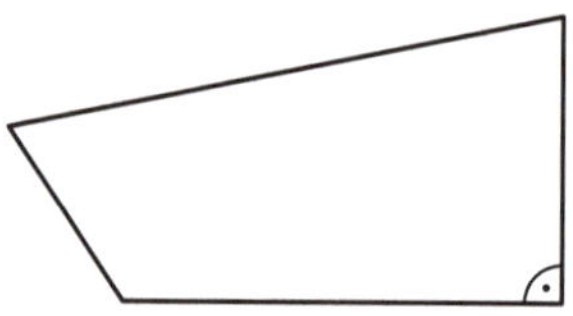

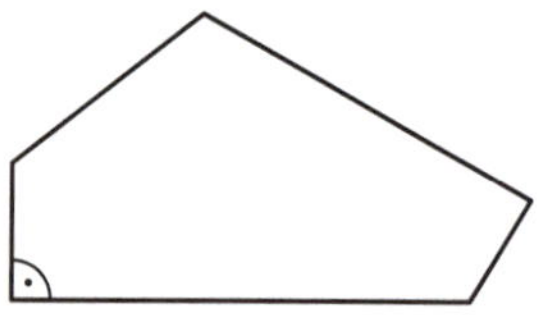

Trigonometrie im Raum

Um Strecken und Winkel in Körpern zu berechnen, sucht man geeignete rechtwinklige Stützdreiecke, die man als Skizze herauszeichnet.

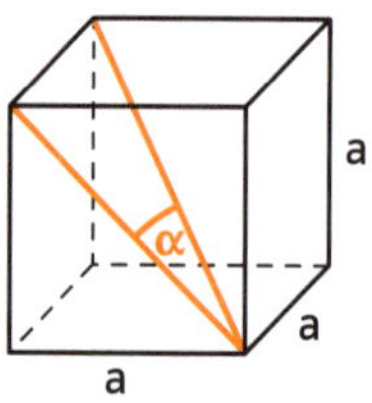

■ Berechne α für $a = 6{,}5\,\text{cm}$. Fertige zunächst eine Skizze an.

1 Fülle die Tabelle vollständig aus.

	Ereignis	P(E)	Gegenereignis	$P(\overline{E})$
a)	eine orange oder weiße Kugel ziehen 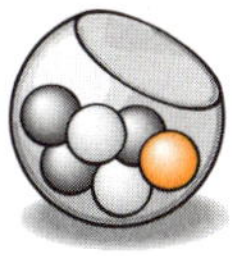			
b)			eine Niete ziehen	95 %
c)	Das Glücksrad bleibt auf einem roten Feld stehen.			$\frac{17}{24}$
d)			mit einem Spielwürfel eine Zahl größer als 2 und kleiner als 5 würfeln	

2 Ein Computer gibt auf Knopfdruck zufällig eine der Zahlen von 1 bis 16 aus.
Bestimme die Wahrscheinlichkeiten der jeweiligen Ereignisse.

a) P(Zahl ist durch 6 teilbar) = ______

b) P(Zahl ist nicht durch 6 teilbar) = ____ − ____ = ____

c) P(Primzahl) = ______

d) P(keine Primzahl) = ______

e) P(Primzahl oder eine durch 6 teilbare Zahl) = ____ + ____ = ______

f) Bei zweimaligem Drücken eine Primzahl und eine durch 4 teilbare Zahl erhalten: P = ______

g) Bei zweimaligem Drücken eine Summe von mehr als 30 erhalten: P = ______

3 a) Gib die richtige Reihenfolge zum Lösen linearer Gleichungen an.

- Summanden ohne Variablen auf der anderen Seite zusammenfassen
- durch den Koeffizienten der Variablen dividieren
- Terme auf beiden Seiten des „=" vereinfachen
- Terme auf beiden Seiten des „=" zusammenfassen
- Summanden mit Variablen auf einer Seite zusammenfassen

b) Löse die Gleichungen im Heft. Richtige Lösungen ergeben ein „leckeres" Lösungswort: ______.

(1) $3(x-2)-(4x+8)=-13$

(2) $(5-8x)(-3)=57+(4x-12)$

(3) $6x-5(8x-6)=4(10-8x)$

(4) $(x+3)(x-2)-(8x+x^2)=15$

(5) $(5-x)^2+(3-x)(3+x)=24$

(6) $(3x+4)^2-x(9x+8)=6x-14$

(7) $(2x+9)^2+(x-2)(-4x-3)=5$

4 | T −5 | S −3 | N −3 | A −4 | M −2 | E 3 | A 1 | G −1 | L

4 Finde den Fehler im dargestellten Umformungsschritt und korrigiere ihn wie im Beispiel.

a) $3x+9x+12=5x-18-25x$
~~24x~~ $=-20x-18$ $12x+12$

b) $3+(4x-7)=(4x+2)(4x-2)$
$12x-21=16x^2-4$ ______

c) $(x+7)^2-12=(3x+5)^2$
$x^2+14x+49-12=3x^2+30x+25$ ______

d) $5x+(8-3x)^2=3x(5+7x)$
$5x+64-24x+9x^2=15x+21x^2$ ______

e) $\frac{3x+4}{3}-\frac{x+1}{2}=5 \quad | \cdot 6$
$6x+8-3x+3=30$ ______

f) $\frac{4x}{8}-\frac{5x}{6}=4 \quad | \cdot 24$
$12x-20x=4$ ______

g) $12x+5=6x-(2x-7)^2+5$
$12x+5=6x-4x^2-28x+49+5$ ______

h) $6(x-2)(x+2)=(3x-4)^2$
$6x^2+24=9x^2-24x+16$ ______

1 a) Zeichne die Schaubilder der Funktionen in verschiedenen Farben in das Kordinatensystem ein.

(1) $y = \frac{1}{5}x - \frac{3}{2}$ (2) $y = -3x - 2$

(3) $y = -\frac{3}{4}x + 2$ (4) $y = -\frac{4}{3}x + 2$

b) Eine weitere Gerade mit der Steigung $m = 2{,}5$ verläuft durch den Punkt $(2\,|\,2{,}5)$. Zeichne ihr Schaubild und bestimme ihre Funktionsgleichung.

(5) y = ______________________

c) Berechne die Schnittwinkel zwischen den beiden Geraden (3) und (4).

____

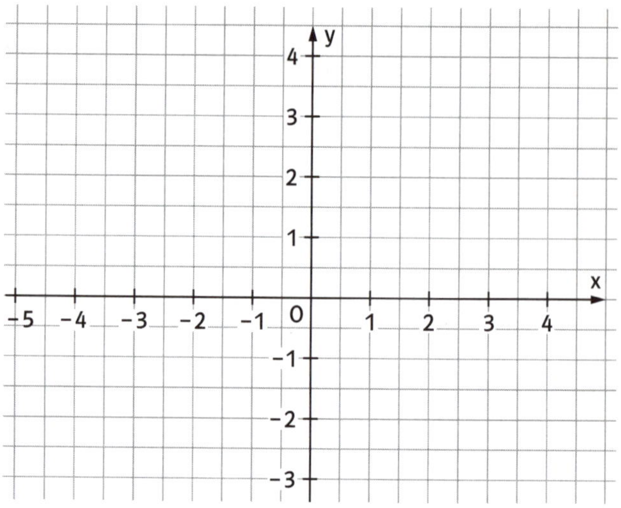

2 Wie lauten die Funktionsgleichungen der abgebildeten Parabeln? Sind nur zwei Punkte angegeben, durch die die Normalparabel geht, bestimme die Scheitelform und überprüfe anhand einer Skizze.

a)
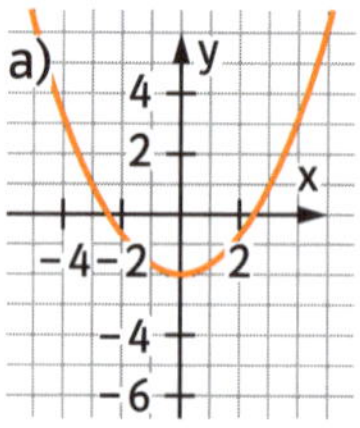

b)
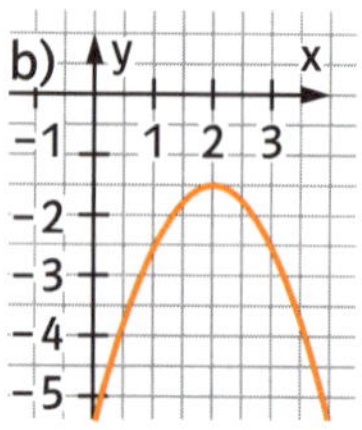

c)
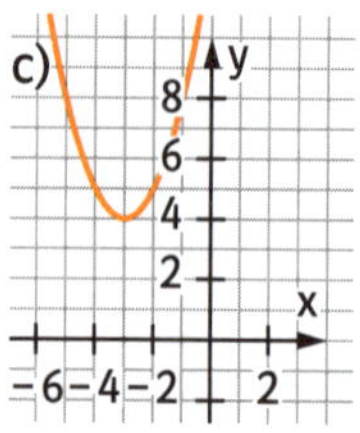

d) A(2 | 7)
B(−2 | 7)

Die Parabel ist nach oben geöffnet.

e) P(2 | −1)
Q(7 | 4)

Die Parabel ist nach oben geöffnet.

f) $N_1(-3\,|\,0)$
$N_2(-1\,|\,0)$

Die Parabel ist nach unten geöffnet.

a) y = __________ b) y = __________ c) y = __________ d) y = __________ e) y = __________ f) y = __________

3 Von einem Dreieck sind gegeben: $c = 7{,}2\,\text{cm}$; $\alpha = 39{,}0°$ und $\beta = 81{,}0°$.
Zur Berechnung sind drei Zerlegungsvorschläge abgebildet. Kann man so die fehlenden Winkel und Seiten berechnen? Wenn nein, begründe, wenn ja, berechne.

____

____

____

____

____

____

Wenn nur ________ Seite eines Dreiecks gegeben ist, sollte diese nicht ________ werden, da sonst für die Berechnung nötige Informationen ____________ gehen.

a)
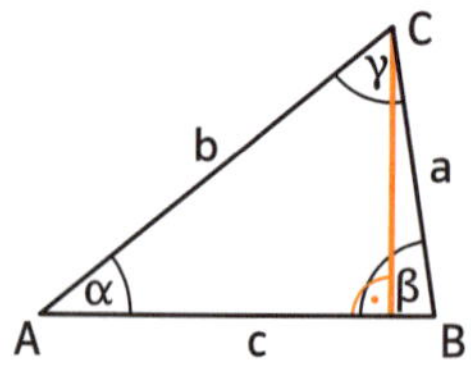

b)
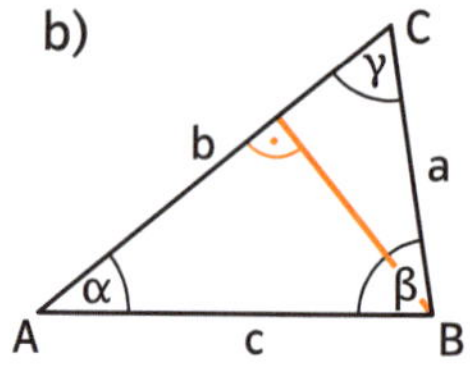

c)
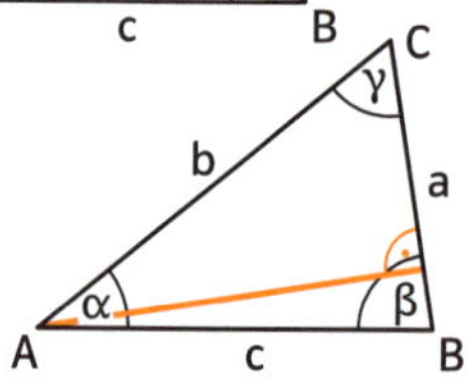

4 Bei einem Dreieck sind $\alpha = 25{,}4°$ und $b = 6{,}8\,\text{cm}$ bekannt. Der Flächeninhalt des Teildreiecks AEC ist dreimal so groß wie der des Teildreiecks EBC.
Berechne Umfang und Flächeninhalt des Dreiecks ABC.

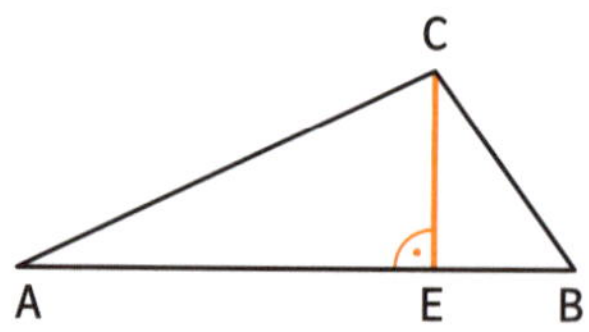

a) Benenne alle Größen des Dreiecks.

b) Nummeriere die Kärtchen in der Reihenfolge, in der du die Formeln und Sätze verwendest und schreibe die Teilergebnisse auf die Kärtchen.

- ☐ Zusammenhang nutzen ______________
- ☐ Flächeninhalte addieren ______________
- ☐ Umfangsformel ______________
- ☐ Flächeninhaltsformel ______________
- ☐ Flächeninhaltsformel ______________
- ☐ Trigonometrische Funktion ______________
- ☐ Satz des Pythagoras ______________
- ☐ Satz des Pythagoras ______________

1 Ein Glücksrad mit den Mittelpunktswinkeln 45° und 135° wird zweimal gedreht. Bestimme die Wahrscheinlichkeiten.

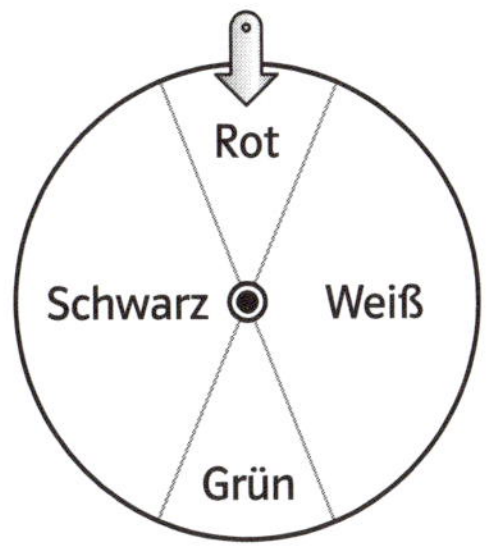

a) P(Schwarz, Grün) = ______ ; P(Grün, Schwarz) = ______

b) P(Schwarz, Grün oder Grün, Schwarz) = ______

c) P(zweimal die gleiche Farbe erhalten) = ______

d) P(zwei verschiedene Farben erhalten) = ______

2 In einem Beutel befinden sich neun rote, zwölf grüne und drei blaue Spielfiguren. Es werden zwei Spielfiguren gezogen. [T1]

a) Ist die Wahrscheinlichkeit, bei zweimaligem Ziehen eine blaue und eine rote Figur zu erhalten größer, wenn man mit oder wenn man ohne Zurücklegen zieht?

______

b) Der Einsatz pro Spiel beträgt 1,00 €. Zieht man zwei gleichfarbige Figuren, gewinnt man 3,00 €, andernfalls verliert man seinen Einsatz. Bestimme den Erwartungswert für das zweimalige Ziehen mit bzw. ohne Zurücklegen.

______

3 Eine Parabel hat die Gleichung $y = x^2 - 4x + 5{,}5$. Durch den Schnittpunkt der Parabel mit der y-Achse und ihren Scheitelpunkt verläuft eine Gerade. Diese Gerade bildet mit den Koordinatenachsen ein Dreieck.

a) Bestimme die Gleichung der Geraden rechnerisch und zeichne anschließend die Schaubilder der beiden Funktionen in das Koordinatensystem.

g: $y =$ ______

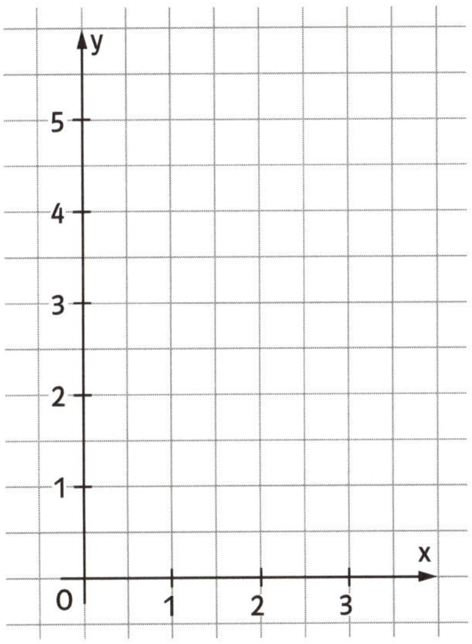

b) Berechne den Umfang, Flächeninhalt und die Innenwinkel des Dreiecks. Benenne dazu den Koordinatenursprung mit A und die Nullstelle der Geraden mit B.

$u =$ ______

$A =$ ______

$\alpha =$ ______ ; $\beta =$ ______ ; $\gamma =$ ______

4 Die Parabel p_1 mit der Gleichung $y = x^2 + 4x + q$ hat als Nullstelle den Punkt $P_1(-0{,}5 \mid 0)$.

a) Gib die Funktionsgleichung der Parabel in der Scheitelform an und berechne die zweite Nullstelle.

Scheitelform: $y =$ ______ ; $P_2($___ $\mid$ ___$)$

b) Berechne die Schnittpunkte der Parabel p_1 mit der nach unten geöffneten und um 4,25 LE nach oben verschobenen Normalparabel p_2.

p_2: $y =$ ______ ; A(___ | ___); B(___ | ___)

[T1] Bei dieser Aufgabe helfen zwei Baumdiagramme – eins für das Ziehen mit Zurücklegen, eins für das Ziehen ohne Zurücklegen. Zeichne die Baumdiagramme in dein Heft.

1 Fülle die Lücken. [T1]

a) $(x + \_\_\_)^2 = \_\_\_ + 16x + 64$
b) $(3x - \_\_\_)^2 = \_\_\_ - \_\_\_ + 144$
c) $(\_\_\_ + 5x)^2 = 36y^2 + \_\_\_ + \_\_\_$
d) $\_\_\_ + 18a + \_\_\_ = (\_\_\_ + a)^2$
e) $(3x - \_\_\_)^2 = \_\_\_ - 24x + \_\_\_$
f) $\_\_\_ + 8x + \_\_\_ = (\_\_\_ + 8x)^2$
g) $(\_\_\_ + \_\_\_)^2 = 4x^2 + \_\_\_ + 64$
h) $(\_\_\_ + \_\_\_)^2 = \_\_\_ + 30x + 25x^2$
i) $z^2 - 28z + \_\_\_ = (\_\_\_ - \_\_\_)^2$

2 a) Löse die quadratische Gleichung mit beiden Verfahren.

quadratische Ergänzung [T2]

$x^2 + 8x - 9 = 0 \quad | +9$
$\_\_\_\_\_\_ = \_\_\_ \quad | +\left(\frac{8}{2}\right)^2$
$\_\_\_\_\_\_ = \_\_\_$
$(x + \_\_\_)^2 = \_\_\_$
$x + \_\_\_ = \_\_\_ \quad | - \_\_\_$
$x_1 = \_\_\_ ; \; x_2 = \_\_\_$

pq-Formel [T3]

$x^2 + 8x - 9 = 0$
$p = \_\_\_ ; \; q = \_\_\_$
$x_{1,2} = \_\_\_ \pm \sqrt{\_\_\_\_\_\_}$
$x_{1,2} = \_\_\_\_\_\_$
$x_{1,2} = \_\_\_\_\_\_$
$x_1 = \_\_\_ ; \; x_2 = \_\_\_$

Probe (für x_1 und x_2)

$(\_\_\_)^2 + 8 \cdot \_\_\_ - 9 = 0$
$\_\_\_\_\_\_ = 0$
$\_\_\_\_\_\_ = 0$
$(\_\_\_)^2 + 8 \cdot (-\_\_\_) - 9 = 0$
$\_\_\_\_\_\_ = 0$
$\_\_\_\_\_\_ = 0$

b) Gleichung (links), eine Umformung (Mitte) und ein oder zwei Lösungskärtchen (rechts) gehören zusammen. Färbe sie in der gleichen Farbe. Notiere Zwischenschritte auf einem Extrablatt.

Gleichungen (links):
- $x^2 - 4x - 21 = 0$
- $x^2 + 8x = 9$
- $x^2 - 12x = -45$
- $x^2 - 6x + 8,75 = 0$
- $x^2 + 18x = -32$
- $x^2 + 3x + 2,25 = 0$

Umformungen (Mitte):
- $x_{1,2} = -1,5 \pm \sqrt{1,5^2 - 2,25}$
- $(x + 4)^2 = 25$
- $x_{1,2} = 3 \pm \sqrt{3^2 - 8,75}$
- $(x + 9)^2 = 49$
- $x_{1,2} = 2 \pm \sqrt{(-2)^2 + 21}$
- $(x - 6)^2 = -9$

Lösungskärtchen (rechts):
- $x_2 = -16$
- $x_1 = -2$
- $L = \{ \}$
- $x_1 = -1,5$
- $x_2 = 2,5$
- $x_1 = 3,5$
- $x_1 = 1$
- $x_1 = 7$
- $x_2 = -9$
- $x_2 = -3$

3 Bringe die Gleichungen in die Normalform und löse sie mit einem der beiden Verfahren. Notiere auf den Kärtchen den Buchstaben der Teilaufgabe, zu der sie gehören.

a) $3(-x - 1) + (x + 1)(-2x - 1) = 8 - 6x$
b) $(2x - 3)^2 - (4x + 7) = 4x - 2(3x^2 - 1)$
c) $5(1 + x)^2 = 2x(x - 10) - 4 - 3(4x - 3)$
d) $(4x + 3)^2 - 6(x + 9) = (5x - 2)^2 - (3x - 7)^2$
e) $(6 + x)^2 - (-2x + 1)(-1 - x) + 2x^2 = -5x - 2$
f) $3(x - 1)^2 + 9 = 4(x - 3)(x + 3) - 4x(x - 6)$
g) $2(8x - 11) - (7x - 6)(5x - 2) = -(6x - 5)^2$
h) $3(x - 4)^2 - (x - 5)(5 + x) = 4 - (x - 6)^2$

Kärtchen:
- $| \; x_1 = 7; \; x_2 = 5$
- $| \; x^2 = -6$
- $| \; x^2 - 12x + 35 = 0$
- $| \; x_1 = 2; \; x_2 = 0$
- $| \; x_1 = -3; \; x_2 = -13$
- $| \; x^2 - 10x + 16 = 0$
- $| \; x = 0$
- $| \; x^2 = 9$
- $| \; x_1 = 0; \; x_2 = -14$
- $| \; L = \{ \}$
- $| \; 4x = 0$
- $| \; x^2 - 2x = 0$
- $| \; x^2 + 14x = 0$
- $| \; x_1 = 8; \; x_2 = 2$
- $| \; x_1 = 3; \; x_2 = -3$
- $| \; x^2 + 16x + 39 = 0$

[T1] 1. binomische Formel:
$(a + b)^2 = a^2 + 2ab + b^2$
2. binomische Formel:
$(a - b)^2 = a^2 - 2ab + b^2$

[T2] quadratische Ergänzung:
$x^2 + px + q = 0 \quad | -q$
$x^2 + px = -q \quad | +\left(\frac{p}{2}\right)^2$

[T3] Lösungsformel:
$x_{1,2} = -\frac{p}{2} \pm \sqrt{\left(\frac{p}{2}\right)^2 - q}$

1 Dem Viereck ABCD ist wie abgebildet ein Rechteck einbeschrieben. Bekannt sind der Flächeninhalt des Rechtecks $A_1 = 25{,}0\,\text{cm}^2$ und die Strecke $a = 5{,}2\,\text{cm}$. Berechne Flächeninhalt und Umfang des Vierecks ABCD. $A_{ABCD} \approx$ ______________ ; $u_{ABCD} \approx$ ______________

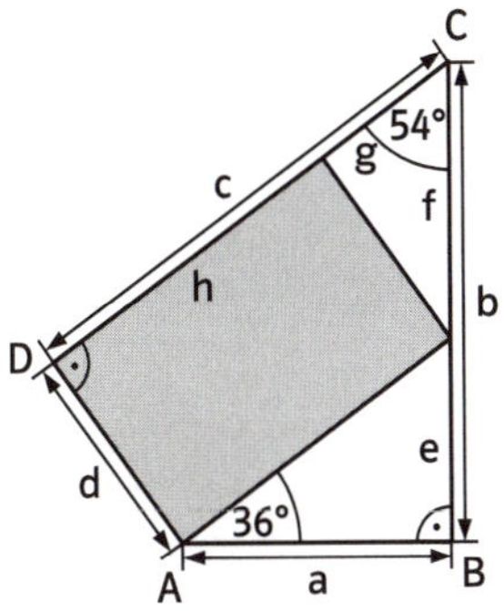

2 Vom achsensymmetrischen Fünfeck ABCDE sind die Strecken $\overline{CD} = 13{,}8\,\text{cm}$; $\overline{AB} = \overline{AE} = 15{,}6\,\text{cm}$ und die Winkel $\beta_1 = 43{,}2°$ und $\beta_2 = 69{,}4°$ bekannt. Berechne die Länge der Diagonalen $\overline{EC}$ und den Flächeninhalt des Fünfecks. [T1; T2] $\overline{EC} \approx$ ______________ ; $A_{ABCDE} \approx$ ______________

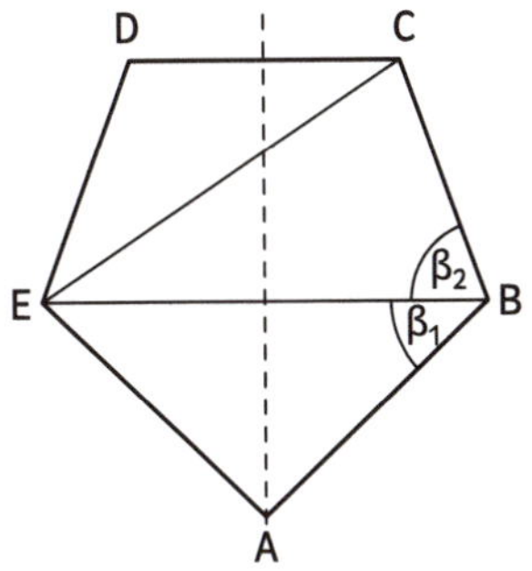

3 Berechne die fehlenden Winkel und bestimme die fehlenden Seiten.

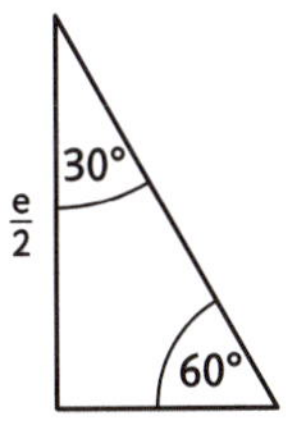

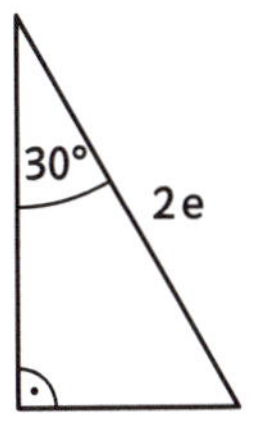

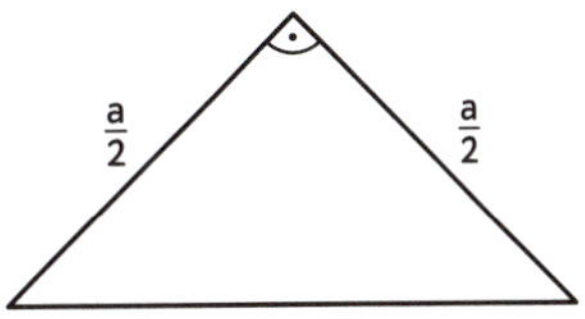

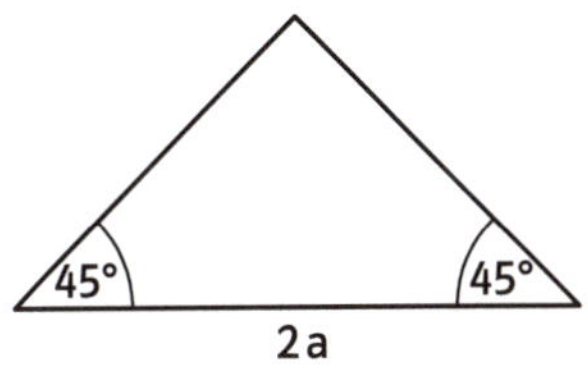

4 a) Berechne die Länge der Strecke x in Abhängigkeit von a. Beschrifte zuerst fehlende Seiten und Winkel. [T3]

____

____

____

____

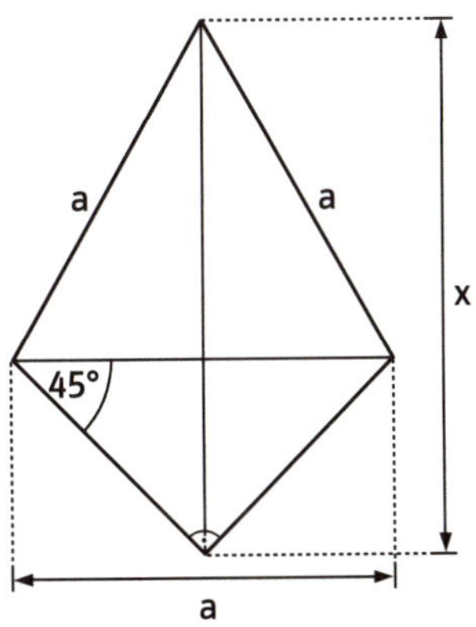

b) Berechne den Flächeninhalt des Fünfecks in Abhängigkeit von e. [T4]

____

____

____

____

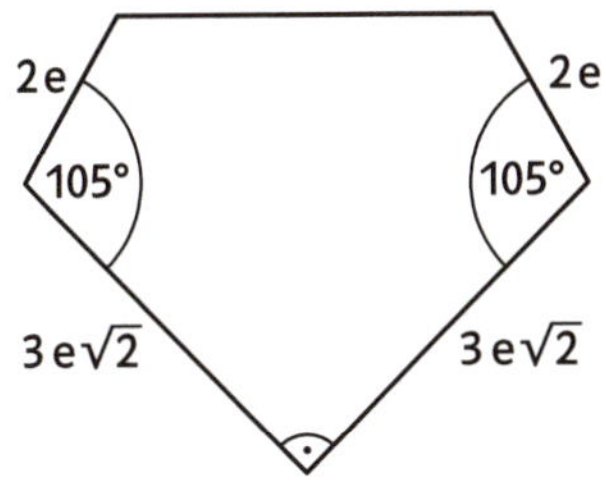

[T1] Berechne zuerst Höhe und Grundseite $\overline{EB}$ im Dreieck ABE.

[T2] Zeichne im Trapez EBCD die Höhe durch den Punkt C ein. Diese Höhe zerlegt das Dreieck EBC in zwei rechtwinklige Dreiecke, mit deren Hilfe du $\overline{EC}$ berechnen kannst.

[T3] Berechne x, indem du es in zwei Teilstrecken zerlegst.

[T4] Trenne zuerst das gleichschenklig-rechtwinklige Dreieck ab und berechne seine fehlende Seite.

1 Berechne Oberfläche und Volumen der abgebildeten Körper. Notiere die Namen.

a)
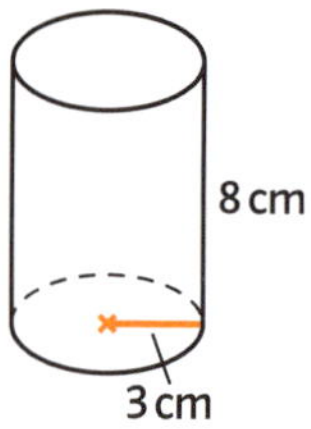

b)
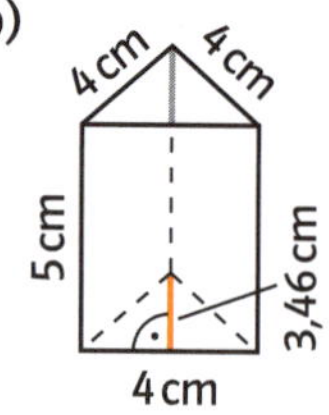

c)
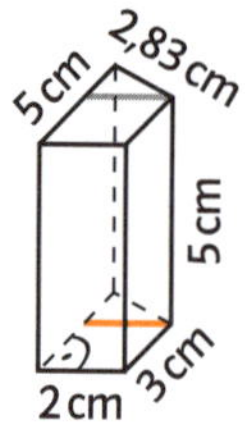

a) O =

V =

b) O =

V =

c) O =

V =

2 Von einem Prisma sind einige Werte gegeben. Berechne die anderen Werte.

1000 ml = 1 l = 1000 cm^3

	u	h	G	M	O	V
a)	750 mm	2 cm	cm^2	cm^2	cm^2	900 cm^3
b)	dm	2 cm	1000 mm^2	cm^2	60 cm^2	cm^3
c)	cm	10 cm	cm^2	2000 cm^2	cm^2	2000 ml

3 Der abgebildete Bahndamm hat als Querschnittsfläche ein gleichschenkliges Trapez. Er ist 5000 m lang. Wie viel Kubikmeter Schotter mussten zu seinem Bau aufgeschüttet werden?

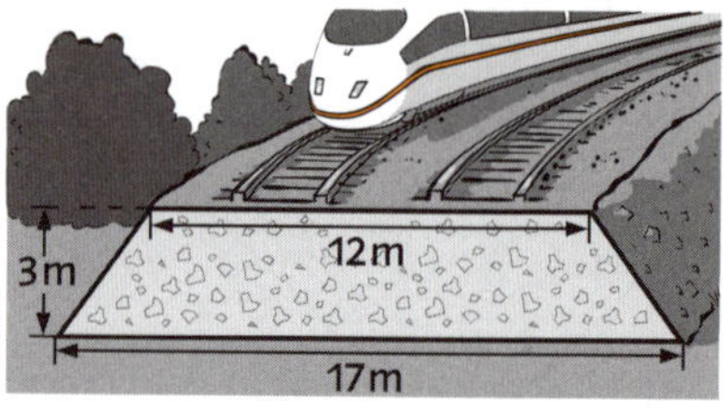

4 Ein runder Turm ist insgesamt 25 m hoch. Sein äußerer Umfang beträgt 37,14 m. Der innere Umfang beträgt nur 24,57 m.

a) Skizziere den Turm.

b) Wie dick ist die Mauer?

c) Berechne das Volumen der Mauer.

5 Berechne Volumen und Oberfläche des ausgebohrten Quaders.

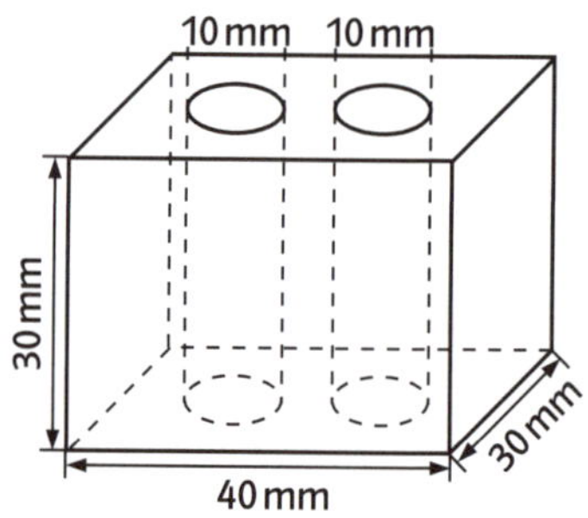

a) Der Quader hat das Volumen V = ______ .
Ein zylinderförmiges Loch hat das Volumen

V = ______ .
Also hat der durchlöcherte Quader ein Restvolumen von

______ .

b) Berechne die Oberfläche des durchbohrten Quaders, indem du alle Teilflächen addierst. Berücksichtige auch die innen liegenden Flächen.

O = 2 · ______ mm^2 + 2 · ______ mm^2 + 2 · (______ mm^2 − 2 · ______ mm^2) + 2 · ______ mm^2

1 Eine quadratische Pyramide hat die Grundkante a von 20 cm und die Höhe von 15 cm. Gib zuerst die Formel an. Setze dann die Werte ein.

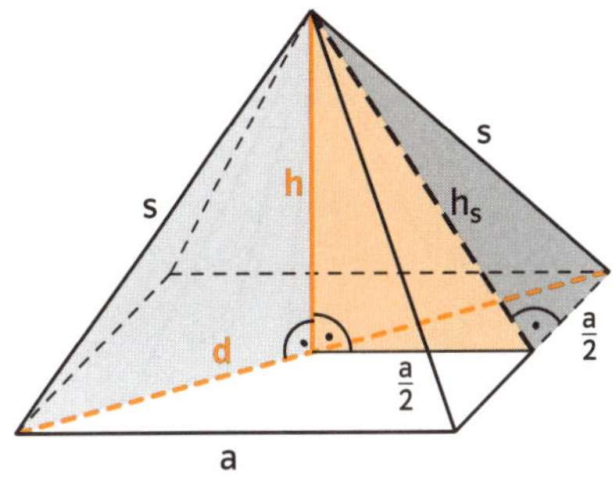

a) Berechne das Volumen.

V = ______________________________

b) Berechne die Diagonale d der Grundfläche.

d^2 = ______________________________

c) Berechne die Länge der Seitenkante s mit dem Satz des Pythagoras.

s^2 = ______________________________

d) Berechne die Höhe h_s der Seitenfläche mit dem Satz des Pythagoras.

h_s^2 = ______________________________

e) Berechne die Mantelfläche M der Pyramide.

M = ______________________________

f) Berechne die Oberfläche O der Pyramide.

O = ______________________________

2 Die Eingangshalle des Louvre in Paris ist eine quadratische Pyramide. Eine Grundseite ist rund 35 m lang, die Höhe einer Seitenfläche beträgt 28,11 m.

a) Berechne die Größe aller Seitenflächen.

____

b) Berechne die Höhe der Pyramide.

____

c) Berechne die Länge einer Seitenkante s.

____

d) Die Pyramide ist der Cheopspyramide (h = 146 m, a = 230 m, s = 219 m) nachempfunden. Prüfe diese Aussage nach und berechne den Maßstab. Runde dafür die Werte der Glaspyramide.

$\frac{h_{Louvre}}{h_{Cheops}}$ ______________ $\frac{a_{Louvre}}{a_{Cheops}}$ ______________ $\frac{s_{Louvre}}{s_{Cheops}}$ ______________

Der Maßstab beträgt also ______ : 1 = _____ : ______

3 Die abgebildete Pyramide mit rechteckiger Grundfläche hat die Kantenlängen a = 6 cm und b = 10 cm. Die Höhe der Pyramide beträgt h = 8 cm.

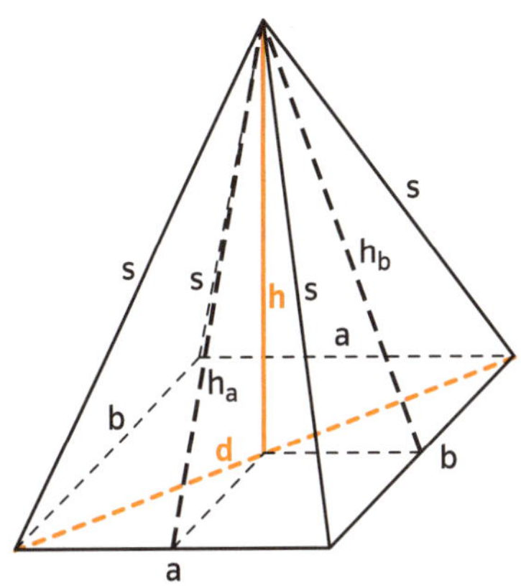

a) Berechne die Länge der Bodendiagonalen d.

d = ______________________________

b) Berechne die Höhen der Seitenflächen.

h_a = ______________ ; h_b = ______________

c) Berechne die Mantelfläche und die Oberfläche.

M = ______________________________

O = ______________________________

d) Berechne das Volumen.

V = ______________________________

Pyramide. Oberfläche und Volumen (2)

1 Ein Turm, dessen Grundfläche die Form eines regelmäßigen Sechsecks mit der Kantenlänge 2,50 m hat, soll als Dach eine Pyramide mit der Höhe h von 9 m erhalten.

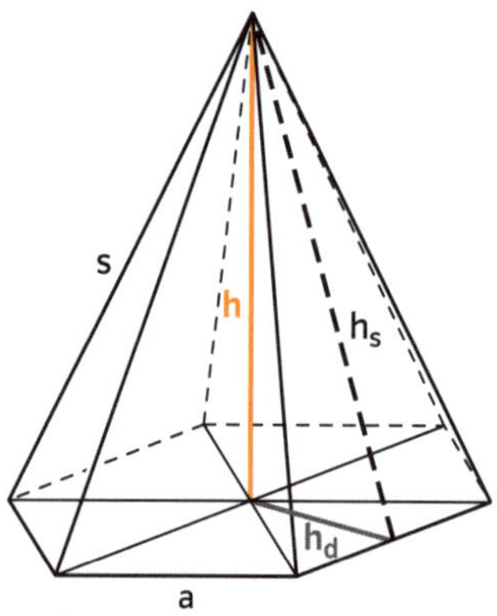

a) Berechne die Höhe h_d. Gib die Formel an.

h_d = ______________________

b) Berechne die Höhe h_s. Gib die Formel an.

h_s = ______________________

c) Wie viel Kupferblech wird für das Dach gebraucht, wenn man 8 % der errechneten Fläche für Überlappung und Verschnitt hinzurechnet?

M = ______________________

Verbrauch: ______________________

d) 2 m^2 Kupferblech kosten 160 Euro plus 19 % Mehrwertsteuer. Die Materialkosten betragen __________ .

2 Seit den 50er-Jahren werden tetraederförmige Behälter mit Flüssigkeiten, z. B. Kaffeesahne, gefüllt. Die Kantenlänge ist a = 5,6 cm.

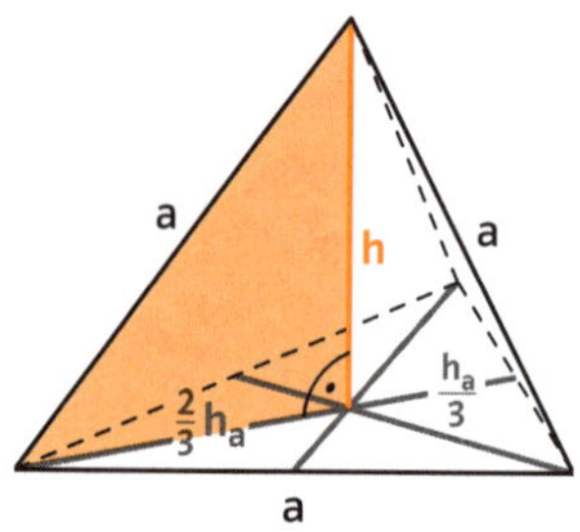

a) Berechne die Höhe h_a zur Grundseite a.

h_a = ______________________

b) Berechne die Höhe h der Pyramide.

h = ______________________

c) Berechne die Grundfläche G und das Volumen der Pyramide.

G = ______________________ V = ______________________

Die Tetrapackung enthält also ungefähr ______ ml Kaffeesahne.

d) Pro Stunde werden 21 600 Packungen abgefüllt. Wie viel Karton wird dafür benötigt, wenn man mit 8 % Verschnitt und Abfall rechnet?

O = ______________ Karton = ______________ cm^2 = ________ m^2

3 Ein Schmuckanhänger hat die Form eines Oktaeders (Doppelpyramide mit zwölf gleich langen Kanten).

a) Leite die Formeln für die Diagonale d der Grundfläche, der Höhe h der Einzelpyramide und der Höhe h_a der Seitenfläche her.

d = ______________________

h = ______________________

h_a = ______________________

b) Leite die Formeln für das Volumen und die Oberfläche des Oktaeders mit der Kantenlänge a her.

V = ______________________

O = ______________________

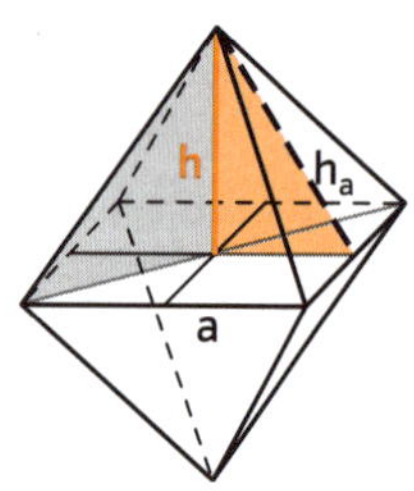

c) Berechne das Volumen und die Oberfläche, wenn a die in der Tabelle angegebenen Werte annimmt.

a	V	h_a	O
0,5 cm			
1,5 cm			
2 cm			

d) Der Preis für das Schmuckstück hängt vom Gewicht ab. 1 cm^3 Gold wiegt 6,9 g. Pro g liegt der Materialwert bei 22 €. Der Materialpreis für einen Oktaeder mit der Kantenlänge a = 0,5 cm beträgt ______________ €.

1 a) Berechne die Oberfläche und das Volumen des abgebildeten Kegels.

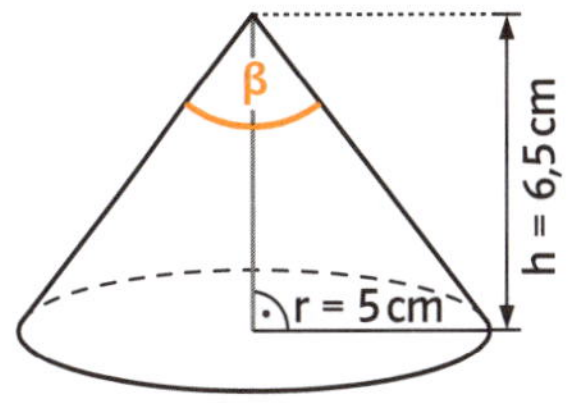

V = ______________________

O = ______________________

b) Berechne die Größen, wenn man den Radius verdreifacht.
Wie verändern sich die Werte?

V = ______________________ O = ______________________

Das Volumen ______________ sich, die Oberfläche ______________ sich.

c) Berechne den Öffnungswinkel β des Kegels.

____

2 Das „größte Indianerzelt der Welt“ steht in Dortmund im Fredenbaumpark. Es hat eine Höhe von 35 m und einen Durchmesser von ungefähr 25 m.

a) Bei dem Zelt handelt es sich angenähert um ______________ .

b) Berechne die Grundfläche, die Länge der Seitenkante und das Volumen des Zelts.

A = ______________________

s = ______________________

V = ______________________ m^3

c) Berechne die Mantelfläche des Zelts.

M = ______________________

3 Vervollständige die Skizze und berechne die fehlenden Werte.

	r	h	s	M	O	V
a)	4 cm	12 cm				
b)	8 mm			7,04 cm^2		
c)				94,25 cm^2	122,52 cm^2	
d)		12 cm				615,75 cm^3

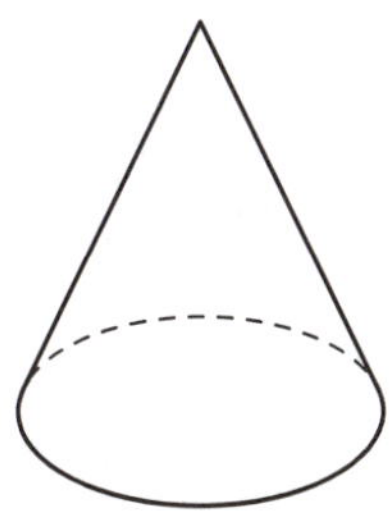

4 Ein kegelförmiger Sandhaufen hat einen Durchmesser von 7 m. Seine Mantellinie s ist 3,70 m lang.

a) Berechne das Gewicht des Sandhaufens, wenn ein Kubikmeter Sand 1,6 t wiegt.

h = ______________________ V = ______________________

Das Gewicht des Sandhaufens beträgt ______________________ t.

b) Ein Lkw hat eine Nutzlast von 7,5 t. Um den Sand zu transportieren, muss der Laster also __________ fahren.

1 Frau Meier besitzt kegelförmige Gläser. Sie füllt die Gläser jeweils bis zu $\frac{4}{5}$ der Maximalhöhe. Berechne, wie viele Gläser sie aus der zylinderförmigen Karaffe füllen kann, wenn diese 6 cm hoch gefüllt ist.

a) Füllhöhe des Glases: ____________________

b) Zeichne die Füllhöhe und den dazugehörigen Durchmesser x des Glases in die Skizze ein.

c) Berechnung von x mithilfe des Strahlensatzes:

____

V_{Glas} = ____

$V_{Karaffe}$ = ____

Frau Meier kann ______ Gläser aus der Karaffe füllen.

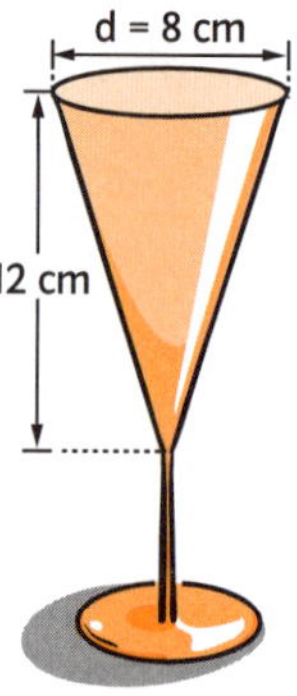

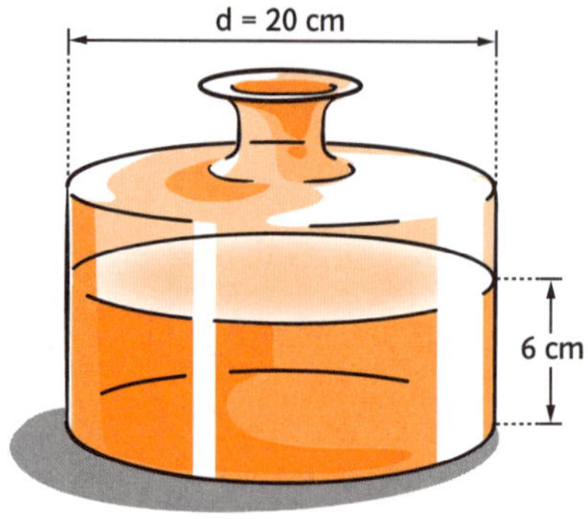

2 a) Das 8 m hohe Dach eines Turmes mit dem Umfang von 20,1 m muss neu gedeckt werden. Berechne die Größe der Dachfläche.

r = ____________________ s = ____________________

M = ____

b) Als Reserve rechnet der Dachdecker 8 % Ziegel mehr. Das sind Ziegel für

____ m^2.

Gerundet auf volle Quadratmeter bestellt er für ________ m^2 Ziegel.

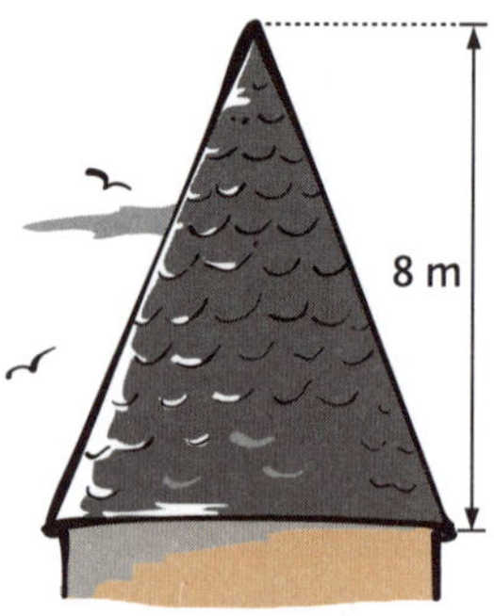

3 a) Bestimme das Volumen der beiden Körper. Mache Nebenrechnungen in deinem Heft.

V_{Kegel} = ____

$V_{Zylinder}$ = ____

b) Wie groß muss der Radius des Kegels bei gleichbleibender Höhe gewählt werden, damit die beiden Körper volumengleich sind?

r = ____

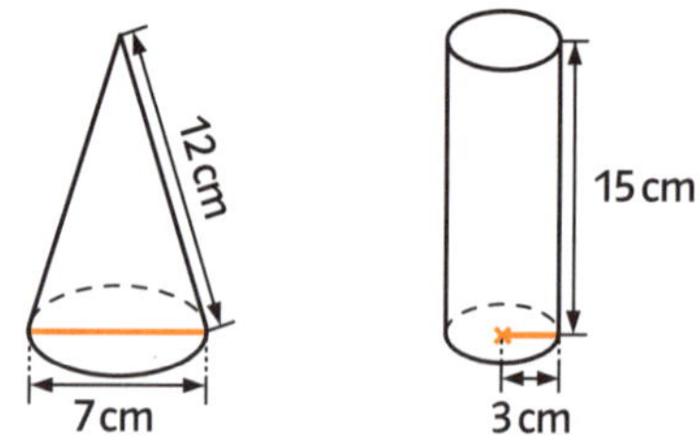

4 Berechne die Oberfläche des Kegels.

a) G = 314 mm^2 M = 689,34 mm^2 O = ____________________

b) r = 11 cm s = 4 cm O ≈ ____________________

c) r = 5 cm s = 7 cm O ≈ ____________________

d) s = 15 cm d = 3 cm O ≈ ____________________

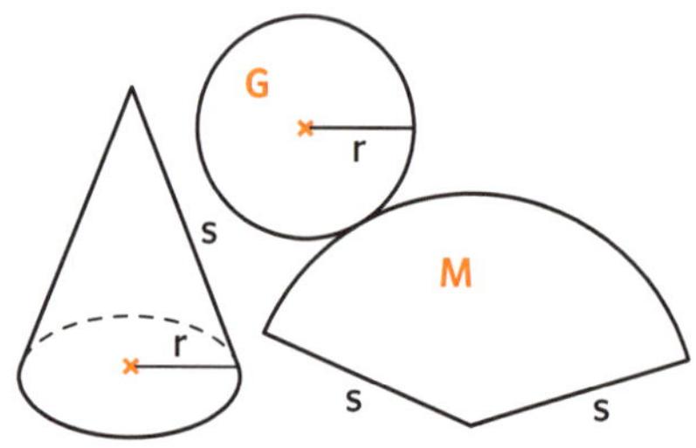

5 Die Grundflächen zweier Kegel werden aufeinandergeklebt. Der Durchmesser beider Kegel beträgt 9 cm. Der obere Kegel hat mit 6 cm Höhe nur zwei Drittel der Höhe des unteren Kegels.

a) Zeichne eine Skizze der Längsschnittfläche des Doppelkegels.

b) Berechne das Volumen des Gesamtkörpers.

V_{gesamt} = ____

c) Berechne die Größe der Oberfläche dieses Körpers.

O_{gesamt} = ____

1 Berechne die fehlenden Werte für eine Kugel auf zwei Nachkommastellen genau.

	r	d	O	V
a)	4 cm			
b)		0,4 dm		cm^3
c)			$10\ cm^2$	
d)				1 hl

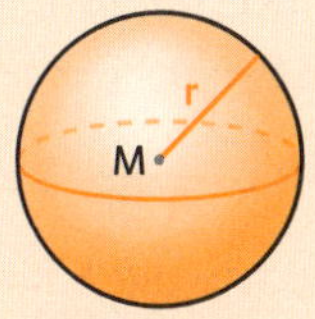

V = ______ π

O = ______ π

2 Die Lufthülle der Erde umfasst 5140 Trillionen Tonnen Luft. Nimmt man die gesamte Atmosphäre der Erde und formt daraus eine Kugel, so entspricht diese Kugel nur 5 % des Erdvolumens.

a) Im Deutschen steht das Wort Trillion für eine Million hoch drei,

also eine Zahl mit ______ Nullen: ______________________ .

b) Der Radius der Erde beträgt rund 6370 km. Das Erdvolumen ist damit:

V_{Erde} = ______________________ ,

davon 5 %: $V_{Atmosphäre}$ = ______________________ .

c) Der Radius der Atmosphärenkugel ist:

$r_{Atmosphäre}$ = ______________________ .

Der Erdradius ist fast ______________ so groß.

3 Einem Würfel mit der Kantenlänge 25 cm wird jeweils eine Kugel ein- bzw. umbeschrieben.

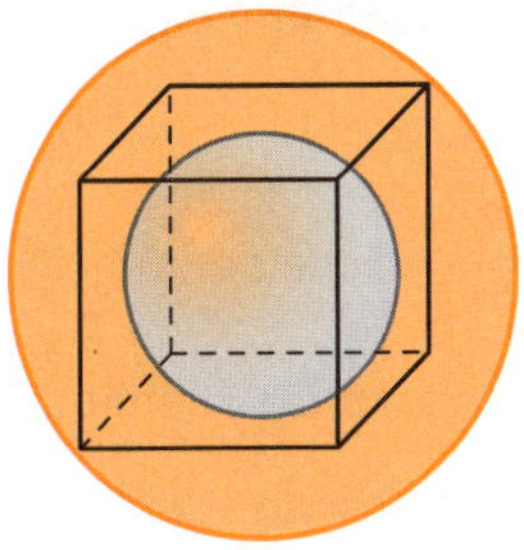

a) Zeichne in die Skizze die Radien der Kugeln ein.

b) Berechne den Radius der äußeren Kugel.

$r_{Außenkugel}$ = ______________________

c) Berechne die Volumen der drei Körper.

$V_{Außenkugel}$ = ______________________

$V_{Würfel}$ = ______________________

$V_{Innenkugel}$ = ______________________

d) Berechne die Oberflächen der drei Körper.

$O_{Außenkugel}$ = ______________________

$O_{Würfel}$ = ______________________

$O_{Innenkugel}$ = ______________________

4 Ein Modell-Heißluftballon hat annähernd die Form einer Kugel. Die Oberfläche beträgt $100\ m^2$.

a) Berechne seinen Radius. r ≈ ______________________ m

b) Berechne sein Volumen. V ≈ ______________________ m^3

5 Kugeln zum Kugelstoßen sind aus Eisen, das eine Dichte von 7,85 g je cm^3 hat.

a) Eine Kugel für Männer hat einen Durchmesser von 11,5 cm und wiegt ________ kg.

b) Welchen Radius besitzen Kugeln für Schüler mit einer Masse von 4 kg?

V_{Kugel} = ______________________ r = ______________________

Kugel. Oberfläche und Volumen (2)

1 Paula besitzt eine halbkugelförmige Schale. Der Innendurchmesser der Schale beträgt 32 cm. Sie gießt den Inhalt der randvoll mit Wasser gefüllten Schale in ein zylinderförmiges Gefäß mit einem Innendurchmesser von 32 cm. Wie hoch steht die Flüssigkeit in dem Gefäß?

V_{Schale} = ______________________ $h_{Flüssigkeit}$ = ______________________

Die Flüssigkeit steht im Zylinder __________ hoch.

2 Claes Oldenburg fertigte 1977 drei riesige Betonkugeln (Durchmesser 3,5 m) für die erste Skulptur-Ausstellung am Aasee in Münster.

a) Die Kugeln müssen regelmäßig von Schmutz und Graffiti befreit werden. Pro Quadratmeter rechnet man dabei mit drei Arbeitsstunden. Wie lange braucht man, um die drei Kugeln sachgerecht zu säubern?

O_{Kugeln} = ______________________

Man benötigt rund __________ Arbeitsstunden zum Säubern.

b) Berechne das Gewicht einer Kugel, wenn ein Kubikmeter Beton 2400 kg wiegt.

V_{Kugel} = ______________________

Eine Kugel wiegt __________ kg = __________ t.

3 Vergleiche die Oberfläche des Zylinders mit der Oberfläche der einbeschriebenen Kugeln.

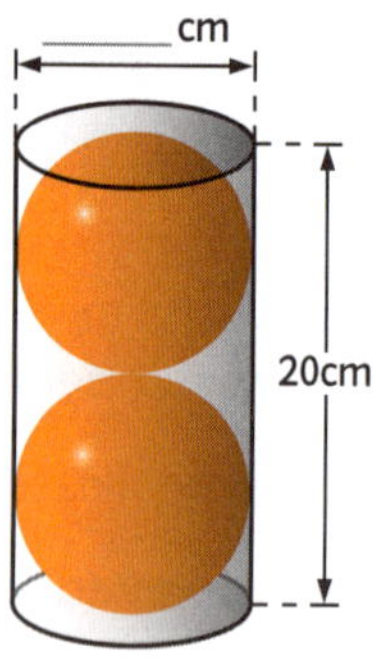

Zylinderhöhe = __________ Zylinderradius = __________

$O_{Zylinder}$ = ______________________

O_{Kugeln} = ______________________

Die Oberfläche der Kugeln zusammen ist um __________ % kleiner als die Oberfläche des Zylinders.

4 Eine Schokoladenkugel hat einen Außenumfang von 25,13 cm. Sie wiegt 50 g.

a) Berechne den Radius der Schokoladenkugel.

$r_{Außenkugel}$ = __________

b) Berechne die Dicke der Schokoladenkugel. Die Vollmilchschokolade wiegt 1,06 g pro cm³. Das Volumen der Schokolade beträgt also __________.

$V_{Außenkugel}$ = __________

$V_{Innenkugel} = V_{Außenkugel} - V_{Schokolade}$ = __________ $r_{Innenkugel}$ = __________ cm.

Die Schale der Schokoladenkugel ist ______________________ dick.

c) Die Schokoladenkugel wird in Silberpapier verpackt. Wie viel Papier benötigt man pro Tag, wenn pro Stunde 2000 Stück angefertigt werden und jeden Tag eine Doppelschicht mit je acht Stunden gefahren wird? Rechne zusätzlich mit 15 % Abfall des Papiers.

Es werden __________ m² Papier pro Tag benötigt.

1 Georg hat zu den angegebenen Körpern das Volumen berechnet.

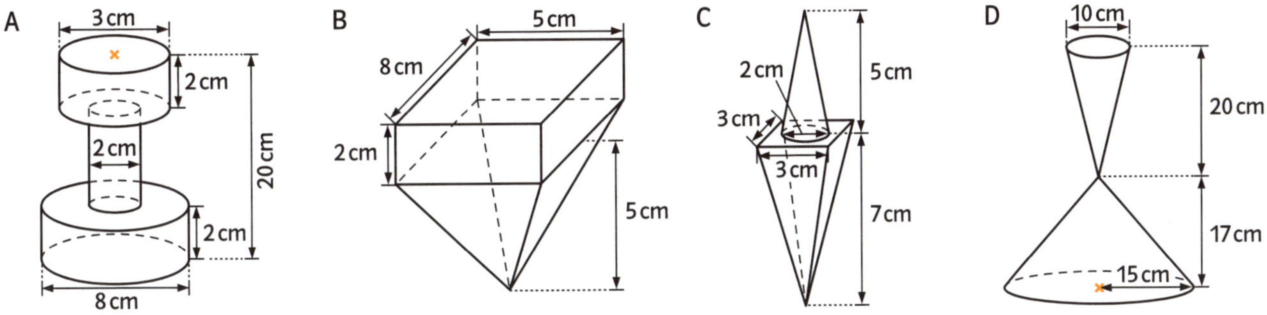

a) Färbe Säulen (Prismen und Zylinder) in einer Farbe und spitz zulaufende Körper in einer anderen.

b) Für Säulen gilt die Formel: V = ____________ c) Für spitz zulaufende Körper ist V = ____________ .

d) Ordne die Rechnungen den Körpern zu und vervollständige die Rechnung.

Körper __ : $\frac{1}{3} \cdot (\pi \cdot$ ____________ $) + \frac{1}{3} \cdot (\pi \cdot$ ____________ $) =$ ____________

Körper __ : $5\,cm \cdot 8\,cm \cdot ($ ______ $) + \frac{1}{3} \cdot ($ ____________ $) \cdot ($ ______ $) =$ ____________

Körper __ : $\pi \cdot (1{,}5\,cm)^2 \cdot 2\,cm + \pi \cdot ($ ______ $)^2 \cdot ($ ______ $) + \pi \cdot ($ ______ $)^2 \cdot ($ ______ $) =$ ____________

Körper __ : $\frac{1}{3} \cdot (3\,cm)^2 \cdot ($ ______ $) + \frac{1}{3} \cdot (\pi \cdot$ ____________ $) =$ ____________

e) Berechne die Oberfläche der zusammengesetzten Körper.

$O_A \approx$ ____________ cm^2 $O_B \approx$ ____________ cm^2 $O_C \approx$ ____________ cm^2 $O_D \approx$ ____________ cm^2

2 Einem Würfel mit der Kantenlänge $a = 10\,cm$ werden auf allen Seiten gleich große quadratische Pyramiden mit der Höhe 2 cm aufgesetzt.

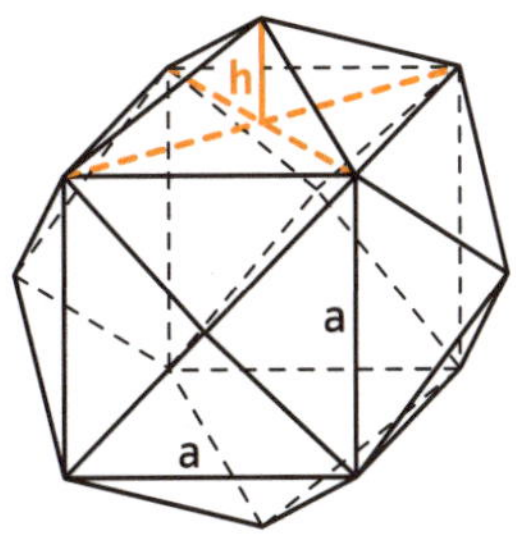

a) Der zusammengesetzte Körper besteht insgesamt aus ___ Würfel und ___ Pyramiden.

b) Das Volumen des Würfels ist $V_{Würfel} =$ ____________ .

c) Das Volumen einer Pyramide ist $V_{Pyramide} =$ ____________ .

d) $V_{Gesamt} =$ ____________

3 Aus einem Quader mit den Kantenlängen $a = 12\,cm$, $b = 16\,cm$ und $c = 20\,cm$ wird ein Kegel mit der Tiefe 6 cm und dem Durchmesser 8 cm herausgefräst.

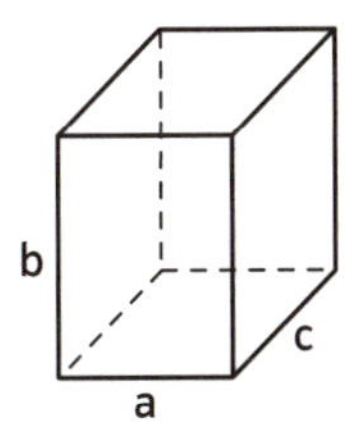

a) Trage die angegebenen Maße ein und skizziere den Kegel.

b) Berechne das Volumen des Restkörpers. $V_{Quader} =$ ____________

$V_{Kegel} =$ ____________ $V_{Restkörper} =$ ____________

Zusammengesetzte Körper (2)

1 Die Schwimmboje besteht aus einer Halbkugel, einem ________ und einem ________ .

a) Berechne das Volumen.

$V_{Halbkugel}$ = ________

$V_{Zylinder}$ = ________

____

V_{Kegel} = ________

____

V_{Gesamt} = ________

b) Berechne die Oberfläche.

____

____

____

____

____

____

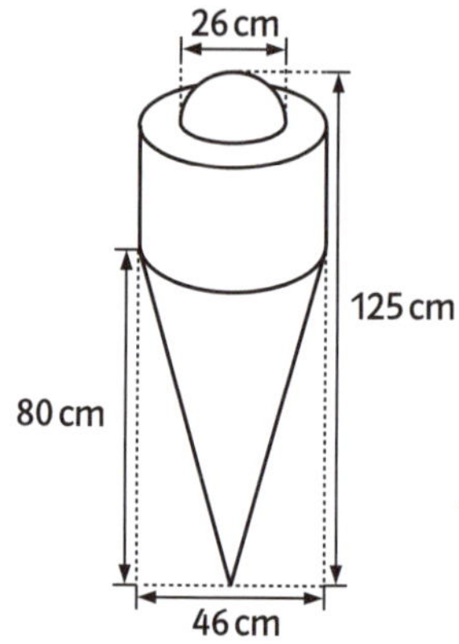

2 Die Ulmer Stadtbücherei besteht aus einer gläsernen Pyramide und drei aufeinandergesetzten Quadern mit quadratischer Grundfläche. Das Gebäude ist insgesamt 35 m hoch.

a) Miss zunächst die Höhe des Gebäudes in der Abbildung: ________ .

Die Pyramide hat eine Kantenlänge von ________ m und eine Höhe von ________ m. Vereinfachend nehmen wir an, dass der untere Teil des Gebäudes aus einem Quader mit der Länge 3,9 cm ≙ ________ m und der Höhe von 1,5 cm ≙ ________ m besteht.

b) Berechne das Volumen des vereinfachten Gebäudes.

________ ________ V_{Gesamt} = ________

c) Berechne die Seitenflächen der Pyramide und des vereinfachten Quaders.

________ ________ O_{Gesamt} = ________

d) Der tatsächliche Wert für die Glasoberfläche beträgt ca. 5000 m^2. Das sind rund ________ % mehr.

3 Ein Würfel hat die Kantenlänge 10 cm.

Auf jede der ________ Seitenflächen des Würfels wird ein 18 cm hoher Kegel mit $r = 5$ cm aufgesetzt. Fertige zuerst eine Teilskizze an, in der alle gegebenen Größen abzulesen sind. Berechne das Volumen und die Oberfläche des zusammengesetzten Körpers.

V_{Gesamt} ≈ ________

s_{Kegel} ≈ ________

O_{Gesamt} ≈ ________

4 Ein rechtwinkliges Trapez wird um eine Achse gedreht.

a) Der entstehende Rotationskörper ist

________ .

b) Berechne das Volumen des Körpers.

V = ________

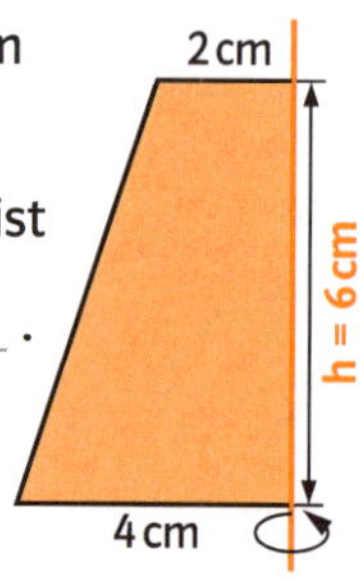

Fülle die Lücken. Für jeden Buchstaben findest du einen Strich. Löse dann die Beispielaufgaben.

Oberfläche einer Pyramide

Die Oberfläche einer Pyramide besteht aus der

_ _ _ _ _ _ _ _ _ _ _ G und

der _ _ _ _ _ _ _ _ _ _ _ _ M

(gleichschenklige Dreiecke).

$O = G + M$

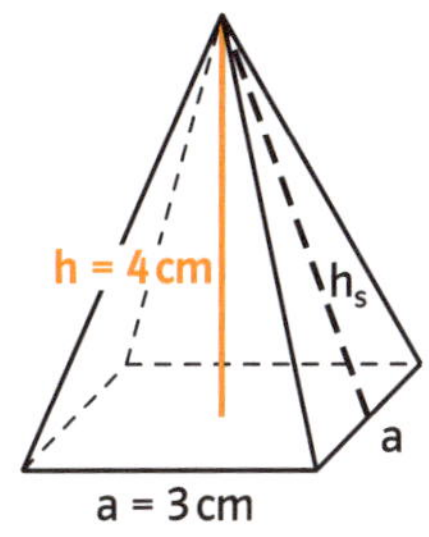

■ Berechne die Oberfläche der Pyramide.

$h_s^2 = h^2 + \left(\frac{a}{2}\right)^2$

$h_s = \sqrt{h^2 + \left(\frac{a}{2}\right)^2} =$ ____________________

$M = 4 \cdot \frac{a \cdot h_s}{2} =$ ____________________

$O =$ ____________________

Volumen einer Pyramide

Das Volumen einer Pyramide mit der _ _ _ _ _-

_ _ _ _ _ _ G und der _ _ _ _ _ _ _ _ _ _ h ist

$V = \frac{1}{3} \cdot G \cdot h$

■ Berechne das Volumen der oben abgebildeten quadratischen Pyramide.

$G = a^2 =$ ____________________

$V =$ ____________________

Oberfläche eines Kegels

Die _ _ _ _ _ _ _ _ _ _ der Mantelfläche M ist $b = 2 \cdot \pi \cdot r$.
Für die Oberfläche gilt:

$O = G + M$

$O = \pi \cdot r^2 + \pi \cdot r \cdot s$.

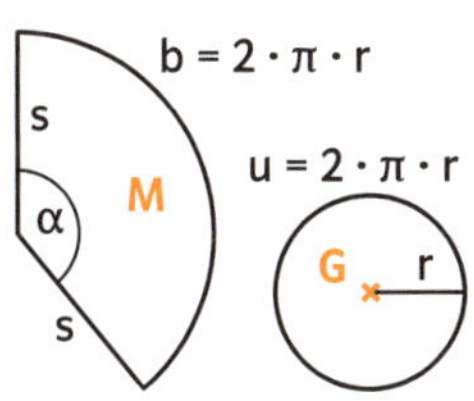

■ Berechne die Oberfläche des Kegels unten.

$s^2 = h^2 + r^2$

$s = \sqrt{h^2 + r^2} =$ ____________________

$M =$ ____________________

$O =$ ____________________

Volumen eines Kegels

Bei einem Kegel mit dem _ _ _ _ _ _ r,

der _ _ _ _ _ _ _ _ _ _ _ s und

der Höhe h berechnet man das

Volumen V mit $V = \frac{1}{3} \cdot G \cdot h$

$V = \frac{1}{3} \cdot \pi \cdot r^2 \cdot h$.

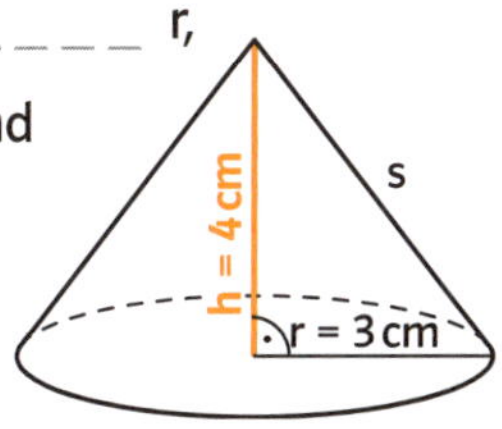

■ Berechne das Volumen des Kegels.

$V =$ ____________________

$\approx$ ____________________

Kugel

Bei einer Kugel mit dem Radius r berechnet man das Volumen V mit

$V = \frac{4}{3} \cdot \pi \cdot r^3$

und die Oberfläche O mit

$O = 4 \cdot \pi \cdot r^2$.

■ Berechne Volumen und Oberfläche der Kugel.

$r = \frac{d}{2} =$ ____________________

$V =$ ____________________

$O =$ ____________________

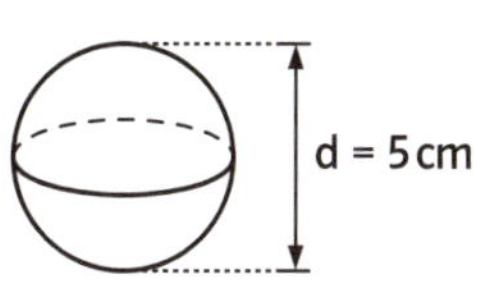

Zusammengesetzte Körper

Bei zusammengesetzten oder ausgehöhlten Körpern muss man für die Volumenberechnung die einzelnen Volumina der Teilkörper addieren oder subtrahieren $V = V_1 + V_2$ oder $V = V_1 - V_2$.
Die Oberfläche zusammengesetzter oder ausgehöhlter Körper berechnet man als die Summe der

_ _ _ _ _ _ _ _ _ _ _ _ _.

■ Berechne Volumen und Oberfläche des Körpers.

$V_{Kegel} \approx$ ____________________

$V_{Halbkugel} \approx$ ____________________

$V_{gesamt} \approx$ ____________________

$O_{gesamt} = M_{Kegel} + O_{Halbkugel} \approx$ ____________ cm^2

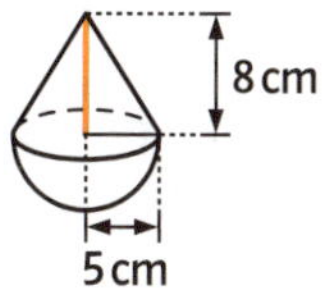

1 Nummeriere zueinander passende Kärtchen mit der gleichen Zahl.

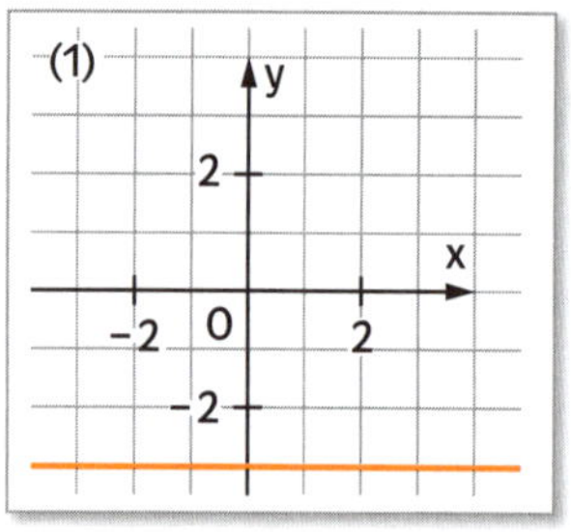

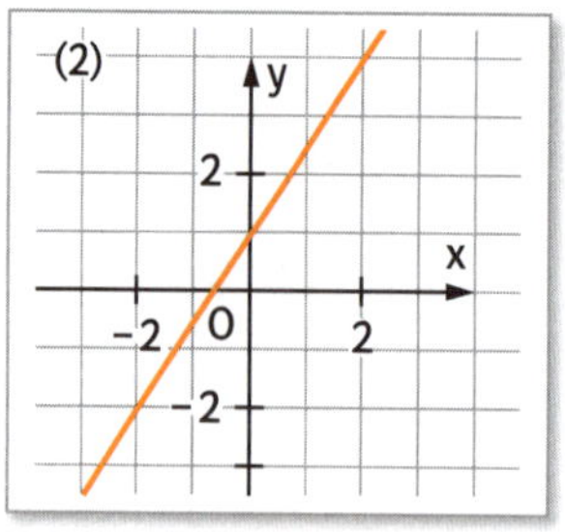

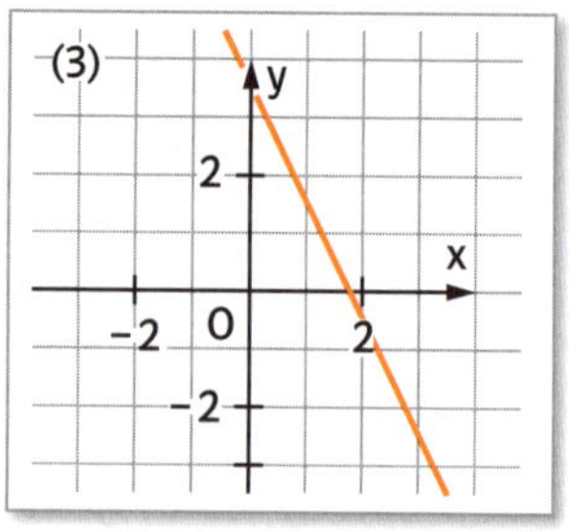

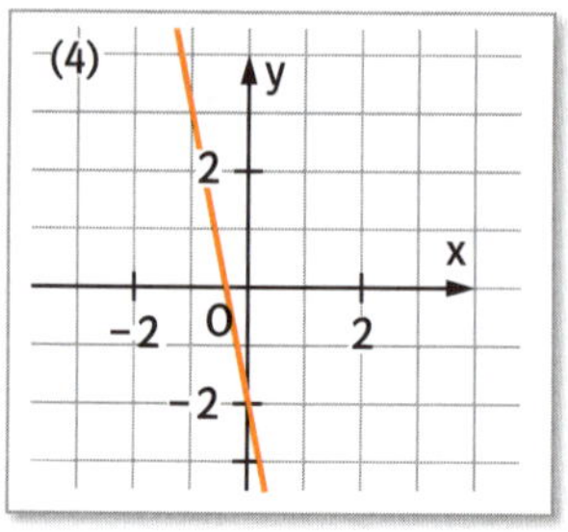

| Die Gerade verläuft parallel zur Geraden g: $y = -5x + 5$.

| $y = -3$

| Die Gerade hat die Steigung $m = 0$.

Wertetabelle D zu

x	−3	−2	−1	0	1	2	3
y	−3	−3	−3	−3	−3	−3	−3

Wertetabelle A zu

x	−3	−2	−1	0	1	2	3
y	9,5	7,5	5,5	3,5	1,5	−0,5	−2,5

Wertetabelle B zu

x	−3	−2	−1	0	1	2	3
y	−3,5	−2	−0,5	1	2,5	4	5,5

| $y = -5x - 2$

| $y = 1{,}5x + 1$

Wertetabelle C zu

x	−3	−2	−1	0	1	2	3
y	13	8	3	−2	−7	−12	−17

| $y = -2x + \frac{7}{2}$

| Der Punkt P(7 | −10,5) liegt auf der Geraden.

| Die Gerade hat die Steigung $m = \frac{3}{2}$.

2 Durch die Schaubilder und besonderen Punkte der jeweiligen Funktionen werden Flächen begrenzt. Berechne jeweils Umfang und Flächeninhalt der Flächen. Wie heißen die Funktionen?

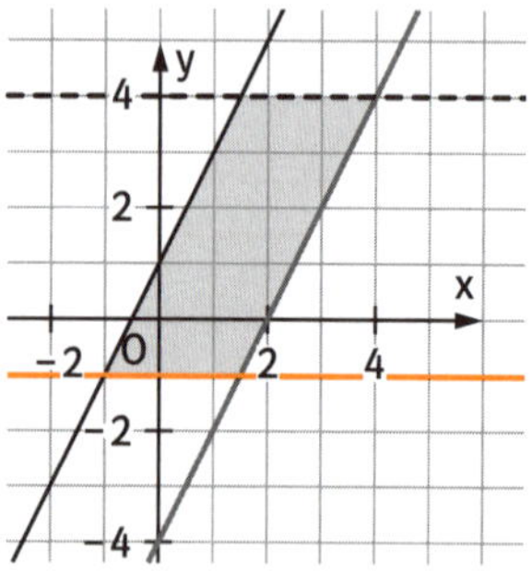

u = ____________

A = ____________

y_1 = ____________

y_2 = ____________

y_3 = ____________

y_4 = ____________

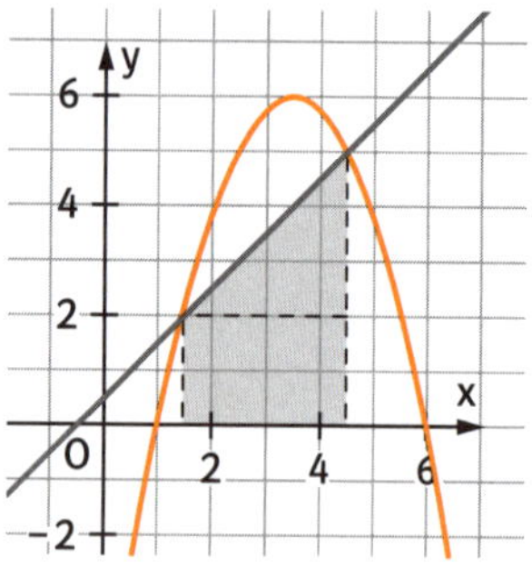

u = ____________

A = ____________

y_1 = ____________

y_2 = ____________

3 Auf einem Glücksrad befinden sich neun gleich große Sektoren, von denen drei blau, zwei grün und vier rot sind. Es wird zweimal hintereinander gedreht.

a) Vervollständige das Baumdiagramm.

b) Die Wahrscheinlichkeit, dass das Rad zweimal bei Blau stehen bleibt, beträgt ____________ .

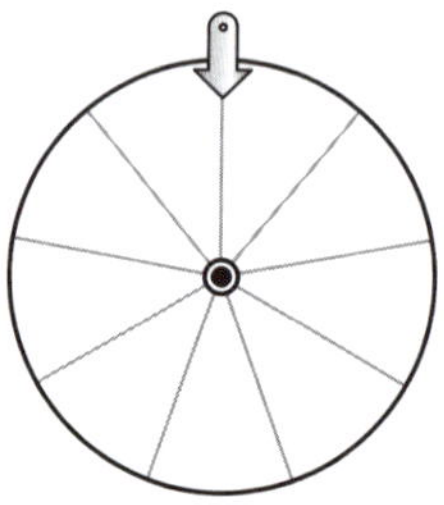

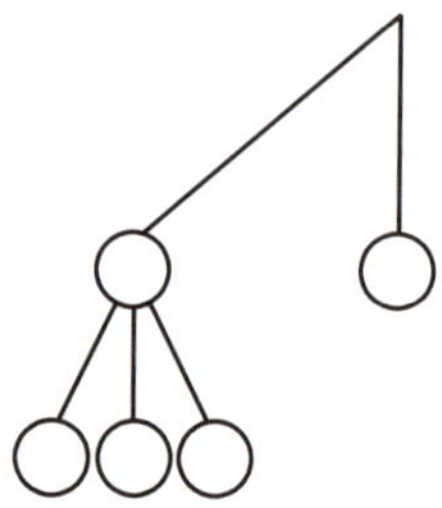

c) Die Wahrscheinlichkeit, dass das Rad einmal bei Blau und einmal bei Grün stehen bleibt, beträgt ________ .

4 Eine Firma produziert Schrauben. Bei einer Stichprobenkontrolle sind neun von 250 Schrauben defekt.

Die Wahrscheinlichkeit, dass eine produzierte Schraube defekt ist, beträgt ____________ .

Demnach sind in einer 200er-Packung ca. ________ Schrauben defekt.

5 In einer 10. Klasse wurde die Anzahl der Stunden ermittelt, die die Schülerinnen und Schüler in einer Woche im Internet verbracht haben. Bestimme die Kennwerte der Daten (Tipp: Rangliste).
14, 4, 32, 22, 13, 23, 21, 0, 40, 1, 30, 28, 0, 12, 0, 8, 24, 2, 1, 32, 1, 14, 8, 10, 2, 15, 3, 4, 10, 14, 24

a) Minimum: ____ unteres Quartil: ____

Zentralwert: ____ oberes Quartil: ____

Maximum: ____ Mittelwert: ____

b) Zeichne den zugehörigen Boxplot.

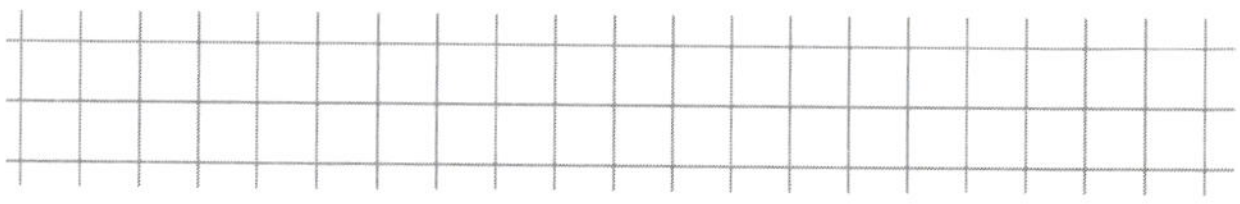

1 Frau Rauch hat 5000,00 € drei Jahre lang auf einem Konto angelegt. Im ersten Jahr gewährt die Bank einen Zinssatz von 2,5 % und im zweiten Jahr 2,9 %. Die Zinsen werden mitverzinst.

a) Nach Ablauf der drei Jahre werden ihr 5452,93 € ausgezahlt. Wie hoch war der Zinssatz im 3. Jahr?

b) Welcher jährlich gleichbleibende Zinssatz hätte zum selben Ergebnis geführt?

2 Von seinem Weihnachtsgeld möchte Harald am Jahresanfang jährlich eine Rate von 800,00 € sparen. Die Bank gibt ihm einen Zinssatz von 3,8 %. Die Zinsen werden bei seinem Vertrag mitverzinst.

a) Wie hoch wäre sein Guthaben nach fünf Jahren?

b) Zur Eröffnung eines Geschäftes benötigt er jedoch in fünf Jahren 15 000,00 €. Wie hoch muss er die jährliche Rate dann wählen?

3 Ergänze die Rechnungsbelege.

a)

Rechnungsbetrag netto		
+ 19 % MwSt.	475,00 €	$\cdot 1{,}19$
Zwischensumme		
abzüglich 10 % Rabatt		$\cdot 0{,}9$
Endbetrag		

b)

Rechnungsbetrag netto		
abzüglich 5 % Skonto		
Zwischensumme		
+ 19 % MwSt.		
Endbetrag	678,30 €	

4 Von einem Viereck sind $\alpha = 117{,}0°$; $\beta = 49{,}0°$; $\delta = 90{,}0°$; $c = 9{,}7\,\text{cm}$ und $d = 12{,}1\,\text{cm}$ bekannt. Stefanie berechnet die gesuchte Seite b mithilfe einer Zerlegung. Mario ergänzt die Figur.

a) Bringe die Kärtchen beider Lösungswege durch Nummerieren in die richtige Reihenfolge.

Stefanie:

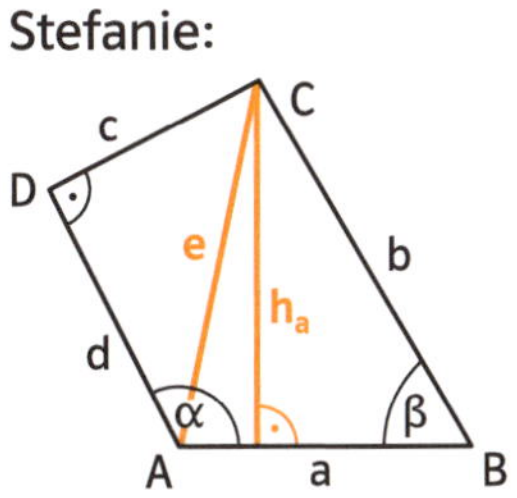

- [ ] Einzeichnen der Höhe h_a
- [ ] Berechnung von h_a mit $\sin\alpha_2 = \frac{h_a}{e}$; $h_a \approx$ ____
- [ ] Berechnung von $\alpha_2 = \alpha - \alpha_1$; $\alpha_2 =$ ____
- [ ] Berechnung von α_1 mit $\tan\alpha_1 = \frac{c}{d}$; $\alpha_1 \approx$ ____
- [1] Einzeichnen der Strecke $\overline{AC} = e$
- [ ] Berechnung von $\overline{AC}$ mit dem Satz des Pythagoras; $\overline{AC} \approx$ ____
- [7] Berechnung von b mit $\sin\beta = \frac{h_a}{b}$; $b \approx$ ____

Mario:

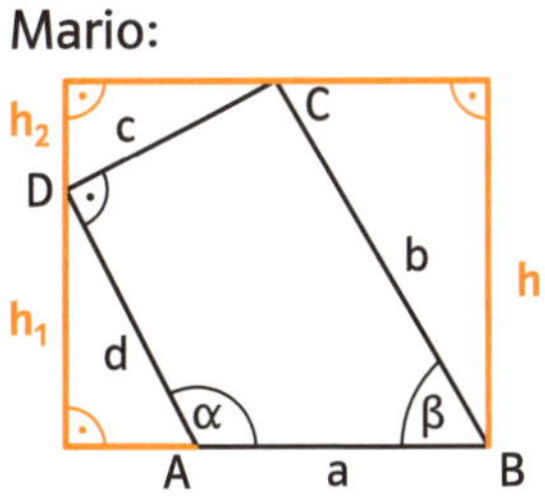

- [1] Ergänzung des Vierecks ABCD zu einem Rechteck
- [ ] Berechnung von $h = h_1 + h_2$; $h =$ ____
- [ ] Berechnung des Winkels δ_1 mit $\delta_1 = 90° - \alpha_1$ und δ_2 mit $\delta_2 = 180° - 90° - \delta_1$; $\delta_1 =$ ____; $\delta_2 =$ ____
- [ ] Berechnung von h_2 mit $\cos\delta_2 = \frac{h_2}{c}$; $h_2 \approx$ ____
- [ ] Berechnung des Nebenwinkels α_1 mit $\alpha_1 = 180° - \alpha$; $\alpha_1 =$ ____
- [7] Berechnung von b mit $\cos\beta_1 = \frac{h}{b}$; $b \approx$ ____
- [ ] Berechnung von h_1 mit $\sin\alpha_1 = \frac{h_1}{d}$; $h_1 \approx$ ____

b) Löse die Aufgabe auf beiden Wegen – trage die Werte auf den Kärtchen ein.

5 Berechne x.

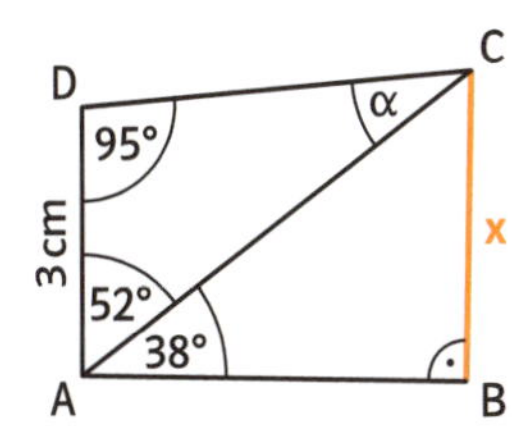

1 a) Kennzeichne rechte Winkel farbig (M bezeichnet jeweils die Kantenmitte).
Die Körper 1 bis 7 sind Würfel, 8 bis 11 sind Quader.

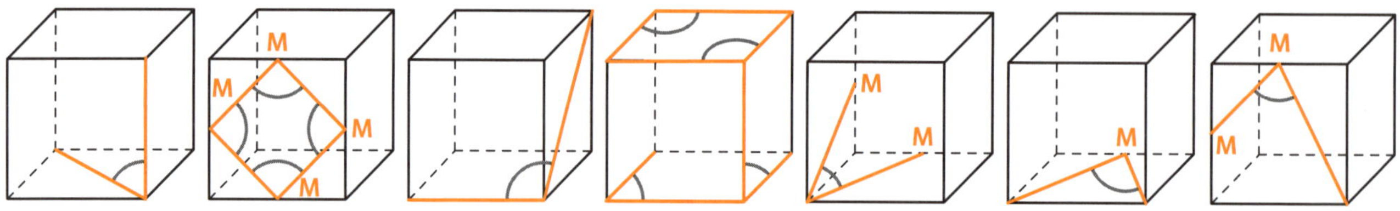

1 A　2 ____　3 ____　4 ____　5 ____　6 ____　7 ____

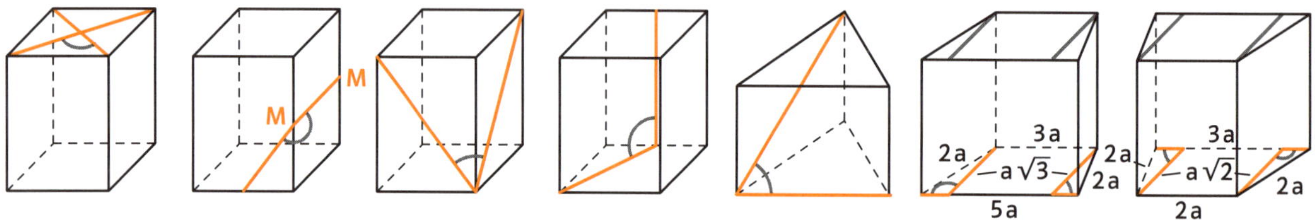

8 ____　9 ____　10 ____　11 ____　12 ____　13 ____　14 ____

b) Notiere zu jedem Körper den Buchstaben der passenden Begründung.

- **A** Der Winkel zwischen dem Lot, das senkrecht auf einer Ebene steht, und einer Geraden durch den Fußpunkt des Lots ist immer ein rechter Winkel.
- **B** Den rechten Winkel erkennt man anhand der Ergänzungswinkel.
- **C** Anhand der Werte kann man erkennen, dass es sich bei der eingezeichneten Linie um die Trapezhöhe handelt.
- **E** Eine Berechnung mit trigonometrischen Funktionen ergibt einen rechten Winkel.
- **F** Die Innenwinkel des Quadrats sind rechte Winkel.
- **G** Die eigezeichneten Winkel sind keine rechten Winkel.
- **D** Die Diagonalen im Quadrat schneiden sich rechtwinklig.

2 Berechne Flächeninhalt und Umfang der Dreiecke für $a = 3\,\text{cm}$ mithilfe der Kärtchen. Trage auf den Kärtchen die Nummer des Dreiecks (Würfels) ein, für welches das Kärtchen benötigt wird. Bezeichnungen: Grundkante a; Flächendiagonale d; Raumdiagonale e

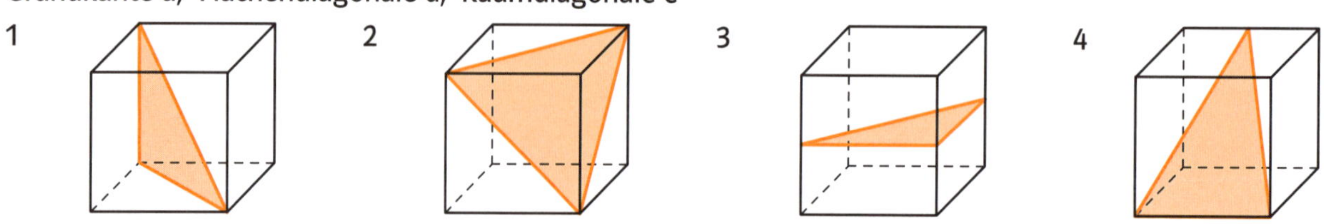

1	2	3	4
u = ____	u = ____	u = ____	u = ____
A = ____	A = ____	A = ____	A = ____

- Dreieckshöhe = Flächendiagonale berechnen ☐
- Flächendiagonale berechnen (Pythagoras) ☐
- $u = 2a + d$ ☐
- $u = a + d + e$ ☐
- Flächendiagonale berechnen (Pythagoras) ☐
- $u = 3d$ ☐
- $A = \frac{a^2}{2}$ ☐
- $A = \frac{1}{2}a \cdot h_a$ ☐
- Strecke x berechnen ☐
- $u = a + 2x$ ☐
- Raumdiagonale berechnen (Pythagoras) ☐
- Flächendiagonale berechnen (Pythagoras) ☐
- $A = \frac{1}{2} \cdot a \cdot d$ ☐
- $A = \frac{d^2}{4}\sqrt{3}$ ☐

3 a) Gegeben ist ein Quader. Übertrage den Streckenzug auf das Netz des Quaders.

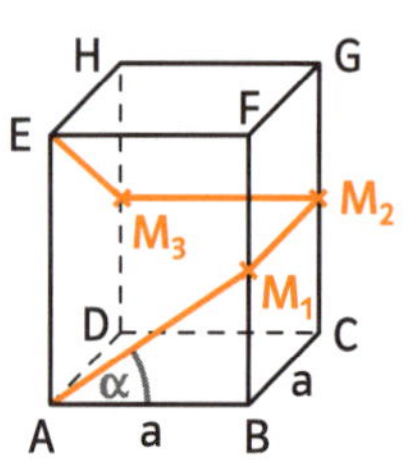

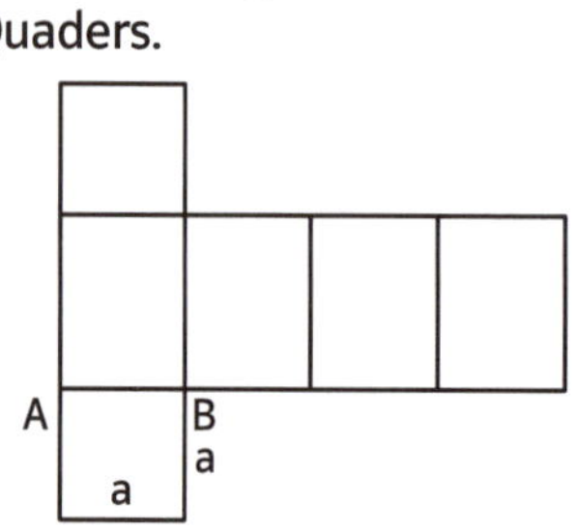

b) Berechne die Länge des Streckenzuges für $\alpha = 23{,}6°$ und $a = 5{,}0\,\text{cm}$.

$\overline{AM_1M_2M_3E}$ = ______________________ cm

c) Bestimme die Länge der kürzesten Verbindung zwischen A und E auf der Mantelfläche. Zeichne sie im Netz ein. Um wie viel Prozent ist diese kürzer als der ursprüngliche Streckenzug? ______ %

1 Bei einem Gewinnspiel würfelt man mit zwei Oktaederwürfeln (Würfel mit den Zahlen von 1 bis 8). [T1]

a) Für einen Pasch (zwei gleiche Zahlen) gewinnt man zehn Taler. Bei einer Augensumme kleiner als 13 verliert man zehn Taler an die Bank. Mit welcher Wahrscheinlichkeit gewinnt/verliert man dieses Spiel? Würdest du dieses Spiel spielen? Begründe.

b) Bei einer zweiten Variante des Spiels muss man vor dem Würfeln entscheiden, ob man gewinnt, wenn das Produkt der gewürfelten Zahlen ungerade ist oder wenn das Produkt größer als 24 ist. Welche Entscheidung sollte man treffen? Begründe.

2 In einer 30er-Zone wurden bei einer Verkehrskontrolle die Geschwindigkeiten der Autos gemessen.

Geschwindigkeit	25 km/h	27 km/h	31 km/h	34 km/h	36 km/h	37 km/h	42 km/h	53 km/h	65 km/h	73 km/h	82 km/h
Anzahl Autos	5	7	12	6	12	25	17	7	5	3	1

a) Bestimme Mittelwert (arithmetisches Mittel) und Zentralwert. Mittelwert: ________ ; Zentralwert: ________

b) Zeichne den Boxplot.

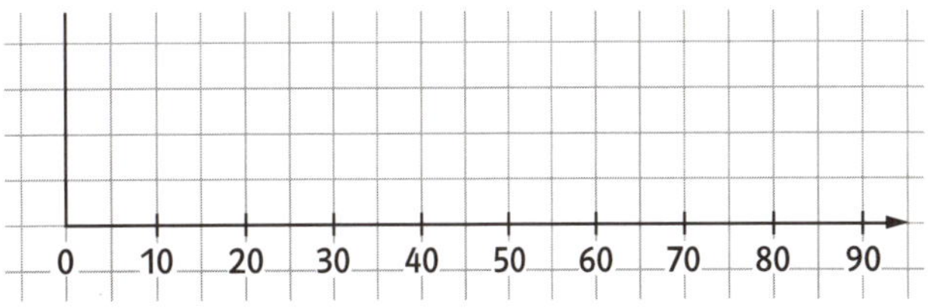

c) Aufgrund eines technischen Defekts müssen alle Werte größer als 60 km/h gestrichen werden.

neuer Mittelwert: ______ ; neuer Zentralwert: ______
Zeichne den neuen Boxplot.

d) Wie groß ist die Wahrscheinlichkeit, dass eines der Autos zwischen 32 und 42 km/h fuhr? ________

e) Wie würde die Verteilung bei 1200 gemessenen Autos aussehen? Ergänze die Tabelle.

3 Timo hat eine Bruchgleichung gelöst. Leider sind die Lösungsschritte durcheinandergeraten.

a) Nummeriere die Reihenfolge der Lösungsschritte.

- $3 - \frac{1}{x-5} = \frac{x}{x-3} \quad | \cdot (x-3)(x-5)$
- $x_{1,2} = 5 \pm \sqrt{5^2 - 24}$
- $L = \{6; 4\}$
- $2x^2 - 20x + 48 = 0 \quad | :2$
- $3(x-3)(x-5) - \frac{1(x-3)(x-5)}{x-5} = \frac{x(x-3)(x-5)}{x-3}$
- $x^2 - 10x + 24 = 0$
- $3(x^2 - 5x - 3x + 15) - (x-3) = x(x-5)$
- $x_1 = 6;\ x_2 = 4$
- $3x^2 - 24x + 45 - x + 3 = x^2 - 5x \quad | -x^2 + 5x$
- $D = \mathbb{R} \setminus \{5; 3\}$

b) Löse die Gleichung entsprechend dem Beispiel.

$\frac{1}{x-4} + \frac{4}{x+4} = \frac{x}{4(x-4)} \quad | \cdot$ ________

D = ________

4 Färbe zusammengehörende Felder in derselben Farbe. Je Gleichung ergibt sich ein Lösungswort.

Bruchgleichung	$-\frac{1}{x-2} = \frac{2x}{x+1}$	P	$1 - \frac{4}{x+4} = \frac{4x+5}{5}$	P	$\frac{2}{2x-6} = 4 - \frac{12}{x}$	R	$\frac{x}{2x-8} - \frac{2}{x-4} = \frac{3}{x+4}$	F
Definitionsmenge	$D = \mathbb{R} \setminus \{-4\}$	F	$D = \mathbb{R} \setminus \{2; -1\}$	U	$D = \mathbb{R} \setminus \{4; -4\}$	I	$D = \mathbb{R} \setminus \{0; 3\}$	E
Hauptnenner	$x(2x-6)$	I	$2(x+4)(x-4)$	S	$(x-2)(x+1)$	D	$5(x+4)$	L
Normalform	$x^2 - 6x + 8 = 0$	C	$x^2 - 6{,}25x + 9 = 0$	S	$x^2 + 4x + 5 = 0$	U	$x^2 - 1{,}5x + 0{,}5 = 0$	E
Lösung	$L = \{2; 4\}$	H	$L = \{1; 0{,}5\}$	L	$L = \{2{,}25; 4\}$	E	$L = \{\ \}$	G

[T1] Bei dieser Aufgabe hilft dir jeweils eine Tabelle.

1 Zeige, dass der Flächeninhalt des Quadrates (Seitenfläche des Prismas) $\frac{4}{3}e^2$ beträgt. [T1; T2]

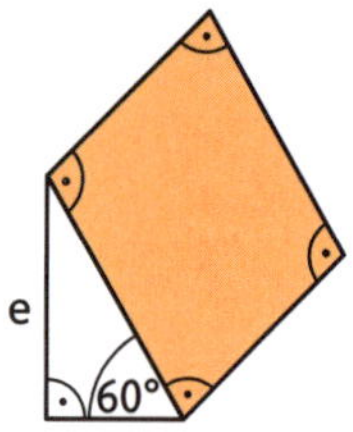

2 Dem Rechteck ABCD ist das Dreieck APD wie abgebildet einbeschrieben. Berechne den Flächeninhalt des Dreiecks APD und zeige, dass für seinen Umfang gilt: $u_{APD} = 2e(1 + \sqrt{2} + \sqrt{3})$.

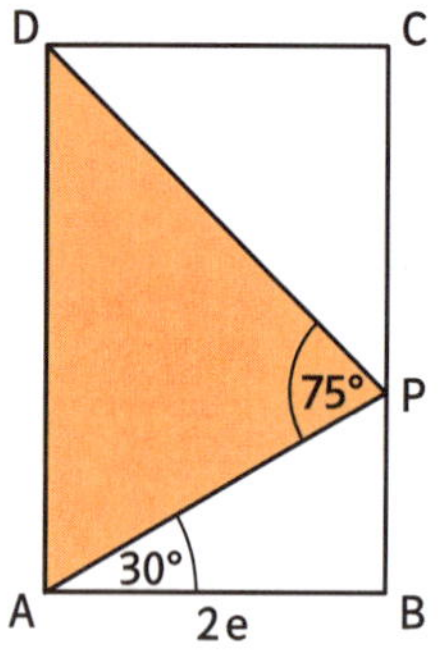

3 Die Gerade g_1 mit der Steigung $m = -2$ schneidet die y-Achse im Punkt A(0 | 6). Eine zweite Gerade schneidet g_1 rechtwinklig im Punkt S(2 | 2).

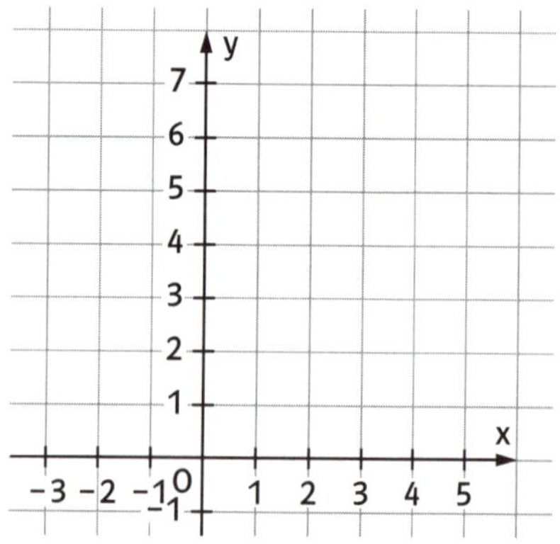

a) Zeichne die Geraden in das Koordinatensystem ein und bestimme die Gleichung der Geraden g_2 rechnerisch.

g_1: y = ________ ; g_2: y = ________

b) Bestimme alle Schnittwinkel der Geraden g_1 mit den Koordinatenachsen und trage diese in das Koordinatensystem ein. [T3]

c) Bestimme die Größe der Fläche, welche die beiden Geraden mit der y-Achse einschließen. A = ________

4 Gegeben ist eine verschobene Normalparabel p mit dem Scheitelpunkt S(4,5 | 3,5) und eine Gerade, die durch die Punkte P(0 | 3) und Q(3 | 0) geht. Eine zweite Gerade verläuft parallel zu g_1 und berührt die Parabel im Punkt B.

a) Zeichne das Schaubild der Parabel und der Geraden in das Koordinatensystem ein.

b) Bestimme die Funktionsgleichung der Geraden g_2 und den Berührpunkt B rechnerisch.

g_2: y = ________

Berührpunkt: B(______ | ______)

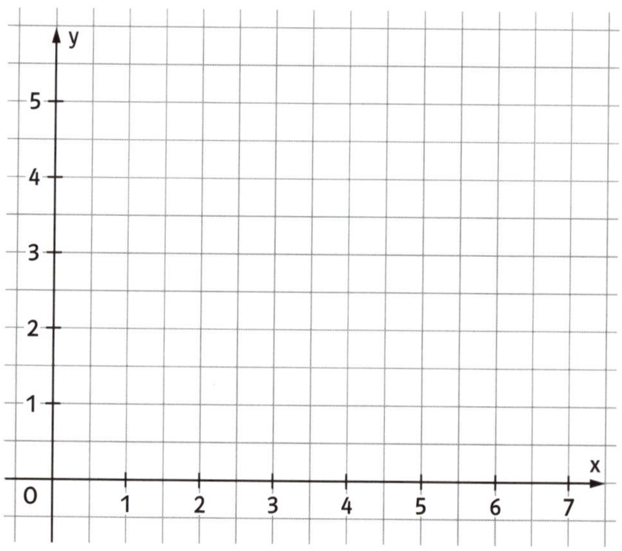

[T1] Bestimme fehlende Seiten des Dreiecks.

[T2] Verwende den Satz des Pythagoras.

[T3] Der Steigungswinkel der Geraden kann aus m = tan α bestimmt werden. Daraus folgen die Schnittwinkel.

1 Eine regelmäßige Fünfeckpyramide hat ein Volumen von $759{,}15\,cm^3$.
Die Kantenlänge a beträgt 10,5 cm.

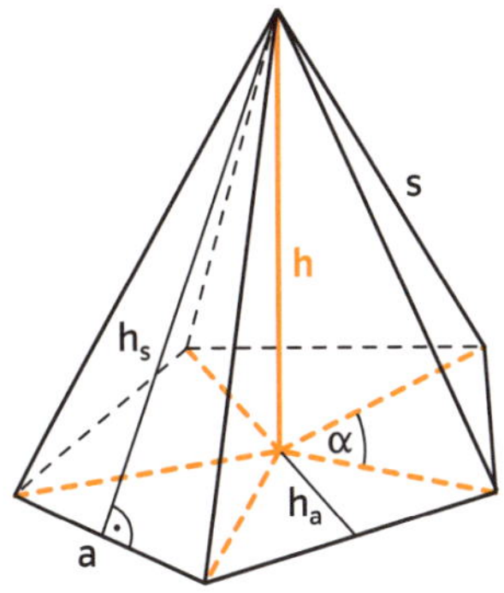

a) Berechne die Oberfläche der Pyramide. Bringe zuerst die Kärtchen mit den Rechenschritten in die richtige Reihenfolge. $O \approx$ ________ cm^2

- ☐ Berechne h_a mithilfe von $\tan\frac{\alpha}{2}$.
- ☐ Berechne h_s.
- ☐ Berechne die Grundfläche (aus Teildreiecken).
- ☐ Berechne die Größe der Oberfläche.
- ☐ Berechne die Höhe h aus der Volumenformel.
- ☐ Berechne den Mittelpunktswinkel α.

b) Um wie viel Prozent wird die Oberfläche der Pyramide größer, wenn man die Höhe verdoppelt? ________ %

2 In einem kegelförmigen Glas liegen acht Metallkugeln mit einem Durchmesser von 2 cm. Am Rand hat das Glas einen Durchmesser von 5 cm. Es wird mit Wasser randvoll gefüllt. Entfernt man die Kugeln, sinkt das Wasser um $\frac{1}{5}$ der Höhe.

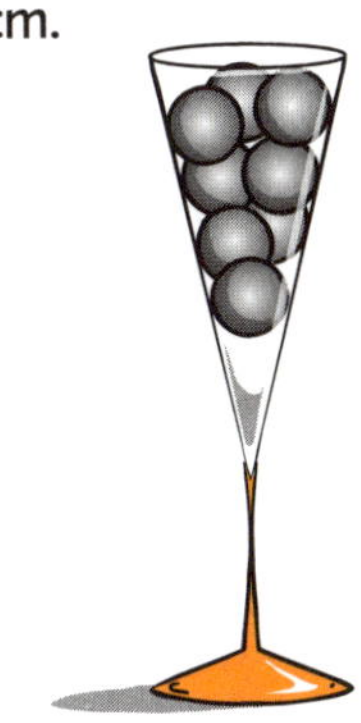

a) Berechne das Gesamtvolumen der Metallkugeln.

________ $V_{Kugeln} \approx$ ________ cm^3

b) Berechne das Fassungsvermögen des Glases in Millilitern. [T1]

____

________ $V_{Glas} \approx$ ________ ml

3 Ein Doppelkegel hat den abgebildeten Achsenschnitt.

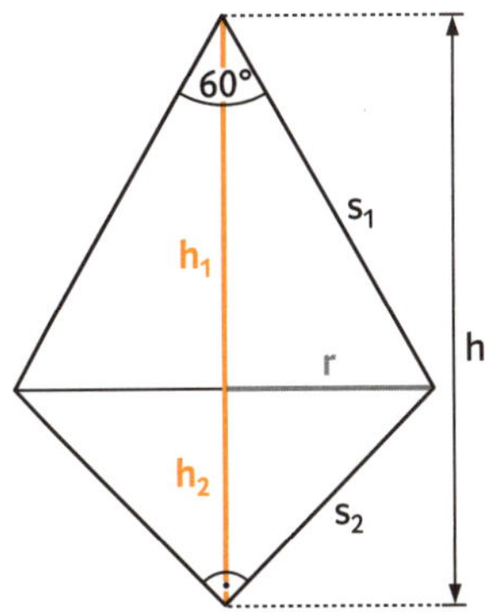

a) Berechne das Volumen und die Oberfläche für r = 5 cm. [T2]

____

____

$O \approx$ ________

$V \approx$ ________

b) Zeige, ohne Verwendung gerundeter Werte, dass gilt:
$O = \pi r^2(2 + \sqrt{2})$ und $V = \frac{1}{3}\pi r^3(1 + \sqrt{3})$.

[T1] $V_{Wasser} + V_{Kugeln} = V_{gesamt}$. Für V_{Wasser} gilt: $r_{Wasser} = \frac{4}{5} r$ und $h_{Wasser} = \frac{4}{5} h$. Zeichne den Wasserstand ohne Kugeln in die Grafik ein. Was gilt für die Wasserhöhe? Was also für r_{Wasser}?

[T2] $h_2 = r$, da die Winkel im unteren Dreieck 45°, 45° und 90° sind, d.h. das Dreieck ist gleichschenklig.

1 Trage die Ergebnisse ohne Einheiten in das Kreuzzahlrätsel ein. Notiere Anteile in Prozent.

Waagerecht:
A 19 % von 2000 €
C 30 % entsprechen 83,70 €
F 36 % entsprechen 3060 kg
G 2,36 g von 4,72 g
H 2,5 % von 20 000 km
I 480 € von 800 €
M 3888 g von 7200 g
N 40 % entsprechen 167,6 ml
P 4 % von 3700 €
Q 30 % entsprechen 168,9 kg
R 5 % von 15 200 €

Senkrecht:
A 5 % von 7500 €
B 24 % entsprechen 1920 kg
C 60 % entsprechen 1500 ha
D 14 % von 5000 €
E 52,83 kg von 58,7 kg
J 40 % entsprechen 992 dm^2
K 8 % entsprechen 19,6 t
L 9 % von 7700 €
M 65 % von 840 ha
O 7,68 ml von 48 cm^3
P 85 g von 500 g

A	B			C	D	E
			F			
G			H			
			I			J
K		L			M	
N	O			P		
Q				R		

2 Berechne den Prozentfaktor q.

a) Preisaufschlag um 30 %

q = ____________

b) 25 % Rabatt

q = ____________

c) 3 % Skonto

q = ____________

d) Preisaufschlag von 100 %

q = ____________

e) Preissenkung von 0,8 %

q = ____________

f) Addiere die Mehrwertsteuer.

q = ____________

3 Markiere die richtige Lösung und trage, wenn möglich, den Prozentfaktor q ein.

Aufgabe	q	Lösungen		
a) Ein Pullover wird im Ausverkauf um 20 % reduziert. Wie teuer ist er jetzt, wenn er vorher 79,00 € kostete?		15,80 €	63,20 €	98,75 €
b) Nach Abzug von 18 % Rabatt kostet eine Küche noch 7708,00 €. Wie teuer war sie vorher?		9400,00 €	9095,44 €	6320,56 €
c) Wegen eines Jubiläums wurde der Preis eines Handys von 399,00 € auf 311,22 € reduziert. Wie viel Prozent Preisnachlass wurde gewährt?		78 %	22 %	28,2 %
d) Familie Kranz spart 48,90 €, da sie auf das Kinderzimmer ihrer Tochter einen Selbstabholerrabatt von 5 % erhält. Was kostet es nach Abzug des Rabatts noch?		2,45 €	978,00 €	929,10 €
e) Eine Autoreparatur kostet netto 745,38 €. Wie hoch wird die Rechnung inklusive Mehrwertsteuer?		887,00 €	141,62 €	920,22 €
f) Der Preis für eine Fahrkarte wurde von 12,50 € auf 13,20 € erhöht. Wie viel Prozent beträgt die Preissteigerung?		9,44 %	5,6 %	5,3 %
g) Eine Tankfüllung kostet inklusive Mehrwertsteuer 47,74 €. Wie hoch ist die darin enthaltene Mehrwertsteuer?		40,12 €	9,07 €	7,62 €
h) Der Inhaber eines Geschäftes berechnet den Verkaufspreis, indem er 180 % auf den Einkaufspreis aufschlägt. Berechne den Einkaufspreis einer Hose, die zu 95,00 € verkauft wird.		76,00 €	33,93 €	52,78 €

4 Der Benzinpreis für Superbenzin wurde zunächst um 7 %, danach um 15 % auf nun 1,477 € je Liter erhöht. Wie teuer war der Liter Benzin anfangs?

q_1 = 1,__________ ; q_2 = ____________

Das Benzin kostete vorher ____________ € je Liter.

5 Ein Fahrrad kostet 966,00 €. Vor dem 15. Februar kann man einen Winterrabatt von 5 % erhalten. Bei Barzahlung gewährt der Händler 3 % Skonto. Berechne den günstigsten Preis für das Fahrrad.

Der günstigste Preis beträgt ______________ €.

1 Berechne die fehlenden Werte.

	Kapital	Jahreszinsen	Zinssatz
a)	4000,00 €	190,00 €	
b)		952,50 €	6,35 %
c)	8500,00 €		4,59 %
d)	6450,00 €	166,41 €	

2 Berechne die fehlenden Werte.

	Kapital	Zinsen	Zinssatz	Zeit
a)	850,00 €	€	3,5 %	4 Monate
b)	2000,00 €	51,00 €	%	$\frac{1}{4}$ Jahr
c)	5800,00 €	166,75 €	4,5 %	
d)	€	81,25 €	6,5 %	18 Tage

3 Christian legt 5000,00 € für vier Jahre an. Er muss sich zwischen zwei Sparformen entscheiden. Um eine bessere Übersicht zu erhalten, stellt er die Wertentwicklung in Tabellen dar. Fülle sie aus.

a) Zinssatz: 3,6 %; die Zinsen werden mitverzinst.

Jahr	Kapital Anfang des Jahres	Zinsen	Kapital Ende des Jahres
1	5000,00 €	180,00 €	5180,00 €
2			

Insgesamt wurden __________ € Zinsen erzielt,

das sind ________ % des Kapitals.

b) Zinssatz: 3,75 %; Zinsen werden jährlich seinem Girokonto (hier % Verzinsung) gutgeschrieben.

Jahr	Kapital Anfang des Jahres	Zinsen	Kapital Ende des Jahres
1	5000,00 €	187,50 €	5000,00 €
2			

Insgesamt wurden __________ € Zinsen erzielt,

das sind ________ % des Kapitals.

4 a) Toms Oma will für den Führerschein ihres Enkels sparen. Zu seiner Geburt legt sie einen vollen Hunderterbetrag an. Bei einem Zinssatz von 3,25 % soll Tom in 18 Jahren mindestens 2500,00 € erhalten.

Seine Oma legt __________ € an.

b) Christas Kapital ist in sechs Jahren von 2500,00 € auf 3020,08 € angewachsen.

Sie hat einen Zinssatz von ________ % erhalten.

c) Peter möchte sein Kapital von 4500,00 € verdoppeln. Bei einem Zinssatz von 2,5 % gelingt ihm das in ________ Jahren, bei 5 % muss er ________ Jahre warten.

d) Fatima legt 500,00 € zu einem Zinssatz von 2,75 % an. Nach drei Jahren und sieben Monaten kann sie __________ € abheben.

e) Bei 2,8 % Zinsen erhält man nach vier Jahren ein Endkapital von 1438,43 €.

Es wurde ein Kapital von __________ € angelegt.

f) Tabea erhält nach acht Jahren 7651,44 € für ihre Spareinlage von 3840,00 €. Sie erhielt einen Zinssatz von ________ %.

24 | R
1288 | Y
29 | N
15 | O
551,05 | T
1400 | S
1500 | G
9 | P
8 | M
3,2 | E

Lösungswort: ____________________

Sparformen: Zuwachssparen und Ratensparen

1 Wachstumszertifikate sind eine sehr beliebte Anlageart. Einerseits bieten sie steigende Zinssätze, andererseits ist das Geld nach einer Sperrfrist von etwa einem Jahr und einer 3-monatigen Kündigungsfrist jederzeit verfügbar. Bei welchem Angebot würdest du 5000,00 € anlegen?

ANGEBOT A	
1. Jahr:	1,5%
2. Jahr:	2,25%
3. Jahr:	2,5%
4. Jahr:	2,75%
5. Jahr:	3,5%

ANGEBOT B	
1. Jahr:	1,25%
2. Jahr:	2,0%
3. Jahr:	2,75%
4. Jahr:	3,5%
5. Jahr:	5,0%

a) Ich würde mich für Angebot ______ entscheiden,

da ich dort ____________ € Zinsen mehr erhalte.

b) Durch ein unvorhergesehenes Ereignis musst du das Geld schon nach drei Jahren abheben. Welches Angebot wäre dann das günstigere?

Angebot ______ würde nach dem dritten Jahr

____________ € mehr einbringen.

c) Welches Angebot ist nach dem vierten Jahr das günstigere? Bei Angebot ______ erhält man

____________ € mehr.

2 Jochen legte vor vier Jahren 2500,00 € an. Ihm wurden im 1. Jahr 2 %, im 2. Jahr 2,5 % und im 3. Jahr 3 % Zinsen gewährt. Sein Kapital ist nach Ablauf der vier Jahre auf 2793,12 € angewachsen. Die Zinsen wurden mit verzinst. Wie hoch war der Zinssatz im 4. Jahr?

Formel: $q_4 =$ ____________________________

Der Zinssatz im 4. Jahr betrug ________ %.

3 Statt jedes Jahr in den Urlaub zu fahren, legt Cara vier Jahre lang jährlich eine Rate von 800,00 € an. Die Bank gewährt ihr einen Zinssatz von 3,6 %. Danach möchte sie sich eine Kreuzfahrt in die Karibik leisten. Wie teuer darf diese werden?
Die allgemeine Formel für die Berechnung lautet

K_n = R · (_____ + _____ + _____ + … + _____).
Hier gilt die Formel

K_4 = _____ · (_____ + _____ + _____ + q).

K_4 = 800 · (_____ + _____ + _____ + _____) €

K_4 ≈ ____________________________

Antwort: ____________________________

4 Marie will in drei Jahren ein Blumengeschäft eröffnen. Sie benötigt dazu ein Eigenkapital von 10 000 €. Wie hoch muss sie die jährliche Sparrate wählen, wenn ihr die Bank einen Zinssatz von 4,2 % gewährt?
Die allgemeine Formel, nach der Rate umgestellt,

lautet ____________________________ .

Setzt man die Werte in die Formel ein, erhält man

____

____________________________ .

Antwort: ____________________________

5 Fülle die Tabelle für jährliche Ratenzahlung aus.

	Rate	Zinssatz	Jahre	K_n
a)	360,00 €	5 %	6	
b)		4,5 %	5	2058,08 €
c)		6,25 %	4	5831,62 €

Kreditformen: Darlehen und Kleinkredit

1 Für seinen Neubau nimmt Herr Schuster ein Darlehen in Höhe von 80 000 € zu einem auf fünf Jahre festgelegten Zinssatz von 5,2 % auf. Die jährliche Rate beträgt 9600,00 €. Fülle den Tilgungsplan aus.

Jahr	Restschuld am Jahresanfang	Zinsen (5,2 % der Restschuld)	Tilgung (Rate – Zinsen)	Restschuld am Jahresende
1	80 000,00 €	€	€	€
2				
3				
4				
5				

In den ersten fünf Jahren zahlt Herr Schuster insgesamt ____________ €. Es sind ____________ € Zinsen und ____________ € Tilgung. Die Restschuld beträgt danach noch ____________ €.

2 Lukas hat gerade seine Lehre begonnen und möchte sich nun einen Roller kaufen. Da er den Betrag von 1500,00 € nicht auf einmal zahlen kann, bietet ihm der Händler einen Kredit an. Berechne die monatlichen Raten.

GÜNSTIGER KREDIT

nur 0,5 % Zinsen
monatlich

2 % Bearbeitungsgebühr

Laufzeit: 36 Monate!

Zinsen und Bearbeitungsgebühr beziehen sich auf den vollen Kreditbetrag.

Kreditbetrag: 1500 €

Zinsen für ____ Monate: 36 · ____________ · 0,005 = ____________ €

Bearbeitungsgebühr: 1500 € · ________ = ____________ €

Rückzahlungsbetrag (Kreditbetrag + Kreditkosten): ____________ €

Lukas zahlt insgesamt ____________ €. Die Kreditkosten betragen ____________ €, das sind ______ % des Verkaufspreises. Er muss eine monatliche Rate von ____________ € bezahlen.

3 Für ein 22 000 € teures Auto liegen Monika zwei Angebote vor.

Der Kleinkredit der Hausbank sieht eine Rückzahlung in 48 Monaten zu einem Zinssatz von 0,45 % pro Monat, eine Bearbeitungsgebühr von 1 % des vollen Kreditbetrags und eine Versicherungsprämie von 2,50 € pro Monat vor.

Der Autohändler bietet alternativ eine Bezahlung in 48 Monatsraten zu je 546,75 € an.

a) Das Angebot der ☐ Hausbank / ☐ des Händlers ist günstiger. Monika kann ____________ € sparen.

b) Für die Berechnung der monatlichen Raten beim Kleinkredit werden die Raten 2 bis 48 auf volle 10 € abgerundet. Den Restbetrag enthält die 1. Rate.

Raten 2 bis 48: ____________ €; 1. Rate: ____________ €

c) Angenommen, der Autohändler berechnet eine Bearbeitungsgebühr und Versicherungsprämie in der gleichen absoluten Höhe wie beim Kleinkredit, dann beträgt der monatliche Zinssatz etwa ______ %.

1 Eine Umfrage unter 120 Erwachsenen bezüglich ihrer Lieblingssendungen im Fernsehen ergab Folgendes:

a) Berechne die Prozentsätze und trage sie in die Grafik ein. Färbe die Balken unterschiedlich.

b) Ergänze den fehlenden Balken im Diagramm.

c) Fülle den Prozentstreifen passend aus und färbe die Anteile im Prozentstreifen in der entsprechenden Farbe.

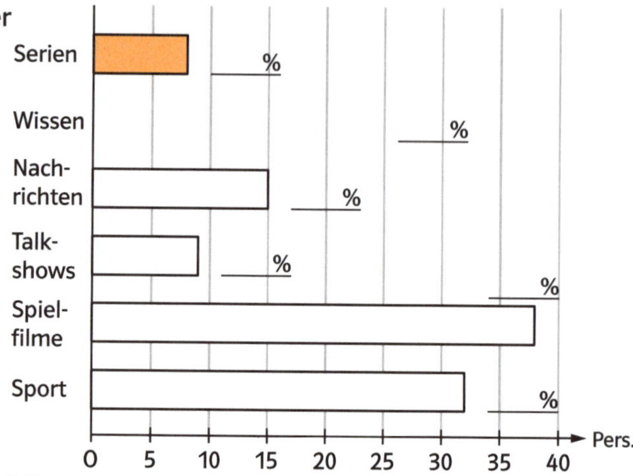

d) Kreuze richtige Aussagen an.

☐ Wissenssendungen werden am wenigsten gern gesehen.

☐ Nachrichten sind bei Erwachsenen beliebter als Serien.

☐ Erwachsene, die gern Wissenssendungen sehen, mögen auch gerne Nachrichten.

☐ Die meisten Erwachsenen mögen Spielfilme.

2 Die Klasse 10 a hat eine Umfrage zu Lieblingsfarben von Schülern der 5. Klassen durchgeführt.

a) Miss die Winkel im Kreisdiagramm, trage sie in die Tabelle ein und berechne die Prozentanteile.

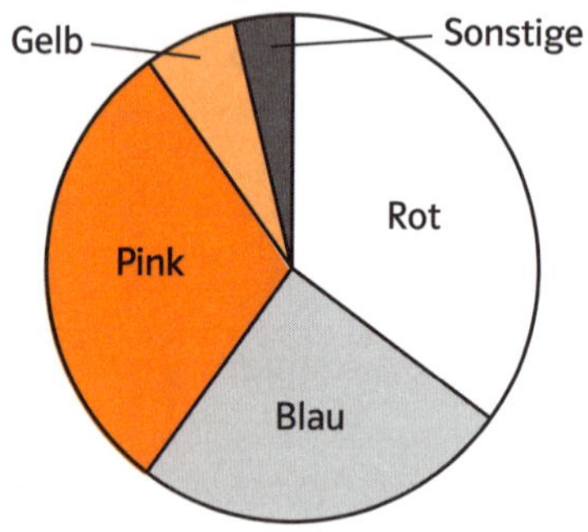

Farbe	Winkel in °	in %
Pink		
Gelb		
Blau		
Rot		
Sonstige		

b) Erstelle ein Balkendiagramm. Achte auf eine sinnvolle Einteilung der x-Achse.

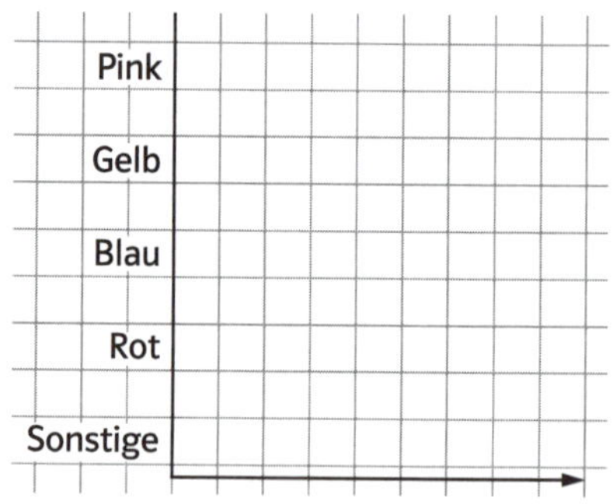

3 „Mit welchem Medium hörst du am häufigsten Musik?“ Zu diesem Thema wurde an einer Realschule in den Klassen 5–10 eine Umfrage gemacht. Hier sind die Ergebnisse.

	Computer	DVD-Player	MP3-Player	Handy	Discman/Walkman
in %	18 %		62 %	6 %	10 %
Personenzahl		26			

a) Fülle die offenen Felder der Tabelle aus. Anzahl der befragten Schülerinnen und Schüler: ______

b) Zeichne ein Kreis- und ein Säulendiagramm zu den Daten.

c) Welche der beiden Diagrammarten eignet sich hier am besten? Begründe. ______

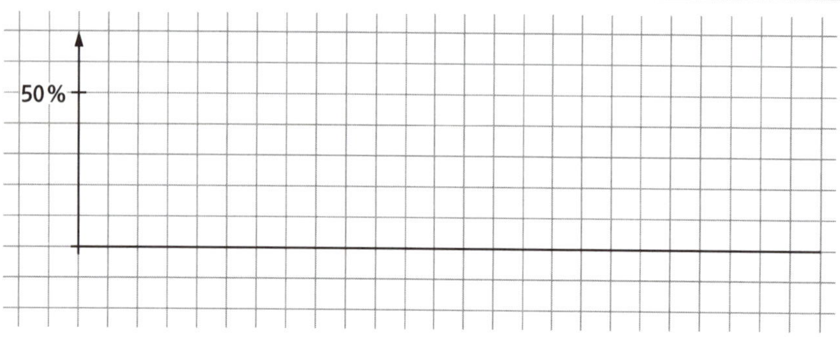

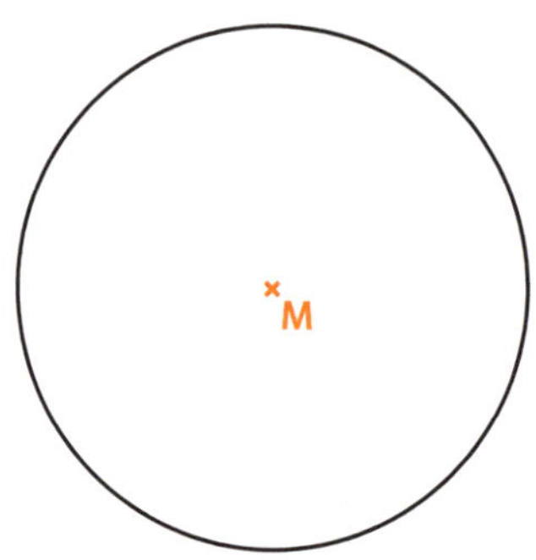

Daten auswerten

1 Im Altersheim wurden die Bewohner nach der Anzahl ihrer Enkel gefragt.

2	8	6	3	5	12	4	1	0	5	3	2	4	9
6	1	0	2	18	3	2	8	7	5	6	3	0	1

a) Erstelle die Rangliste.

b) Durch Ablesen des Minimums (____) und des Maximums (____) kann man die Spannweite (____) berechnen. Da die Anzahl der Daten gerade ist (____), muss man für den Zentralwert den Mittelwert der Zahlen ____ und ____ bestimmen. Er lautet ______ . Oberhalb des Zentralwertes liegen ____ Daten, unterhalb sind es ________ . Der auf eine Dezimale gerundete Mittelwert der Liste ist ______ .

2 Familie Krause möchte Urlaub auf Mallorca machen. Um sich über das Klima dort zu informieren, studiert Herr Krause das Klimadiagramm, in dem die Mittelwerte der letzten Jahre aufgeführt sind.

a) Fülle unten stehende Tabelle aus.

b) Das Minimum der Niederschlagsmenge liegt im Monat __________ , das Maximum im __________ .

c) Der kälteste Monat in den letzten Jahren war der __________ , der wärmste der __________ .

d) Die durchschnittliche Niederschlagsmenge der letzten Jahre beträgt ________ Liter je m^2.

e) Der Mittelwert der Lufttemperatur liegt bei ________ °C.

f) Ordne die Niederschlagsmengen und bestimme den Zentralwert (________). ____________________

____

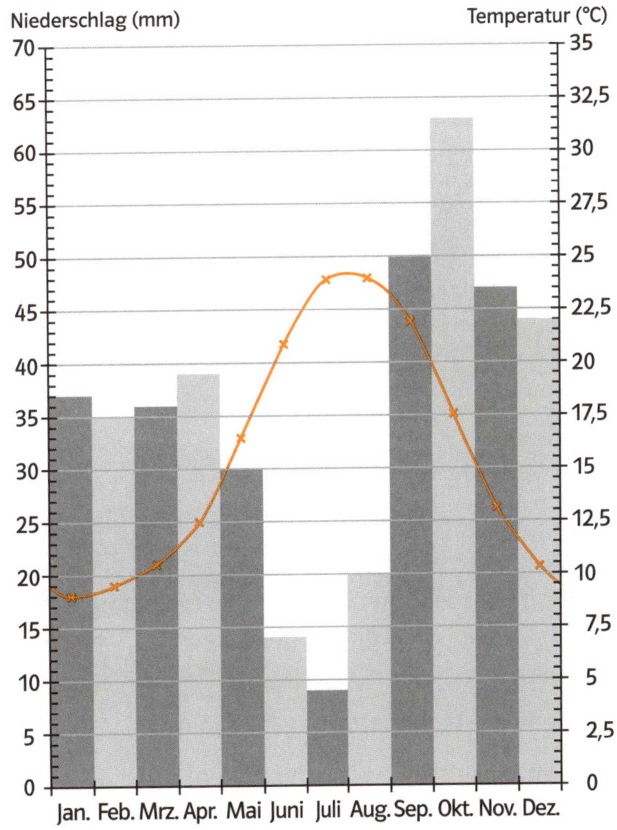

g) Ordne die Temperaturwerte und bestimme den Zentralwert (________). ____________________

	Jan.	Febr.	März	April	Mai	Juni	Juli	Aug.	Sept.	Okt.	Nov.	Dez.
Niederschlag (mm)		35		39								
Temperatur (°C)	9		10,5		16,5							

3 Fülle die Tabelle aus.

Urliste	Rangliste	Minimum	Maximum	Spannweite	Zentralwert	Mittelwert
12; 3; 8; 10; 15; 8; 18						
2,5; 3,8; 5,7; 1,9; ____						3,9
____; 97; ____; ____; ____	____; ____; ____; ____; 112			74	76	74

1 Im Rahmen der Berufsvorbereitung schaut sich die Klasse 10c die Anzahl der Fehltage an, da sie für Bewerbungen ausschlaggebend sein können. Zunächst hat sie die Rangliste für die Anzahl der Fehltage erstellt.

Mädchen	0	1	1	1	2	2	3	3	4	5	8	9	12	13	17
Jungen	2	2	3	3	4	5	5	6	7	9	12	16			

a) Ermittle die Kennwerte aus den Ranglisten (für Mädchen und Jungen getrennt, danach für die Klasse).

	Zentralwert	oberes Quartil	Maximum	Minimum	unteres Quartil	Quartilabstand	Spannweite
Mädchen							
Jungen							
Klasse							

b) Zeichne die Boxplots links für Mädchen, in der Mitte für die Jungen und für die gesamte Klasse rechts ein.

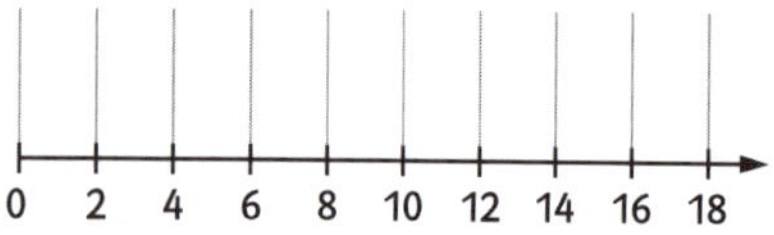

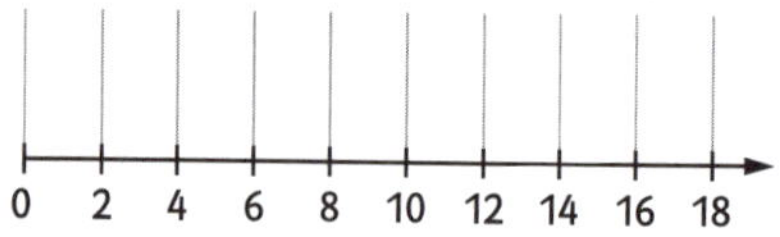

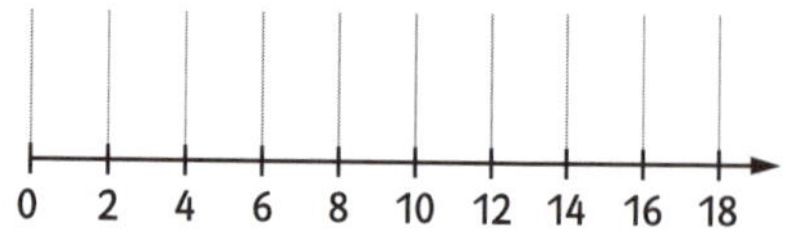

c) Kreuze zutreffende Aussagen an.

☐ 25 % aller Schülerinnen und Schüler haben mindestens neun Fehltage.

☐ Die durchschnittliche Anzahl der Fehltage liegt bei den Mädchen höher als bei den Jungen.

☐ 50 % aller Mädchen haben höchstens drei Fehltage.

☐ Ein Viertel aller Befragten hat mehr als neun Fehltage.

2 Im letzten Monat haben Tim, Pia, Ulla und Jan häufig länger als zehn Minuten telefoniert. Vergleiche.

Tim: 17 min 42 s, 18 min 17 s, 21 min 51 s, 42 min 59 s, 21 min 35 s, 27 min 28 s, 39 min 15 s, 22 min 35 s, 10 min 55 s, 15 min 42 s

Pia: 43 min 8 s, 17 min 44 s, 24 min 33 s, 19 min 14 s, 28 min 34 s, 12 min 21 s, 11 min 5 s, 36 min 42 s, 22 min

Ulla: 11 min 30 s, 26 min 52 s, 19 min 43 s, 16 min 45 s, 22 min 28 s, 11 min 28 s, 43 min 6 s, 22 min 51 s, 36 min 15 s, 18 min 48 s, 27 min 27 s

Jan: 19 min 24 s, 42 min 49 s, 18 min 55 s, 14 min 47 s, 29 min 15 s, 10 min 32 s, 28 min 53 s, 25 min 12 s

a) Runde die Telefonate auf ganze Minuten und trage die Werte geordnet in die Tabelle ein.

b) Ermittle die Kennwerte und notiere sie.

	Rangliste (gerundet auf Minuten)	unteres Quartil	Zentralwert	oberes Quartil
Tim	11;			
Pia				
Ulla				
Jan				

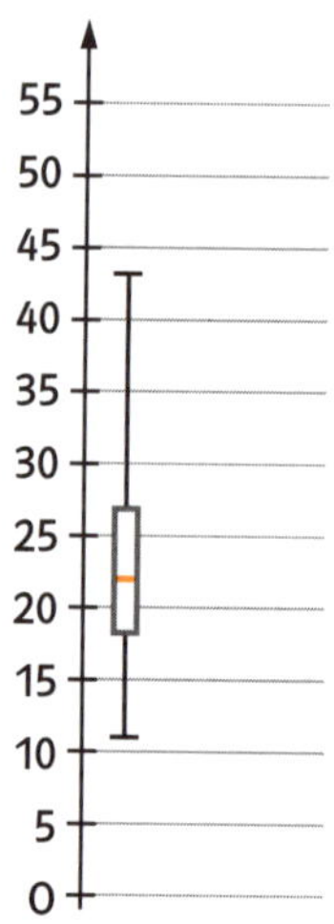

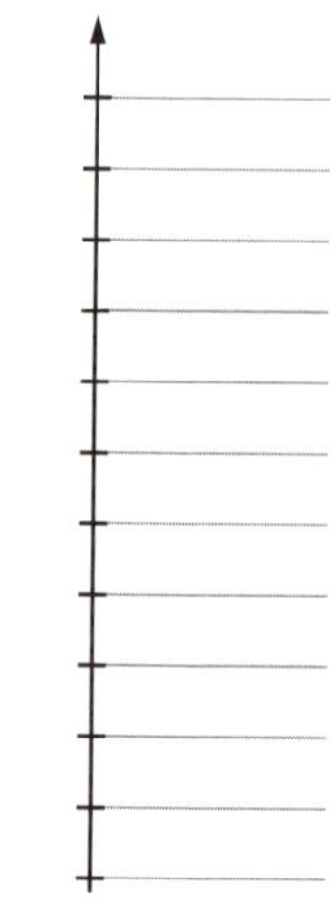

c) Drei Boxplots sind schon gezeichnet. Ordne sie den Personen zu und zeichne den fehlenden Boxplot.

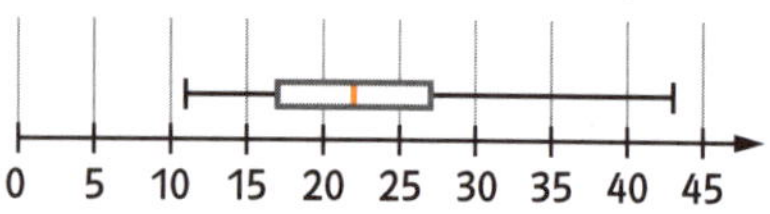

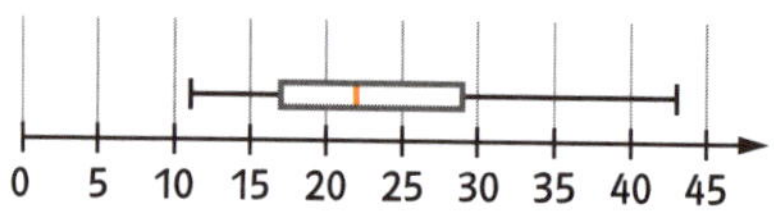

Prozentuale Veränderungen

Zur Berechnung von prozentualen Veränderungen verwendet man den Prozentfaktor q.

Vermehrung: $q = 1 + \frac{p}{100}$ Verminderung: $q = 1 - \frac{p}{100}$

■ Eine DVD wird um 20 % ermäßigt. Sie kostet nun 9,60 €.

$q = 1 - \frac{}{100}$ = ____ ; G = $\frac{}{}$ € = ______ €

Zinseszins

Wird ein Kapital über mehrere Jahre mit demselben Zinssatz verzinst, werden die Zinsen mitverzinst. Das Endkapital K_n nach n ganzen Jahren wird mithilfe der Zinseszinsformel berechnet.

$K_n = K_0 \cdot q^n$, wobei $q = 1 + \frac{p}{100}$ (K_0 = Anfangskapital)

■ 3000 € werden 5 Jahre lang fest angelegt. Berechne das Endkapital für einen Zinssatz von 3,8 %.

K_5 = ______________________

≈ ______________________ €

Sparformen

Steigen im Laufe der Jahre die Zinssätze, spricht man vom Zuwachssparen. Das Endkapital K_n berechnet man wie folgt:

$K_n = K_0 \cdot q_1 \cdot q_2 \cdot q_3 \cdot \ldots \cdot q_n$.

Wird eine jährlich eingezahlte Rate R mit gleichbleibendem Zinssatz verzinst, nennt man dies Ratensparen.
Die Sparsumme K_n berechnet man mit der Formel

$K_n = R \cdot (q^n + q^{n-1} + q^{n-2} + \ldots + q)$.

■ Nach 3 Jahren werden 2034,40 € bei folgenden Zinssätzen fällig:
1. Jahr 3,5 %, 2. Jahr 4 %, 3. Jahr 5 %.

K_0 = ______________________

■ Berechne das Kapital nach 5 Jahren bei 3,75 % Zinsen und einer jährlichen Rate von 1200 €.

K_5 = ______________________

≈ ______________________ €

Kreditformen

Als Darlehen bezeichnet man das Leihen von größeren Geldbeträgen. Man zahlt Rückzahlungsraten in gleichbleibender Höhe. Diese setzen sich aus Zinsen und Tilgung zusammen. Es gilt:

neue Restschuld = verzinste alte Restschuld – Rückzahlungsrate

Bei Krediten zwischen 3000,00 € und 50 000,00 € spricht man von Kleinkrediten. Diese werden in monatlich gleichbleibenden Raten zurückgezahlt. Häufig wird noch eine Bearbeitungsgebühr fällig.

■ Darlehen über 120 000 €; Zinssatz von 5 %; jährliche Rate von 9000 €. Berechne die Zinsen für 3 Jahre.

____

____

■ Kredit über 18 000 €; Laufzeit 30 Monate; Zinssatz 0,9 % monatlich; Bearbeitungsgebühr 1,5 %

____

Rückzahlungsbetrag: ______________ €

Daten auswerten und beurteilen

Bei der Auswertung von Daten betrachtet man spezielle Kennwerte.
Die Lage der Daten wertet man mit Minimum (Min.), Maximum (Max.), Zentralwert (z) und Mittelwert aus.
Aussagen zur Verteilung der Daten erhält man durch Spannweite und Quartilabstand (Differenz von oberem und unterem Quartil; $q_o - q_u$).
Die Darstellung erfolgt in Boxplots.

■ Ordne die Fachbegriffe den richtigen Stellen zu.

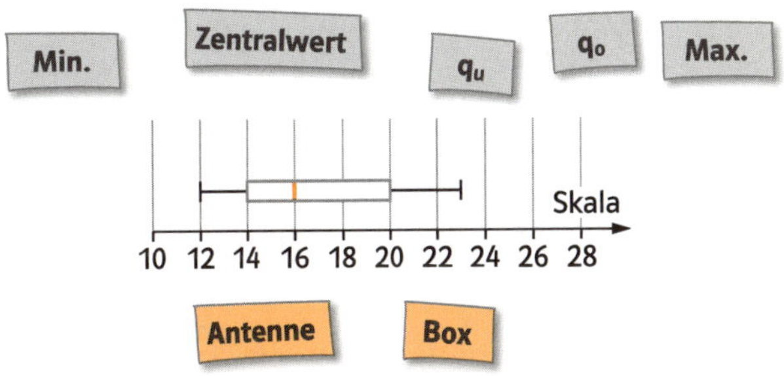

Diagramme

Diagramme gibt es als Streifen-, Linien-, Säulen-, Balken- und Kreisdiagramm.

1 Beim abgebildeten Glücksrad sind alle Felder gleich wahrscheinlich.

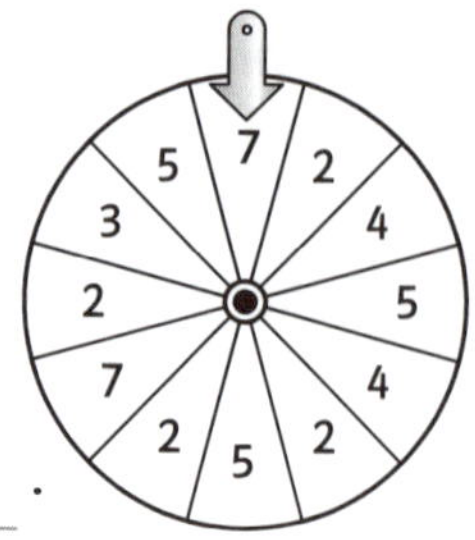

a) Bestimme die Wahrscheinlichkeiten, wenn man das Glücksrad einmal dreht:
P(2) = ______ P(3) = ______ P(4) = ______ P(5) = ______ P(7) = ______

b) Nun wird das Glücksrad zweimal gedreht. Die Wahrscheinlichkeit, als Summe die Zahl 12 zu erhalten beträgt P(12) = ______________.

2 In einer Box befinden sich nebenstehende Kärtchen. Bestimme die Wahrscheinlichkeit,

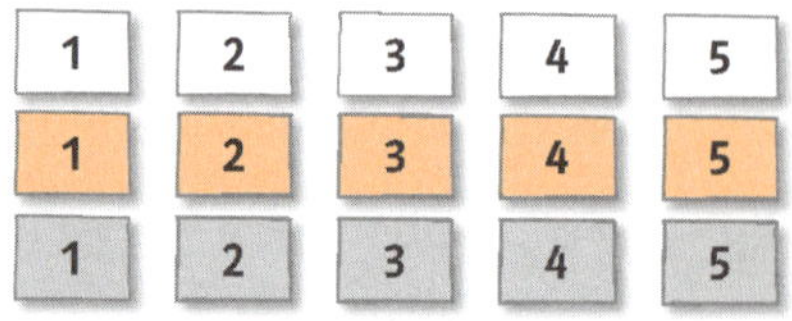

a) ein graues Kärtchen zu ziehen. Markiere die zum Ereignis gehörenden Kärtchen mit einem Kreuz. P(graues Kärtchen) = ______________

b) ein Kärtchen mit einer ungeraden Zahl zu ziehen.
Markiere die zum Ereignis gehörenden Kärtchen mit einem Kreis. P(ungerade Zahl) = ______________

c) ein graues Kärtchen oder ein Kärtchen mit einer ungeraden Zahl zu ziehen.
P(graues Kärtchen oder ungerade Zahl) = ______ + ______ − ______. Man muss von der Summe der beiden Einzelwahrscheinlichkeiten noch ______ abziehen, da man ______ Kärtchen doppelt gezählt hat.

3 Ordne jeder Aufgabe (A) den passenden Lösungshinweis (L) zu. Ein Hinweis wird mehrfach verwendet.

A1 Schnittpunkt(e) zweier Parabeln berechnen

A2 Schnittpunkt zwischen Parabel und Gerade berechnen

A3 Schnittpunkt zweier Geraden berechnen

A4 Zwei Geraden sind parallel zueinander.

A5 Nullstellen einer Funktion bestimmen

L1 Funktionsgleichungen gleichsetzen

L2 Koordinaten des Punktes in Funktionsgleichung einsetzen

L3 Punkte in Funktion einsetzen; LGS lösen

L4 Funktionsterm gleich null setzen

L5 Satz des Pythagoras im Koordinatensystem anwenden

L6 $x = 0$ in die Funktionsgleichung einsetzen

L7 $m_1 = m_2$ (gleiche Steigung)

L8 quadratische Ergänzung

A6 Schnittpunkt einer Funktion mit der y-Achse bestimmen

A7 Abstand zweier Punkte berechnen

A8 Normalform einer Parabel in die Scheitelform umwandeln

A9 Funktion aus einem Punkt und unvollständiger Funktionsgleichung bestimmen

A10 Funktionsgleichung aus zwei Punkten bestimmen

4 Jeweils vier Kärtchen gehören zusammen. Bezeichne zueinander gehörende Kärtchen mit dem gleichen Buchstaben. Zwei Kärtchen bleiben übrig.

a)
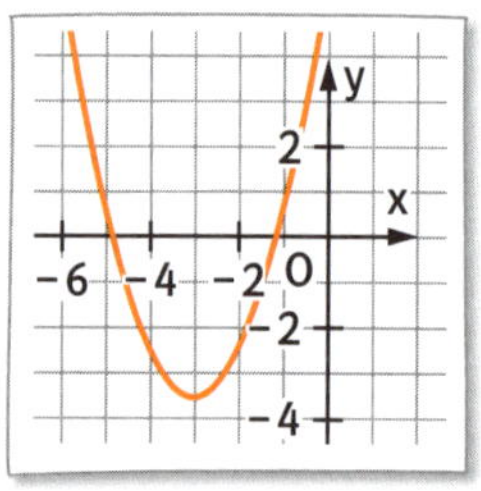

b)
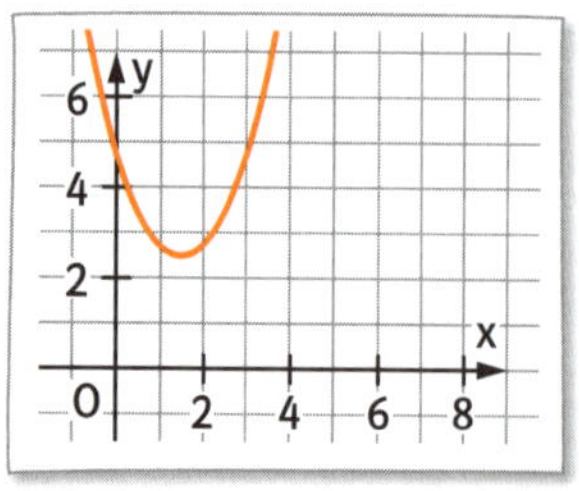

c)
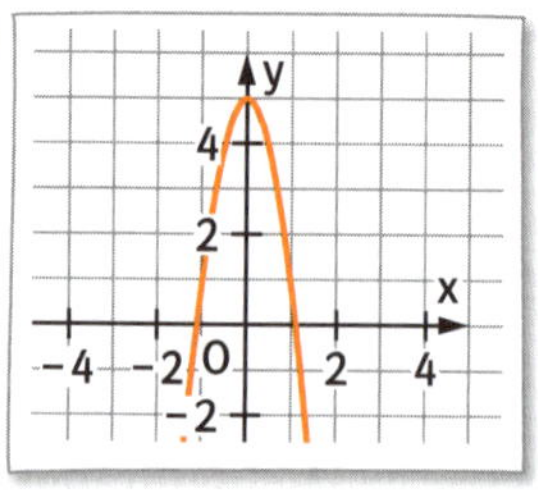

d)
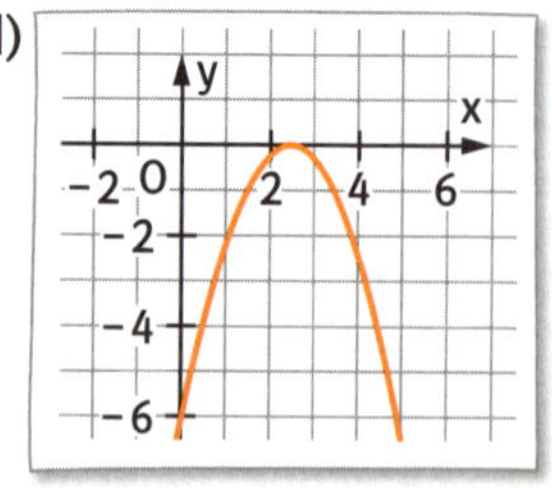

Wertetabelle A zu

x	−2	−1	0	1	2
y	−20,25	−12,25	−6,25	−2,25	−0,25

Wertetabelle B zu

x	−2	−1	0	1	2
y	−11	1	5	1	−11

Wertetabelle C zu

x	−3	−2	−1	0	1	2	3
y	−3,5	−2,5	0,5	5,5	12,5	21,5	32,5

Wertetabelle D zu

x	−2	−1	0	1	2
y	14,75	8,75	4,75	2,75	2,75

$y = -4x^2 + 5$

$y = -(x - 2{,}5)^2$

$y = x^2 + 3x + 4{,}75$

$y = (x + 3)^2 - 3{,}5$

nach oben geöffnet und nur ein Achsenschnittpunkt

um 3 LE nach links und 3,5 LE nach unten verschobene Normalparabel

nach unten geöffnet und N(2,5 | 0) als einzige Nullstelle

nach unten geöffnet und schmaler als eine Normalparabel

$y = -\frac{1}{4}x^2 + 5$

$y = x^2 - 3x + 4{,}75$

1 a) Ein Prisma hat ein gleichseitiges Dreieck als Grundfläche. Übertrage den Streckenzug und den Winkel ε auf das Schrägbild des Prismas.

b) Die Prismenhöhe beträgt 22,5 cm und der Streckenzug ist 60,0 cm lang. Berechne den Winkel ε und den Flächeninhalt der Grundfläche des Prismas.

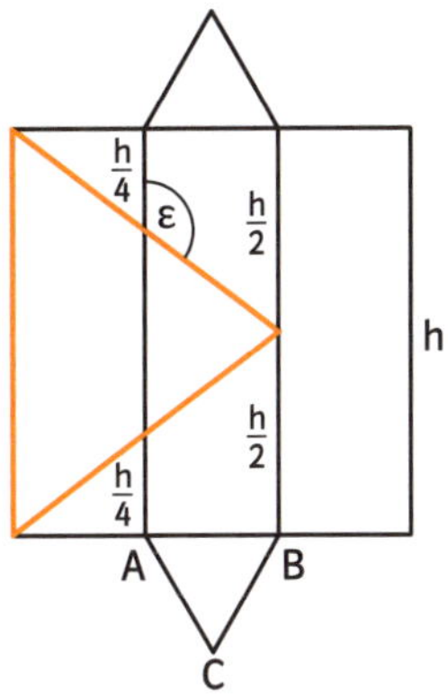

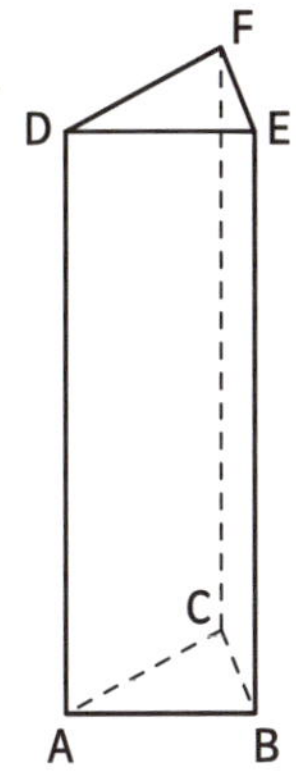

c) Das Volumen des Prismas beträgt ________ cm^3.

2 Der Flächeninhalt des orangen Dreiecks beträgt 10 cm^2. Berechne das Volumen des Würfels. V ≈ _____ cm^3

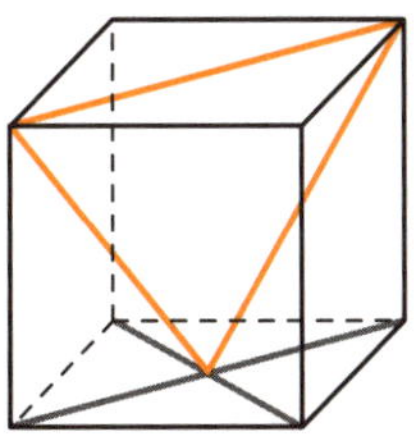

3 Von einem Dreieck sind folgende Größen gegeben: $\gamma = 59{,}7°$; $a = 6{,}5$ cm und $b = 8{,}3$ cm.
Zur Berechnung sind drei Zerlegungsvorschläge abgebildet. Kann man so Flächeninhalt und Umfang berechnen? Wenn nein, begründe, wenn ja, berechne.

a)
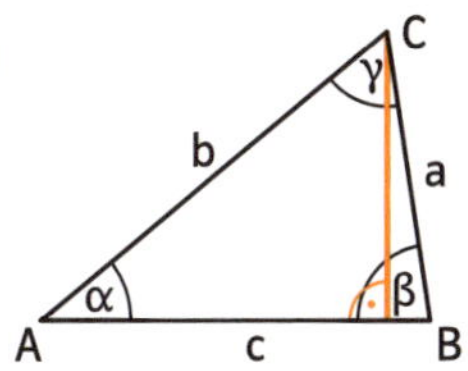

b)
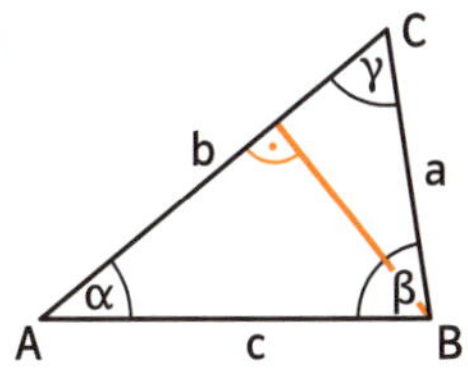

c)
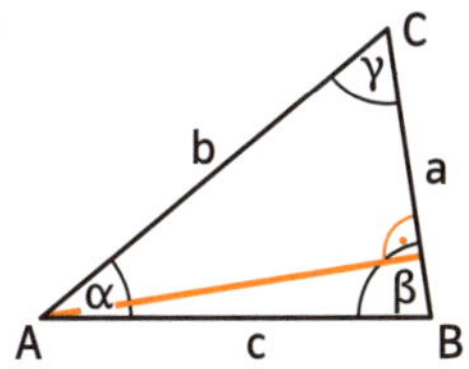

Wenn nur ____________ eines Dreiecks gegeben ist, sollte dieser nicht ____________ werden, da sonst für die Berechnung nötige Informationen ____________ gehen.

4 Berechne die Seiten des symmetrischen Trapezes. [T1]

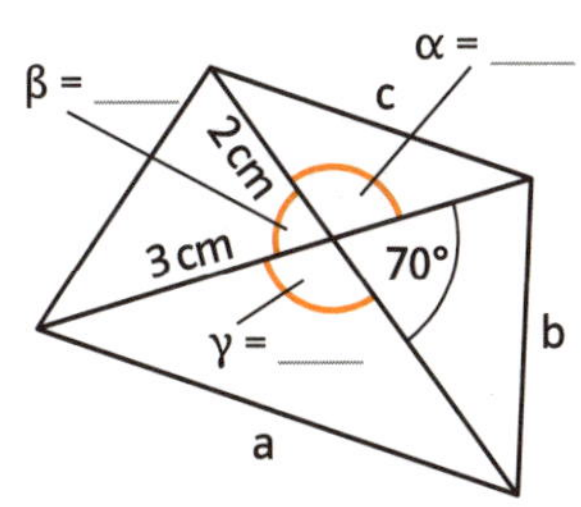

[T1] Berechne zunächst die Winkel α, β und γ. Zerlege dann geschickt.

1 Vom abgebildeten Dreieck sind $a = 3{,}3\,cm$, $b = 5{,}9\,cm$ und $\gamma = 115°$ gegeben. Umfang und Flächeninhalt sollen berechnet werden. Nummeriere die Arbeitsschritte in der richtigen Reihenfolge, berechne die Größen und ergänze die Zeichnung schrittweise. Trage die berechneten Ergebnisse auf den Kärtchen ein.

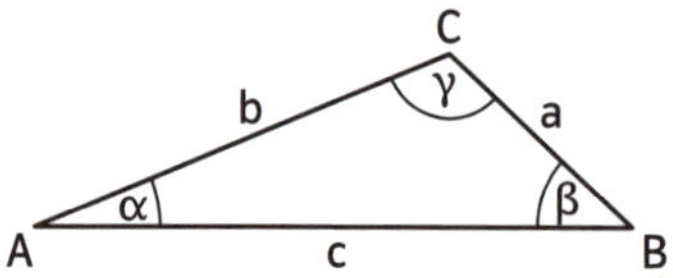

- Flächeninhalt berechnen — A = ______
- Strecke $\overline{HC}$ berechnen — $\overline{HC}$ = ______
- Strecke $\overline{HB} = \overline{HC} + \overline{CB}$ berechnen — $\overline{HB}$ = ______
- Nebenwinkel γ_1 berechnen — γ_1 = ______
- 1 | gegebene Größen farbig markieren
- Umfang berechnen — u = ______
- 2 | außen liegende Höhe $\overline{HA}$ auf die Gerade durch B und C einzeichnen
- Strecke $\overline{AB}$ berechnen — $\overline{AB}$ = ______
- Höhe $\overline{HA}$ berechnen — $\overline{HA}$ = ______

2 Beschrifte das gleichschenklige Trapez vollständig und berechne seinen Umfang und Flächeninhalt.

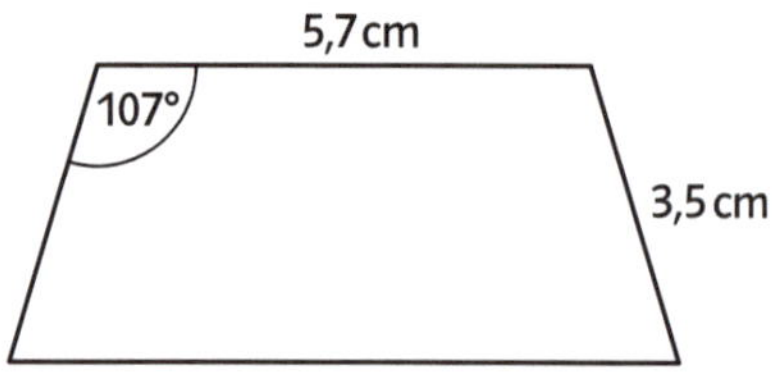

______

______

______

______

3 Bundesschatzbriefe gibt es in zwei Typen. Bei Typ A werden die Zinsen jedes Jahr ausbezahlt, bei Typ B werden die Zinsen mitverzinst.

a) Berechne die anfallenden Zinsen für ein Kapital von 12 000,00 € für beide Typen (Stand März 2009).

Jahr	1	2	3	4	5	6
Zinssatz	0,5 %	1,5 %	2,0 %	2,5 %	3,25 %	3,5 %
Zinsen Typ A (in €)	60,00	180,00				
Kapital Typ A (in €)	12 000,00					
Zinsen Typ B (in €)	60,00	180,90				
Kapital Typ B (in €)	12 060,00					

Bei Typ A wurden insgesamt ______ € und bei Typ B ______ € Zinsen erzielt.

Das Kapital ist also bei Typ A um insgesamt ______ % und bei Typ B um ______ % gestiegen.

b) Bei Typ A hätte man mit einem gleichbleibenden Zinssatz von ______ % das gleiche Endkapital erhalten.

Für Typ B läge der gleichbleibende Zinssatz bei ______ %.

4 Welches Angebot für ein gleichwertiges Mountainbike ist günstiger? [T1]

A

B

Angebot ______ ist günstiger.

[T1] Mehrwertsteuer (MwSt.): 19 % (Stand: 2009)

1 Gib zu jeder Bruchgleichung die Definitionsmenge an und verbinde sie mit ihrer Lösungsmenge. Schreibe die Zwischenschritte ins Heft.

(1) $\frac{x}{2(x-4)} - \frac{2}{x-4} = \frac{8}{x+4}$ [T1]
D = ______

(2) $\frac{1}{x-3} = \frac{2x+1}{x^2-9} = \frac{2(x-2)}{(x+3)^2}$ [T2]
D = ______

(3) $\frac{-2}{(x-5)^2} = \frac{6x-3}{x^2-25} - \frac{4}{x+5}$ [T2]
D = ______

(4) $\frac{4x}{x-2} = 4 - \frac{5x}{x+4}$
D = ______

$L = \{2; -\frac{2}{7}\}$ | $L = \{0{,}25; -1\}$ | $L = \{0\}$ | $L = \{\ \}$ | $L = \{12\}$ | $L = \{4{,}27; -8{,}77\}$ | $L = \{9; 2\}$

(5) $\frac{10x^2-14x-13}{2x^2-18} = \frac{2(x+2)}{x+3} - \frac{x-5}{2x-6}$ [T3]
D = ______

(6) $\frac{x-4}{2x-10} = \frac{2x+3}{3x+15} - \frac{5x^2-14x+29}{6x^2-150}$ [T4]
D = ______

(7) $\frac{2x-6}{2x-8} = \frac{5(0{,}2x^2-2x+5)}{(x-3)(x-4)} - \frac{3x-12}{3x-9}$ [T1; T2]
D = ______

2 Eine Parabel hat die Gleichung $y = -x^2 + 12x - 27$.

a) Zeichne das Schaubild der Parabel mithilfe der Wertetabelle.

x	3	4	5	6	7	8	9
y							

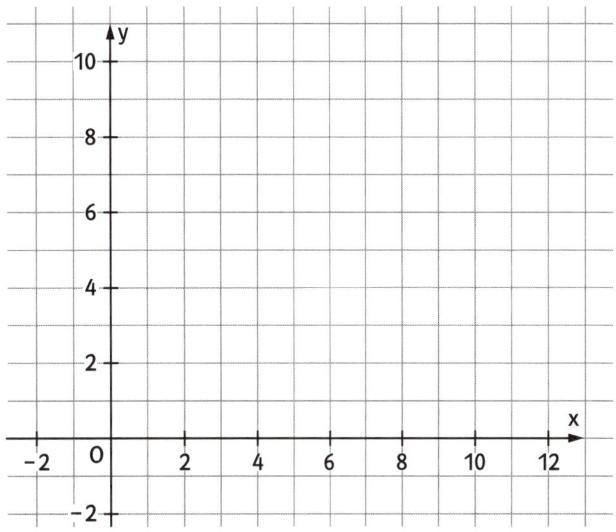

b) Ein Punkt P(x | y) wandert im ersten Quadranten auf der Parabel und bildet mit dem Koordinatenursprung und dem Punkt Q(2 | 0) ein Dreieck. Für den Punkt P(____ | ____) ist der Flächeninhalt des Dreiecks am größten. $A_{Dreieck}$ ist dann ______ . [T5]

c) Es gibt zwei Punkte, R und S, auf der Parabel, für die das Dreieck einen Flächeninhalt von 6 FE hat.

Bestimme sie rechnerisch. R(___ | ___); S(___ | ___) [T6] Welchen Abstand haben sie? $\overline{RS} \approx$ ______ .

3 a) Gegeben sind die Schaubilder von zwei quadratischen Funktionen. Bestimme ihre Funktionsgleichungen.

p_1: y = ______

p_2: y = ______

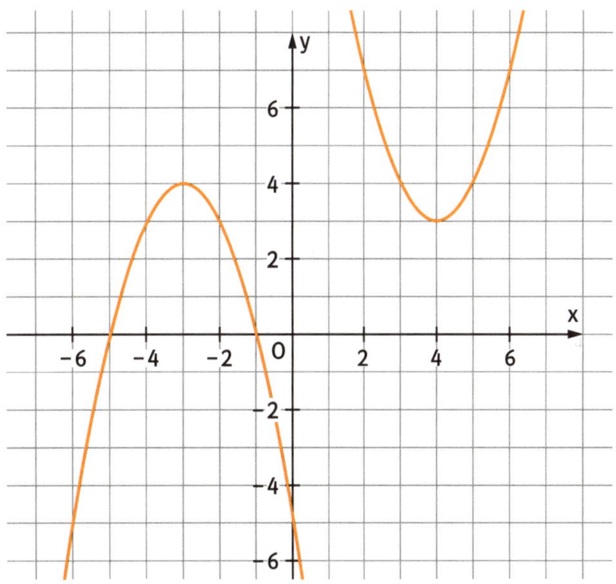

b) Zeichne das Schaubild der Funktion $y = \frac{1}{2}x^2 - 3$ in das Koordinatensystem.

c) Bestimme die Funktionsgleichungen der drei Geraden, welche die drei Scheitelpunkte der Parabeln zu einem Dreieck verbinden.

g_1: y = ______

g_2: y = ______

g_3: y = ______

Der Flächeninhalt des Dreiecks beträgt

A ≈ ______ . [T7]

[T1] Beachte für L die Definitionsmenge.
[T2] Faktorisiere zunächst im Nenner.
[T3] Um exakte Werte zu erhalten, arbeite mit Brüchen.
[T4] Um exakte Werte zu erhalten, runde die Zwischenergebnisse nicht.

[T5] Zeichne ein Dreieck ein. Überlege, wovon A abhängt. Welche Größe ist fest, welche verändert sich?
[T6] Die Dreieckshöhe ist die y-Koordinate der Spitze. Setze dieses y in die Parabelgleichung ein.
[T7] Verwende die Formel $A = \frac{1}{2} \cdot b \cdot c \cdot \sin\alpha$. Bestimme Strecken und Winkel durch geeignete rechtwinklige Dreiecke.

1 Gegeben sind das rechtwinklige Dreieck ABC und das gleichschenklige Dreieck ABD mit $\overline{AB} = 9{,}6\,cm$; $\alpha = 70{,}2°$ und $\gamma = 47{,}7°$. Berechne die Entfernung der Punkte C und D. [T1; T2] $\overline{CD} \approx$ ________ cm

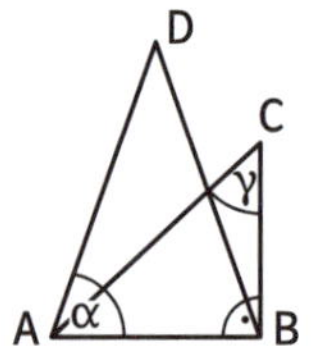

2 Vom Fünfeck ABCDE sind die folgenden Größen bekannt: $\overline{AE} = 7{,}1\,cm$; $\overline{ED} = 4{,}5\,cm$; $\overline{BC} = 8{,}1\,cm$; $\alpha = 35{,}2°$; $\varepsilon = 154{,}7°$ und $A_{ABCDE} = 111\,cm^2$ (Flächeninhalt des Fünfecks).
Berechne die Länge der Strecke $\overline{AB}$. [T3]

$\overline{AB} \approx$ ________ cm

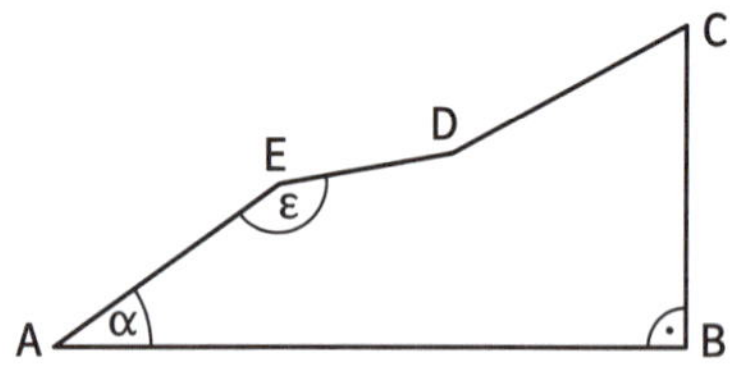

3 Auf einer quadratischen Säule ist ein Streckenzug $\overline{EKCLE}$ eingezeichnet. Die Kantenlänge $a = 3{,}6\,cm$ und die Winkel $\alpha = 65°$ und $\beta = 55°$ sind gegeben. Berechne die Winkel ε, δ und die Länge des Streckenzugs $\overline{EKCL}$. [T4] $\varepsilon \approx$ ________°; $\delta \approx$ ________°; $\overline{EKCL} \approx$ ________ cm

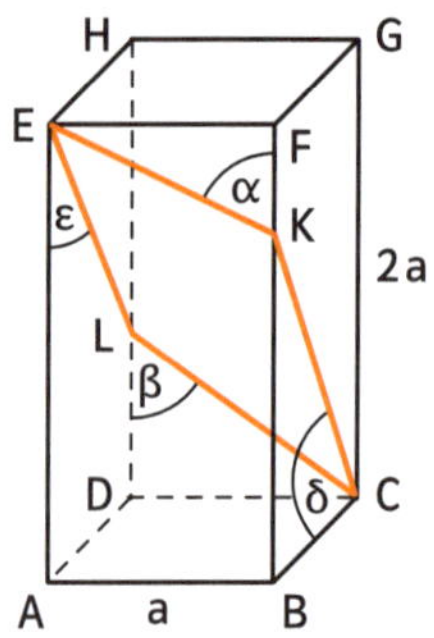

4 Von einer quadratischen Pyramide sind gegeben: $a = 8{,}4\,cm$; $\alpha = 27°$.

a) Bei dem Viereck ABRS handelt es sich um ein ________ .

b) Berechne den Flächeninhalt des Vierecks ABRS und die Größe des Winkels ε. $A \approx$ ________ cm^2; $\varepsilon \approx$ ________ [T5 – T7]

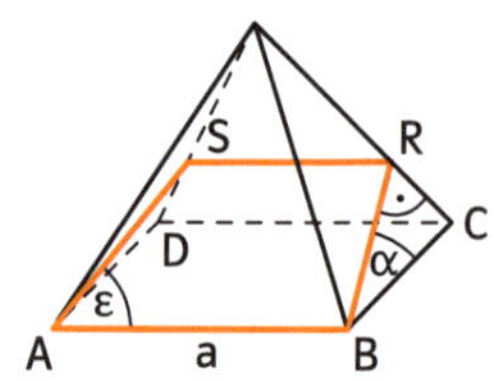

[T1] Berechne zuerst die beiden Höhen der Dreiecke ABC und ABD; $\overline{AB}$ ist dabei jeweils die Grundseite.

[T2] Zeichne die Senkrechte zur Höhe im Dreieck ABD durch den Punkt C ein. Der Satz des Pythagoras hilft dir dann, $\overline{CD}$ zu berechnen.

[T3] Zerlege das Fünfeck durch zwei Senkrechte zu $\overline{AB}$ durch die Punkte E und D. Du erhältst ein Dreieck und zwei Trapeze. Die zu berechnende Seite $\overline{AB}$ wird dadurch in drei Teilstücke zerlegt; berechne diese einzeln. Für das dritte Teilstück brauchst du die Flächeninhalte des Fünfecks und der Teilflächen.

[T4] Skizziere die Dreiecke EKF und CLD. Trage gegebene Werte ein; berechne die fehlenden Seiten der Dreiecke.

[T5] Berechne alle Strecken und Winkel im Dreieck BCR.

[T6] Skizziere das hintere Manteldreieck der Pyramide und zeichne die Senkrechte zur Grundkante durch den Punkt R ein. Berechne mithilfe der Strecke $\overline{CR}$ und dem Basiswinkel des Manteldreiecks die Länge der Strecke $\overline{RS}$.

[T7] Skizziere das Trapez ABRS. Berechne die fehlenden Werte durch Einzeichnen der Trapezhöhe durch den Punkt S bzw. R.

1 Die quadratische Pyramide wird in einer Höhe von h_1 abgeschnitten.

Skizze:

a) Berechne die Diagonale d der Grundfläche und die Höhe h der Pyramide.

d = ______________________________

______________________ h ≈ __________

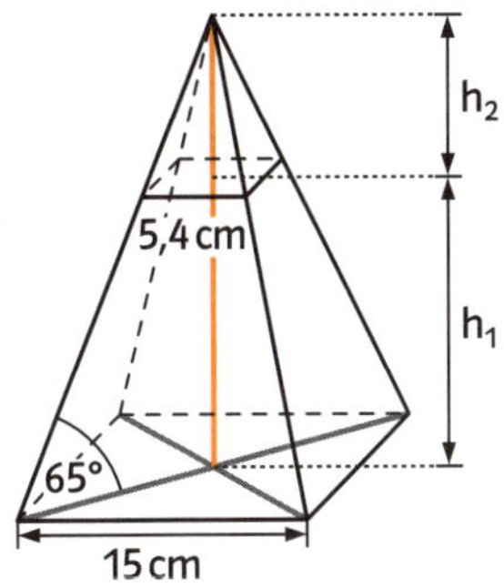

b) Skizziere einen geeigneten Längsschnitt der Pyramide und berechne die Höhe h_2. [T1]

____

____

c) Berechne das Volumen des Pyramidenstumpfes.

____

______________________________ V_{Stumpf} ≈ __________ cm^3

Es wurden rund ______ % des Volumens der Pyramide abgeschnitten.

d) Berechne die Größe der Oberfläche des entstandenen Pyramidenstumpfes.

____

______________________________ O_{Stumpf} ≈ __________

2 Ein Stehaufmännchen hat eine Gesamthöhe von $h_g = 12\,cm$ und einen Radius von $r = 5\,cm$.

Skizze:

a) Fertige als Skizze einen Längsschnitt des Körpers an.

b) Berechne das Volumen und die Größe der Oberfläche des Stehaufmännchens.

h_{Kegel} = ______ cm; s = ______________________________

O_g = ______________________________

V_g = ______________________________

c) Das Volumen eines anderen Stehaufmännchens beträgt $14{,}14\,dm^3$. Die Kegelhöhe h ist doppelt so lang wie der Radius r. Wie groß ist seine Oberfläche?

____

____

d) Die Gesamthöhe h_g ist viermal so groß wie der Radius des Stehaufmännchens.
Zeige, dass für die Oberfläche und das Volumen gilt: $O = \pi r^2 (2 + \sqrt{10})$ und $V = \frac{5}{3} \pi r^3$. [T2; T3]

[T1] Verwende einen Strahlensatz.

[T2] Arbeite anhand einer Schnittskizze, wie oben.

[T3] Bestimme s in Abhängigkeit von r. Die Mantelfläche des Kegels ist $M = \pi r s$.

Die Seitenangaben in Schwarz verweisen auf die Lerneinheit, die in Orange auf den Merkzettel.

Schnittpunkt 6

Mathematik
Baden-Württemberg

Lösungen zum Arbeitsheft

Basiswissen | Prozentrechnung. Zinsrechnung, Seite 3

1

$25\,\% = 0{,}25 = \frac{25}{100}$ $\quad 0{,}40 = 40\,\% = \frac{4}{10}$ $\quad 0{,}125 = 12{,}5\,\% = \frac{1}{8}$

$\frac{1}{3} = \frac{33{,}\overline{3}}{100} = 33{,}\overline{3}\,\%$ $\quad 50\,\% = 0{,}5 = \frac{1}{2}$

2

a) $G = \frac{W}{p\,\%} = \frac{100 \cdot W}{p}$ $\qquad$ b) $p\,\% = \frac{W}{G}$

3

Waagerecht

b) G = 495 € $\quad$ d) Z = 39 € $\quad$ f) p % = 1,7 % $\quad$ g) W = 12
i) G = 5000 € $\quad$ j) G = 12 590 € $\quad$ l) W = 50 kg $\quad$ m) Z = 0,07 €
o) 52,3 $\quad$ q) p % = 4 % $\quad$ r) W = 270 $\quad$ s) W = 180 l
t) Z = 200 € $\quad$ u) W = 71,40 € $\quad$ w) p % = 15 % $\quad$ x) W = 108

Senkrecht

a) Z = 3150 € $\quad$ b) W = 470 € $\quad$ c) K = 5102 € $\quad$ e) G = 930 €
h) G = 7500 $\quad$ j) G = 1050 $\quad$ k) W = 58,48 GByte
l) p % = 5 % $\quad$ n) G = 7960 m $\quad$ s) W = 120 $\quad$ t) G = 2000
p) p % = 17 % $\quad$ r) W = 2175 $\quad$ v) p % = 45 %

^{a}3		^{b}4	9	^{c}5				^{d}3	^{e}9	
^{f}1	,	7		^{g}1	2		^{h}7		3	
5		0		0			^{i}5	0	0	0
0			^{j}1	2	^{k}5	9	0			
		^{l}5	0		8		^{m}0	,	0	^{n}7
			^{o}5	2	,	3				9
	^{p}1		0		^{q}4					6
^{r}2	7	0		^{s}1	8	0		^{t}2	0	0
1				2				0		
^{u}7	1	,	^{v}4	0				0		
5		^{w}1	5				^{x}1	0	8	

2

a)

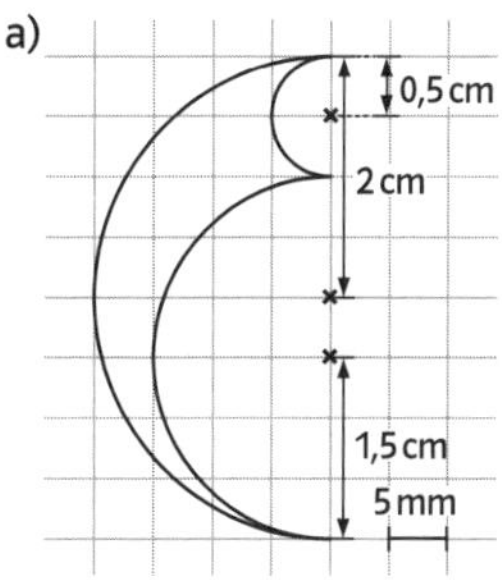

$u = \frac{1}{2} \cdot 2 \cdot \pi \cdot 0{,}5\,\text{cm} + \frac{1}{2} \cdot 2 \cdot \pi \cdot 1{,}5\,\text{cm}$
$+ \frac{1}{2} \cdot 2 \cdot \pi \cdot 2\,\text{cm} = 4\,\text{cm} \cdot \pi$

$u \approx 12{,}6\,\text{cm}$

$A = \frac{1}{2} \cdot \pi \cdot (2\,\text{cm})^2 - \frac{1}{2} \cdot \pi \cdot (0{,}5\,\text{cm})^2$
$- \frac{1}{2} \cdot \pi \cdot (1{,}5\,\text{cm})^2$

$A \approx 2{,}4\,\text{cm}^2$

b)

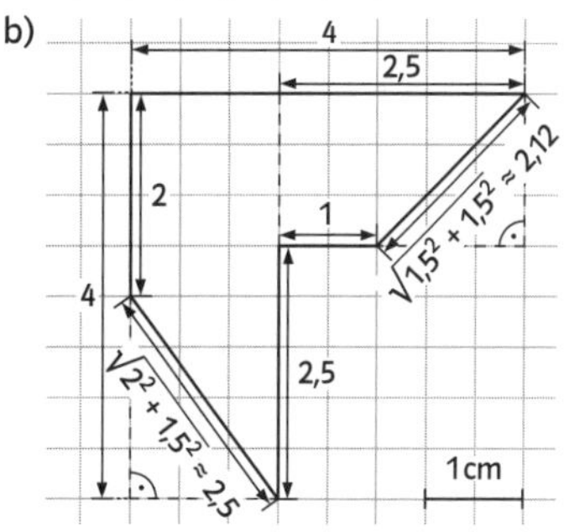

$u = (4 + 2{,}12 + 1 + 2{,}5 + 2{,}5 + 2)\,\text{cm} = 14{,}12\,\text{cm}; \qquad u \approx 14{,}1\,\text{cm}$

$A = (4 \cdot 1{,}5)\,\text{cm}^2 + (2{,}5 \cdot 1{,}5)\,\text{cm}^2 - \frac{1}{2} \cdot (1{,}5 \cdot 1{,}5)\,\text{cm}^2 - \frac{1}{2} \cdot (2 \cdot 1{,}5)\,\text{cm}^2$

$A \approx 7{,}1\,\text{cm}^2$

3

$O = (2 \cdot 3 \cdot 5 + 2 \cdot 5 \cdot 9 + 2 \cdot 3 \cdot 9)\,\text{cm}^2 = 174\,\text{cm}^2$

$V = 3 \cdot 5 \cdot 9\,\text{cm}^3 = 135\,\text{cm}^3$

4

$V = 3 \cdot 4 \cdot 1\,\text{m}^3 + 2 \cdot 3 \cdot 1{,}5\,\text{m}^3 - 1 \cdot 1 \cdot 0{,}5\,\text{m}^3 = 20{,}5\,\text{m}^3$

5

a) $O = 2 \cdot \frac{1}{2} \cdot 3e \cdot 4e + (3e + 4e + 5e) \cdot 6e = 12e^2 + 72e^2 = 84e^2$

$V = \frac{1}{2} \cdot 3e \cdot 4e \cdot 6e = 36e^3$

b) $O = 84 \cdot (3\,\text{cm})^2 = 756\,\text{cm}^2; \qquad V = 36 \cdot (3\,\text{cm})^3 = 972\,\text{cm}^3$

6

a) $d = 16\,\text{dm}; \qquad V = 1809{,}56\,\text{dm}^3$
b) $r = 6\,\text{cm}; \qquad V = 791{,}68\,\text{cm}^3$
c) $h = 100{,}0\,\text{mm}$

Basiswissen | Flächen und Volumen, Seite 4

1

siehe Tabelle 1

Tabelle 1

Figuren	Quadrat	rechtw. Dreieck	Dreieck	Parallelogramm	Drachen	Kreis
Flächeninhalt	$9\,\text{cm}^2$	$6\,\text{cm}^2$	$24\,\text{cm}^2$	$12\,\text{cm}^2$	$30\,\text{cm}^2$	$28{,}3\,\text{cm}^2$
Umfang	12 cm	12 cm	22,5 cm	14,4 cm	23,4 cm	18,8 cm

Basiswissen | Terme und Gleichungen, Seite 5

1

a)

Term	$4(3x - y)$	$(y - 2x)^2$	$(3x - 4)(2y + 5)$
$x = 2;\ y = 7$	-4	9	38
$x = 3;\ y = -5$	56	121	-25

b) $(2x)^2 - (3y)^2 = 8^2 - 21^2 = -377$

2

a) $-6x + 8$ (L)
b) $15x - 36 - 12x - 32 = 3x - 68$ (I)
c) $-10x^2 + x + 24 - x - 16 = -10x^2 + 8$ (L)
d) $9 - 25x^2 - 12 + 25x^2 = -3$ (I)
e) $x^2 + 6x + 9 - x^2 + 10x - 25 = 16x - 16$ (E)
Das Lösungswort lautet: LILIE

3

a) $(x + 5)(x - 5) = x^2 - 25$ (3. Binom)
b) $(x - 2y)^2 = x^2 - 4xy + 4y^2$ (2. Binom)
c) $(x - 6y)^2 = x^2 - 12xy + 36y^2$ (2. Binom)
d) $(3x + 4y)^2 = 9x^2 + 24xy + 16y^2$ (1. Binom)
e) $(1{,}5 - 3x)(1{,}5 + 3x) = 2{,}25 - 9x^2$ (3. Binom)
f) $(1 - 2x)^2 = 1 - 4x + 4x^2$ (2. Binom)

4

a) $(x + 3)(x - 3) = (x - 5)(x - 3)$ | Klammern auflösen
$x^2 - 9 = x^2 - 5x - 3x + 15$ | $-x^2$
$-9 = -8x + 15$ | $+8x + 9$
$8x = 24$ | $:8$
$x = 3$

b) $-2x(20 - 8x) - (15 - 5x) = (4x - 5)^2$ | Klammern auflösen
$-40x + 16x^2 - 15 + 5x = 16x^2 - 40x + 25$ | $-16x^2 + 40x$
$-15 + 5x = 25$ | $+15$
$5x = 40$ | $:5$
$x = 8$

5

siehe Tabelle 1

6

a) $y = 7x - 3 - 3x;\quad y = 4x - 3$
b) $u = 2x + (7x - 3) + 2(3x - 1) + 3x + (4x - 2) + y$
$u = 22x - 7 + y;\quad u = 22x - 7 + 4x - 3;\quad u = 26x - 10$

Basiswissen | Lineare Funktionen, Seite 6

1

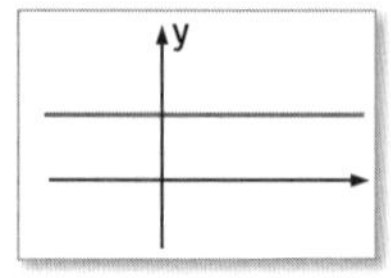

Steigung $m = 0$

$y = b$

Die Gerade verläuft parallel zur x-Achse.

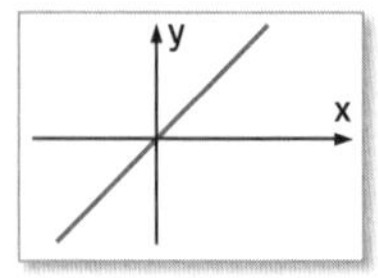

y-Achsenabschnitt $b = 0$

$y = mx$

Die Gerade verläuft durch den Ursprung.

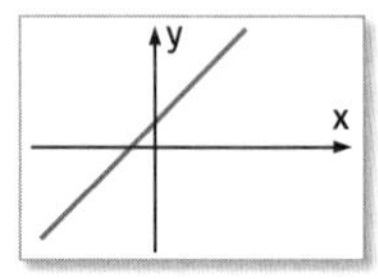

Die Gerade hat die Steigung m und schneidet die y-Achse im Punkt (0 | b).

$y = mx + b$

2

a) $y = -\frac{1}{2}x + \frac{1}{2}$
b) $y = \frac{3}{2}x + \frac{5}{2}$
c) $y = -2{,}5x + 6{,}5$
d) $y = \frac{3}{4}x - \frac{3}{4}$
e) $y = \frac{1}{2}x - \frac{1}{2}$
f) $y = \frac{1}{6}x - \frac{3}{2}$
g) $y = -x - 1$
h) $y = -2x - 6$

3

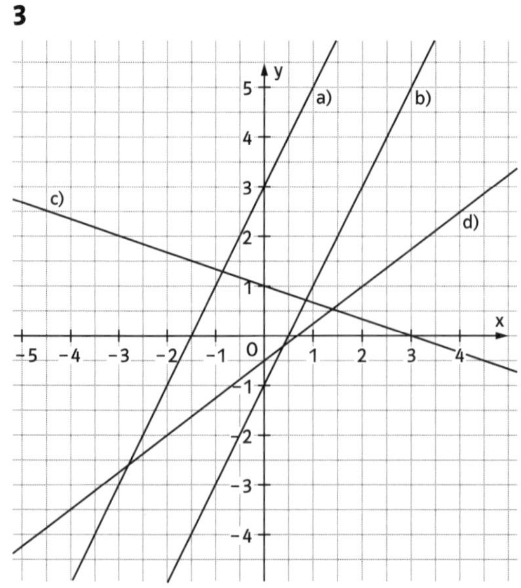

quadratische Gleichung	Wert der Diskriminante	Anzahl der Lösungen	Einsetzen in pq-Formel	Lösung(en)
a) $x^2 + 2x - 3 = 0$	$\left(\frac{2}{2}\right)^2 - (-3) = 4$	2	$x_{1,2} = -\frac{2}{2} \pm \sqrt{\left(\frac{2}{2}\right)^2 - (-3)}$	$x_1 = 1$ $x_2 = -3$
b) $x^2 + 3x + 5 = 0$	$\left(\frac{3}{2}\right)^2 - 5 = -2{,}75$	0	—	—
c) $x^2 - 3x + 2{,}25 = 0$	$\left(-\frac{3}{2}\right)^2 - 2{,}25 = 0$	1	$x_{1,2} = -\left(-\frac{3}{2}\right) \pm \sqrt{\left(-\frac{3}{2}\right)^2 - 2{,}25}$	$x = 1{,}5$

Tabelle 1

4

a) A: $y = 2 \cdot x + 10$ (3)
B: $y = 5 \cdot x$ (1)
C: $y = 21 - 7 \cdot x$ (2)
D: $y = 25 + 2 \cdot x - 7 \cdot x$ (4)

b) Die dazugehörigen Gleichungen werden gleichgesetzt:
$5 \cdot x = 2 \cdot x + 10;$ $3 \cdot x = 10;$ $x = \frac{10}{3} = 3\frac{1}{3}$
Nach 3 h 20 min sind die Gefäße (1) und (3) mit gleich viel Wasser gefüllt.

c) Die Gefäße (2) und (4) können gar nicht überlaufen: Gefäß (2) wird nur entleert und in Gefäß (4) wird mehr abgeleitet als zugeführt.
Für die Gefäße (3) und (1) gilt:
A: $2 \cdot x + 10 = 50;$ $x = 20$
B: $5 \cdot x = 50;$ $x = 10$
Das Gefäß (1) läuft als Erstes über, und zwar nach 10 Stunden.

d) Nur die Gefäße (2) und (4) können leer laufen (vgl. c).
C: $21 - 7 \cdot x = 0;$ $x = 3$
D: $25 + 2 \cdot x - 7 \cdot x = 0;$ $25 - 5 \cdot x = 0;$ $x = 5$
Das Gefäß (2) ist am schnellsten leer (in 3 Stunden).

e) Das meiste Wasser (25 l) enthielt am Anfang Gefäß (4); das wenigste Wasser (0 l) Gefäß (1).

Basiswissen | Daten auswerten und beurteilen, Seite 7

1

a) 10 a: 0; 3; 5; 6; 6; 8; 9; 10; 10; 11; 11; 12; 12; 12; 13; 14; 14; 15; 15; 16; 16; 16; 17; 18; 18; 20; 20
10 b: 1; 2; 3; 5; 5; 7; 7; 8; 8; 9; 10; 11; 11; 11; 13; 13; 14; 14; 15; 15; 15; 15; 16; 16; 17; 17; 18; 18

b)

%	bis 90	bis 75	bis 60	bis 45	bis 30	bis 0	—
Note	1	2	3	4	5	6	⌀
Punkte	20–18	17–15	14–12	11–9	8–6	5–0	—
Kl. 10 a	4	6	6	5	3	3	3,2
Kl. 10 b	2	8	4	5	4	5	3,6

c) siehe Tabelle 1
d) siehe Tabelle 2

e) Kl. 10 a

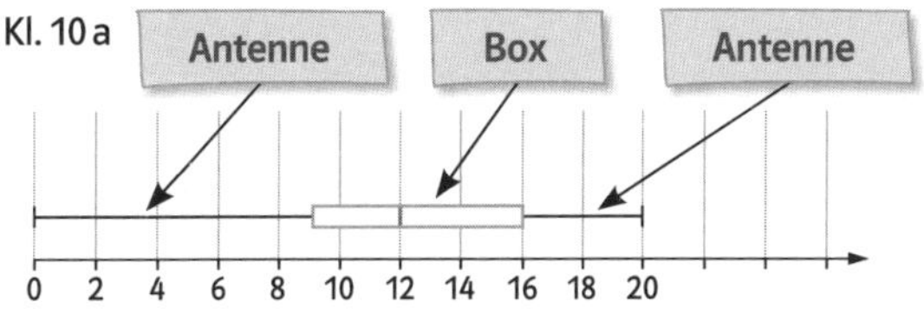

Kl. 10 b

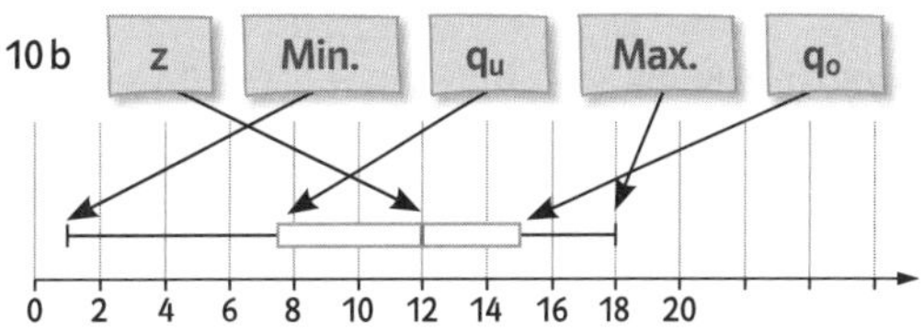

f) Die Aussagen (a), (e) und (g) sind wahr; die Aussagen (b), (c), (d) und (f) sind falsch.
Das Lösungswort lautet: BOXPLOT.

Basiswissen | Zufall und Wahrscheinlichkeit, Seite 8

1

Zufallsgeräte sind Oktaederwürfel (mögliche Ergebnisse: 1; 2; 3; 4; 5; 6; 7; 8), Reißzwecke (mögliche Ergebnisse: „Kopf"; „Seite") und Urne (mögliche Ergebnisse: 1; 2; 3 oder „Schwarz"; „Weiß"; „Gelb")
Die Uhr und das Thermometer sind keine Zufallsgeräte.

2

Wahre Aussagen stehen auf den Kärtchen 4 und 5.

3

a) $\frac{3}{6} = \frac{1}{2}$ b) $\frac{2}{6} = \frac{1}{3}$ c) 0 d) 1

4

Die Wahrscheinlichkeit für Grau ist $\frac{1}{3}$, die für Weiß ist $\frac{1}{6}$ und die für Orange ist $\frac{1}{2}$.

5

	absolute Häufigkeit	relative Häufigkeit	geschätzte Wahrscheinlichkeit
a)	25	$\frac{25}{50} = 0{,}5$	50 %
b)	5	$\frac{1}{10} = 0{,}1$	10 %
c)	10	$\frac{1}{5} = 0{,}2$	20 %

6

$\frac{1}{3}$; $\frac{2}{5}$; $\frac{2}{3}$; $\frac{3}{8}$

Tabelle 1

	Rechenvorschrift	Klasse 10 a	Klasse 10 b
Anzahl der Daten		27	28
Rangplatz für das untere Quartil (q_u)	Anzahl der Daten $\cdot \frac{1}{4}$	7	7; 8
Rangplatz für den Zentralwert (z)	Anzahl der Daten $\cdot \frac{1}{2}$	14	14; 15
Rangplatz für das obere Quartil (q_o)	Anzahl der Daten $\cdot \frac{3}{4}$	21	21; 22

Tabelle 2

	Minimum (kleinster Wert)	q_u	z	q_o	Maximum (größter Wert)	Spannweite (Max. – Min.)	Quartilabstand ($q_o - q_u$)
Kl. 10 a	0	9	12	16	20	20	7
Kl. 10 b	1	7,5	12	15	18	17	7,5

7

a)

Ergebnis	Wahrschein-lichkeit
1	$\frac{3}{8} = 0{,}375 = 37{,}5\,\%$
2	$\frac{2}{8} = 0{,}25 = 25\,\%$
3	$\frac{1}{8} = 0{,}125 = 12{,}5\,\%$
4	$\frac{2}{8} = 0{,}25 = 25\,\%$

b)

Ergebnis	Wahrschein-lichkeit
1	$\frac{3}{10} = 0{,}3 = 30\,\%$
2	$\frac{2}{10} = 0{,}2 = 20\,\%$
3	$\frac{4}{10} = 0{,}4 = 40\,\%$
4	$\frac{1}{10} = 0{,}1 = 10\,\%$

Ereignisse, Seite 9

1

Wahrschein-lichkeit	Anzahl der möglichen Ergebnisse	Anzahl der günstigen Ergebnisse	Wahrschein-lichkeit
a) einen Gewinn zu ziehen	24	4	$\frac{4}{24} \approx 16{,}7\,\%$
b) einen Trostpreis oder eine Niete zu ziehen	24	20	$\frac{20}{24} = \frac{5}{6} \approx 83{,}3\,\%$
c) einen Gewinn zu ziehen, nachdem schon zwei Gewinne gezogen wurden	22	2	$\frac{2}{22} = \frac{1}{11} \approx 9{,}1\,\%$
d) einen Trostpreis zu ziehen, nachdem schon alle anderen Trostpreise gezogen wurden	18	1	$\frac{1}{18} \approx 5{,}6\,\%$

2

a) Günstige Ergebnisse: 3; 6; 9; 12
Wahrscheinlichkeit: $\frac{4}{12} = \frac{1}{3}$
b) Günstige Ergebnisse: 1; 2; 3; 4; 6; 12
Wahrscheinlichkeit: $\frac{6}{12} = \frac{1}{2}$
c) Günstige Ergebnisse: 1; 3; 5; 7; 9; 11
Wahrscheinlichkeit: $\frac{6}{12} = \frac{1}{2}$
d) Günstige Ergebnisse: 2; 3; 5; 7; 11
Wahrscheinlichkeit: $\frac{5}{12}$

3

a) falsch; $P(5) = \frac{1}{6}$
b) richtig; P(2 oder 4) = 30 %
c) richtig; P(zweimal gleiche Seite) = 50 %
d) falsch; $P(\text{weiß}) = \frac{2}{6} = \frac{1}{3}$

Zusammengesetzte Ereignisse, Seite 10

1

a) 4 der 6 Felder sind rot zu färben.
b) 9 der 12 Felder sind gelb zu färben.
c) 5 der 8 Felder sind rot oder grün zu färben.
Welche der Felder jeweils in der genannten Farbe bzw. in den genannten Farben eingefärbt werden, ist beliebig, sodass es bei allen Teilaufgaben viele richtige Lösungen gibt. Die restlichen Felder können in den übrigen Farben beliebig eingefärbt werden.

2

a) Ereignis: $\frac{1}{3}$; Gegenereignis: $\frac{2}{3}$
b) Ereignis: $\frac{2}{3}$; Gegenereignis: $\frac{1}{3}$
c) Ereignis: $\frac{1}{3}$; Gegenereignis: $\frac{2}{3}$
d) Ereignis: $\frac{1}{5}$; Gegenereignis: $\frac{4}{5}$
e) Ereignis: $\frac{1}{2}$; Gegenereignis: $\frac{1}{2}$

3

a)

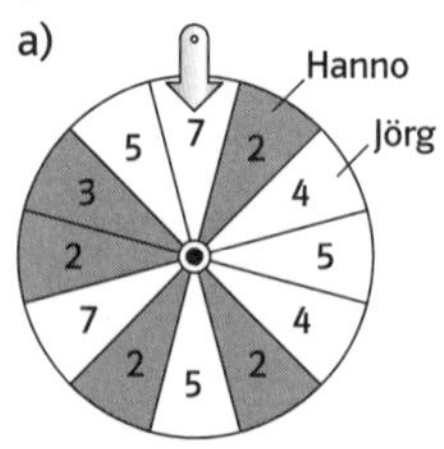

b) Jörg hat die besseren Gewinnchancen. Wahrscheinlichkeit: $\frac{7}{12}$. Wahrscheinlichkeit für einen Gewinn von Hanno: $\frac{5}{12}$

4

a) 123; 132; 213; 231; 312; 321
b) $\frac{1}{6} \approx 0{,}17$ c) $\frac{2}{6} \approx 0{,}33$ d) $\frac{4}{6} \approx 0{,}67$

Zweistufige Zufallsversuche mit Reihenfolge, Seite 11

1

siehe Figur 1

2

a)

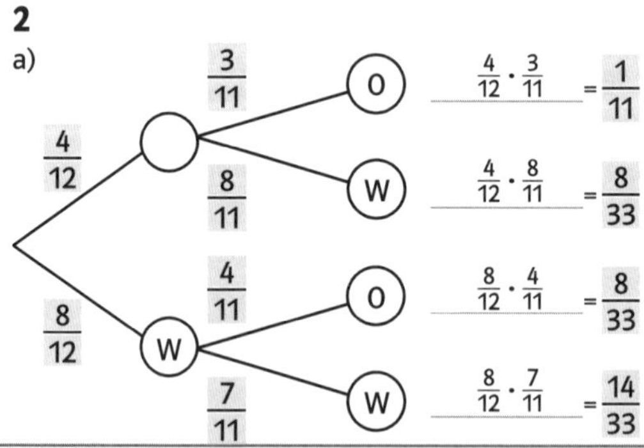

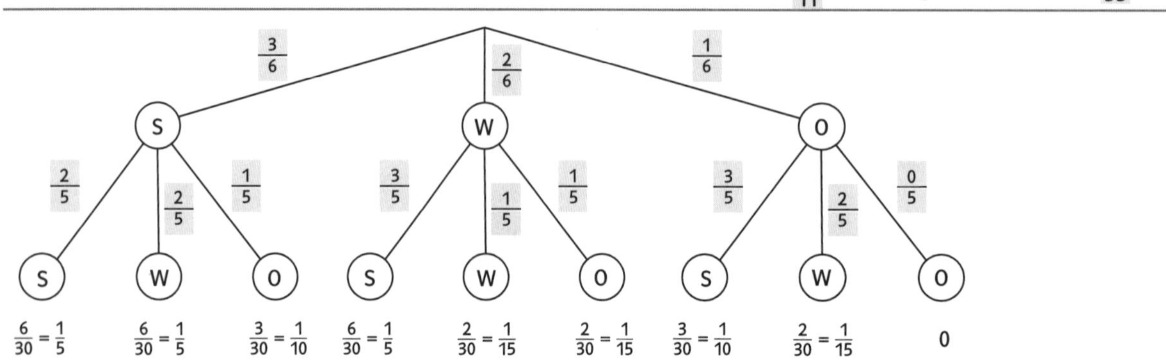

Figur 1

b)

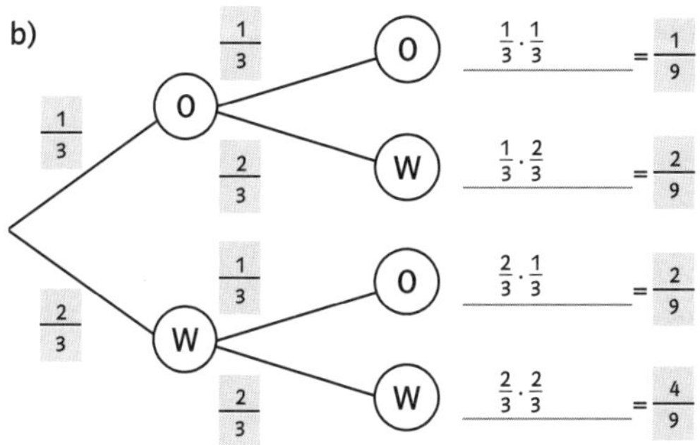

3

siehe Figur 1

a) $\frac{1}{20} + \frac{1}{30} + \frac{2}{15} = \frac{3+2+8}{60} = \frac{13}{60}$ b) $\frac{3+3+4}{20+30+10} = \frac{10}{60} = \frac{1}{6}$

Zweistufige Zufallsversuche ohne Reihenfolge, Seite 12

1

a)

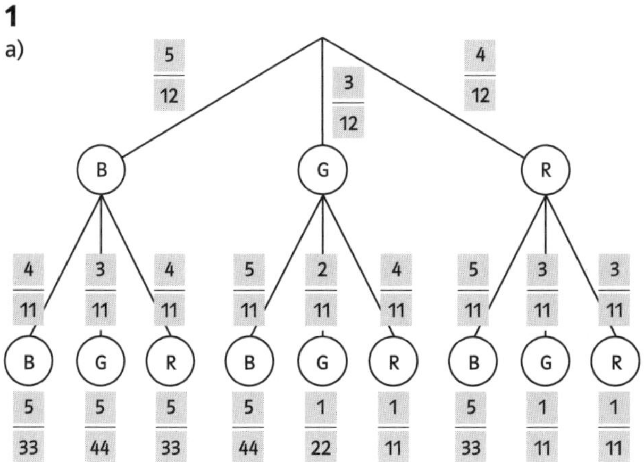

b) $\frac{5}{33} + \frac{5}{33} = \frac{10}{33}$

c) $\frac{5}{44} + \frac{5}{33} + \frac{5}{44} + \frac{1}{11} + \frac{5}{33} + \frac{1}{11} = \frac{47}{66}$ oder: $1 - \frac{5}{33} - \frac{1}{22} - \frac{1}{11} = \frac{47}{66}$

d) $\frac{5}{44} + \frac{5}{44} + \frac{1}{22} + \frac{1}{11} + \frac{1}{11} = \frac{5}{11}$

2

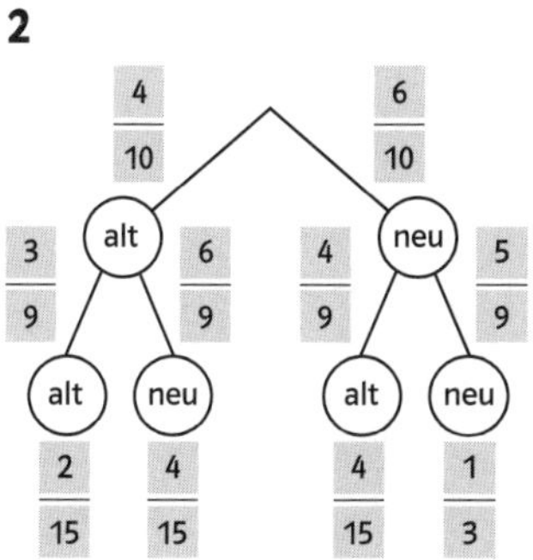

a) zwei neue Bälle: $\frac{1}{3}$;
zwei alte Bälle: $\frac{2}{15}$

b) $\frac{4}{15} + \frac{4}{15} = \frac{8}{15}$

3

a) $8^2 = 64$

b) 86; 87; 88; 77; 78; 68; $\frac{6}{64} = \frac{3}{32}$

c) zwei gleiche Zahlen: $\frac{8}{64} = \frac{1}{8}$; zwei unterschiedliche Zahlen: $\frac{7}{8}$

d) $\frac{28}{64} = \frac{7}{16}$

Zweistufige Zufallsversuche mit oder ohne Reihenfolge, Seite 13

1

a)

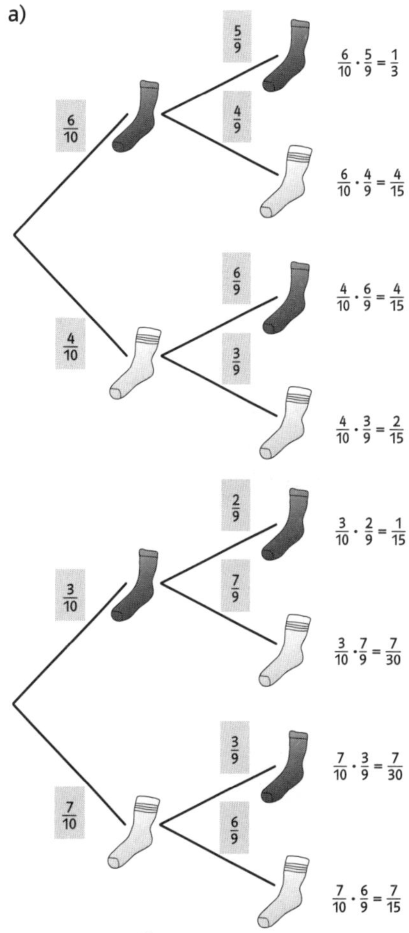

Schublade 1: $\frac{7}{15} \approx 46{,}7\,\%$; Schublade 2: $\frac{8}{15} \approx 53{,}3\,\%$;

Marcel sollte also Schublade 2 auswählen.

b) $\frac{6}{10} \cdot \frac{3}{10} + \frac{4}{10} \cdot \frac{7}{10} = \frac{46}{100} = 46\,\%$; kleiner als bei a)

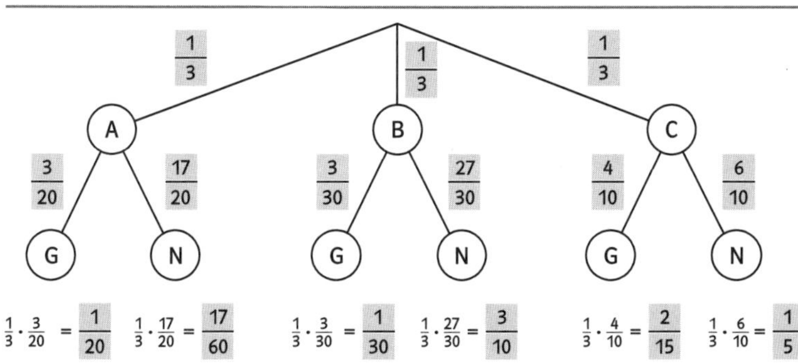

Figur 1

2

a) siehe Figur 1

Tinas Wahrscheinlichkeit, ein E zu ziehen, beträgt

$\frac{1}{16} + \frac{1}{10} + \frac{1}{10} + \frac{1}{8} = \frac{31}{80} = 0{,}3875.$

b) $\frac{7}{18} \approx 0{,}389$ c) Anja

Erwartungswert, Seite 14

1

a)

Ergebnis	1	3	5	12
Wahrscheinlichkeit	$\frac{4}{10}$	$\frac{3}{10}$	$\frac{2}{10}$	$\frac{1}{10}$

b) $1 \cdot \frac{4}{10} + 3 \cdot \frac{3}{10} + 5 \cdot \frac{2}{10} + 12 \cdot \frac{1}{10} = 3{,}5$

c) $1 \cdot \frac{4}{10} + 8 \cdot \frac{3}{10} + 5 \cdot \frac{2}{10} + 12 \cdot \frac{1}{10} = 5$

2

Ereignis	77	eine 7er-Ziffer	Vielfaches von 7	Sonstige
Gewinn (in €)	15	3	1	−2
Wahrscheinlichkeit	$\frac{1}{100}$	$\frac{18}{100}$	$\frac{11}{100}$	$\frac{70}{100}$

Erwartungswert für den Gewinn:

$\frac{1}{100} \cdot 15 + \frac{18}{100} \cdot 3 + \frac{11}{100} \cdot 1 + \frac{70}{100} \cdot (-2) = -\frac{60}{100} = -0{,}6$

durchschnittliche Einnahme pro Spiel: 0,60 €

Für 150 € Einnahmen muss etwa zweihundertfünfzig Mal gespielt werden.

3

a)

Zahl	11	5	1	0
Gewinn (in €)	8	2	−2	−3
Wahrscheinlichkeit	$\frac{1}{12}$	$\frac{4}{12}$	$\frac{2}{12}$	$\frac{5}{12}$

b) $8 \cdot \frac{1}{12} + 2 \cdot \frac{4}{12} - 2 \cdot \frac{2}{12} - 3 \cdot \frac{5}{12} = -0{,}25$

Nein, denn der Erwartungswert ist negativ.

c) Für ein faires Spiel gilt: Der Erwartungswert ist 0.

$\frac{1}{12} \cdot (z-3) + \frac{4}{12} \cdot 2 - \frac{2}{12} \cdot 2 - \frac{5}{12} \cdot 3 = 0;$ $z - 3 + 8 - 4 - 15 = 0;$

$z - 14 = 0;$ $z = 14$

Die Zahl 11 muss durch die Zahl 14 ersetzt werden, damit das Spiel fair ist.

Zufall | Merkzettel, Seite 15

Text: mögliches; günstige
Beispiele: 2; 4 und 6

Text: gleich **Beispiele:** 2; 6; $\frac{1}{3}$

Text: Ereignis
Beispiele: $P(E_1) = (2)(4)(6) = \frac{3}{6} = \frac{1}{2};$ $P(E_2) = (5) = \frac{1}{6}$

$P(E) = P(E_1) + P(E_2) = \frac{1}{2} + \frac{1}{6} = \frac{2}{3}$

Text: Ergebnisse

Beispiele: $1 - \frac{1}{6} = \frac{5}{6}$

Text: Versuchen; Ergebnisses; Ereignisses
Beispiele:

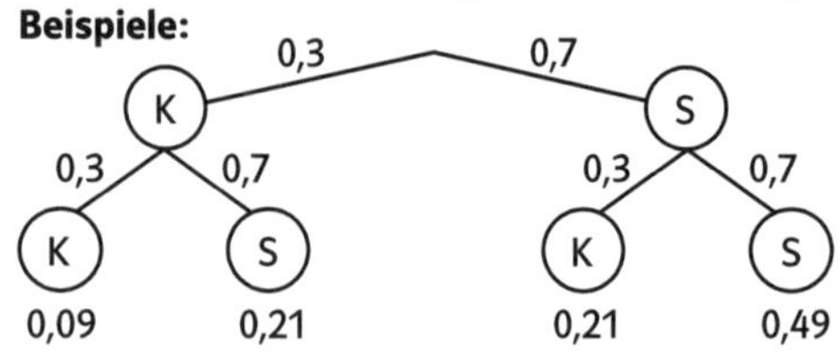

P(zweimal gleiche Lage) = 0,09 + 0,49 = 0,58 = 58 %

Text: Größen; multipliziert
Beispiele:

Erwartungswert $= \frac{1}{6} \cdot 3{,}00\,€ + \frac{2}{6} \cdot 1{,}50\,€ + \frac{3}{6} \cdot (-2{,}00\,€)$

$= \frac{3 + 2 \cdot 1{,}5 - 6}{6} = 0$

fair

Lineare Funktionen, Seite 16

1

a) fallend b) steigend c) fallend d) steigend

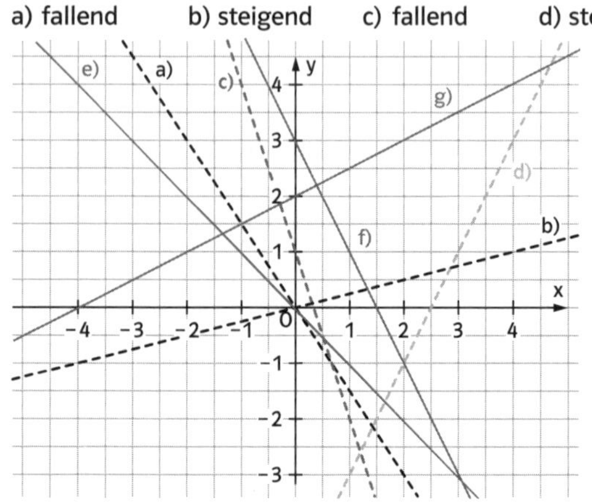

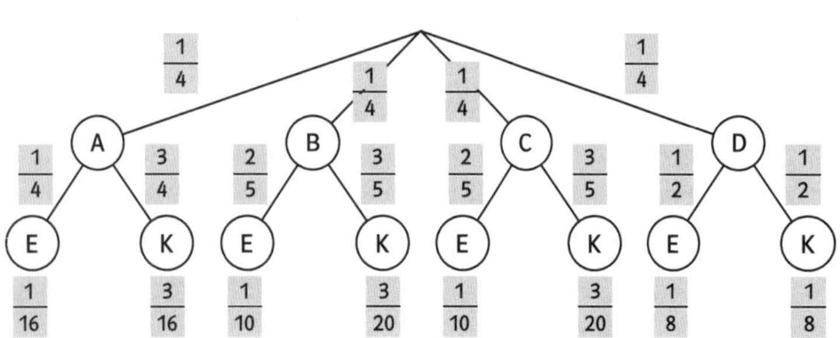

Figur 1

2

e) $m = -1$ $b = 0$ $y = -x$
f) $m = -2$ $b = 3$ $y = -2x + 3$
g) $m = 0{,}5$ $b = 2$ $y = 0{,}5x + 2$

3

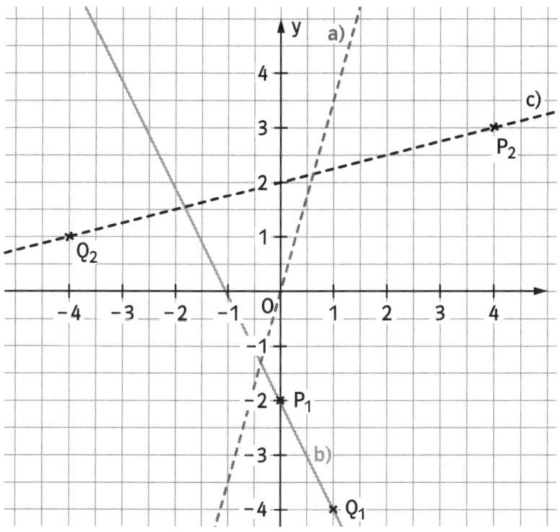

a) s. Graph a) im Schaubild
b) $y = -2x - 2$ $m = -2$ $b = -2$
c) $y = 0{,}25x + 2$ $m = 0{,}25$ $b = 2$

4

d) $m = -\frac{1}{3}$ $b = 1$ $y = -\frac{1}{3}x + 1$
e) $m = 1$ $b = -3$ $y = x - 3$
f) $m = 3$ $b = -1$ $y = 3x - 1$

5

a) (1) $y = 2x + 8$ Nullstelle bei $x = -4$
(2) $y = \frac{3}{5}x - 0{,}4$ Nullstelle bei $x = \frac{2}{3}$
(3) $y = -0{,}8x + 5{,}2$ Nullstelle bei $x = 6{,}5$
b)

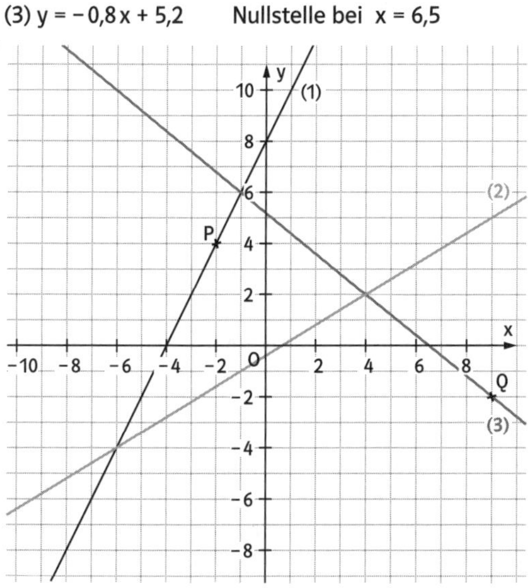

Der Schnittpunkt von (1) und (2) liegt bei $(-6\,|\,-4)$, der Schnittpunkt von (1) und (3) bei $(-1\,|\,6)$ und der Schnittpunkt von (2) und (3) bei $(4\,|\,2)$.

Lineare Gleichungssysteme, Seite 17

1

(1) $7x + 5y = 26{,}5$
(2) $3x - 5y = 18{,}5$
(1) + (2): $10x = 45$
$x = 4{,}5$
Setze x in (1) ein:
(1) $7 \cdot 4{,}5 + 5y = 26{,}5$
$31{,}5 + 5y = 26{,}5$
$5y = -5$
$y = -1$
Probe mit Gleichung (2):
(2) $3 \cdot 4{,}5 - 5 \cdot (-1) = 18{,}5$
$13{,}5 + 5 = 18{,}5$
$18{,}5 = 18{,}5$

2

(1) $23x + 7y = 29$
(2) $23x = 2y + 110$
(2) in (1): $2y + 110 + 7y = 29$
$9y + 110 = 29$ $|-110$
$9y = -81$ $|:9$
$y = -9$
x mit (1):
$23x + 7 \cdot (-9) = 29$
$23x - 63 = 29$ $|+63$
$23x = 92$ $|:23$
$x = 4$
P in (2): $23 \cdot 4 = 2 \cdot (-9) + 110$
$92 = -18 + 110$
$92 = 92$

3

(1) $4x - 6 = 7y$
(2) $7y = 2x - 10$
(1) = (2): $4x - 6 = 2x - 10$ $|+6$
$4x = 2x - 4$ $|-2x$
$2x = -4$ $|:2$
$x = -2$
y mit (1): $4 \cdot (-2) - 6 = 7y$
$-8 - 6 = 7y$
$-14 = 7y$ $|:7$
$-2 = y$
P in (2): $7 \cdot (-2) = 2 \cdot (-2) - 10$
$-14 = -4 - 10$
$-14 = -14$

4

a) Es gibt zwei Veränderungen (an einer Stelle), die möglich sind: (1) $y = 4x - 2$ oder (2) $y = 4x + 5$.
b) Damit es keine Lösung gibt, müssen beide Gleichungsgeraden parallel zueinander sein (also $m_1 = m_2$ und $b_1 \neq b_2$). Dafür müssen auch die Vielfachen einer Gleichung in Betracht gezogen werden; z.B. (1) $y = 2x - 2$ oder (2) $y = -5x - 3$
c) Da bei den gegebenen Gleichungen die eine ein Vielfaches der anderen ist, genügt es, wenn man eine der beiden beliebig an einer Stelle ändert. Es gibt somit unendlich viele mögliche Veränderungen; z.B. (2) $y = 2{,}5x + 1{,}5$

5

a) EV (2) $y = 5x - 6$
b) GV (2) $-2x + 5 = y$
c) EV (2) $y = 4x - 2{,}5$
d) EV (anschließend die entstehende Klammer ausmultipliziert)
(2) $x = -y + \frac{1}{3}$

6

Zu A gehört (1) + (2) $19y = 152$ und die Lösung $(-6 \mid 8)$.
Zu B gehört (1) + (2) $65x = 325$ und die Lösung $(5 \mid 8)$.
Zu C gehört (1) + (2) $x = 1$ und die Lösung $(1 \mid 7)$.
Zu D gehört (1) + (2) $-18y = 36$ und die Lösung $(7 \mid -2)$.

Die quadratische Funktion $y = x^2 + c$, Seite 18

1

a) $S(0 \mid 0)$ b) $S(0 \mid 1)$ c) $S(0 \mid -2)$ d) $S(0 \mid -0{,}5)$
e) Es werden der Reihe nach eingesetzt: 1; oben; unten; d); c).

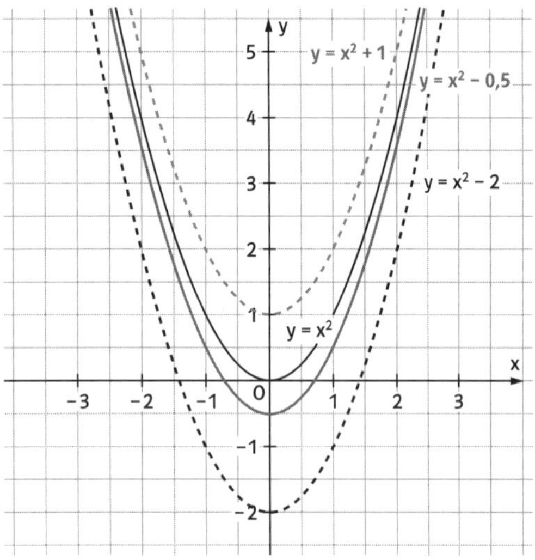

2

a) $y = x^2 + 3$ b) $y = x^2 + 1{,}5$ c) $y = x^2 - 0{,}75$ d) $y = x^2 - 2{,}25$

3

Auf der Normalparabel liegen die Punkte A, C, E und F. Die anderen drei Punkte liegen auf der Parabel mit der Funktionsgleichung: $y = x^2 + 4$

4

$P(-2 \mid 4)$	$Q(-6 \mid 36)$	$R(0{,}8 \mid 0{,}64)$	$T(1{,}1 \mid 1{,}21)$
$U(-1{,}5 \mid 2{,}25)$	$V(\sqrt{30} \mid 30)$	$W(3{,}2 \mid 10{,}24)$	$X(-\sqrt{5} \mid 5)$

5

a) $9 = 2^2 + c$; $5 = c$, also $y = x^2 + 5$
b) $-5 = (-2)^2 + c$; $-9 = c$, also $y = x^2 - 9$
c) $0 = (-4)^2 + c$; $-16 = c$, also $y = x^2 - 16$

Die quadratische Funktion $y = ax^2 + c$, Seite 19

1

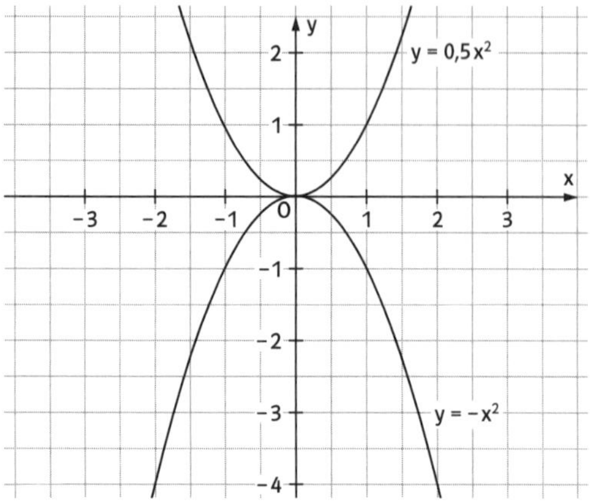

a) $y = 0{,}5x^2$ b) $y = -x^2$

2

a) B b) A c) C d) E e) D

3

siehe Tabelle 1

4

a) B b) C c) D d) A und E

5

a) $2 = a \cdot 1^2 - 3$; $2 = a - 3$; $a = 5$; $y = 5x^2 - 3$
b) $10 = \frac{1}{2} \cdot (-4)^2 + c$; $10 = 8 + c$; $c = 2$; $y = \frac{1}{2} \cdot x^2 + 2$

Die quadratische Funktion $y = (x - d)^2 + c$, Seite 20

1

a) $S(3 \mid 1)$ $y = (x - 3)^2 + 1$
b) $S(-2 \mid 1)$ $y = (x + 2)^2 + 1$
c) $S(-2 \mid -1)$ $y = (x + 2)^2 - 1$
d) $S(4 \mid -3)$ $y = (x - 4)^2 - 3$
e) $S(-4 \mid 2)$ $y = (x + 4)^2 + 2$

2

Die Punkte P, R, S liegen auf der Parabel a), die Punkte Q, R, S liegen auf der Parabel b).

3

Zu $y = x^2 + 10x + 25$ gehört $y = (x + 5)^2$.
Zu $y = x^2 + 8x + 16$ gehört $y = (x + 4)^2$.
Zu $y = x^2 + 2x + 3$ gehört $y = (x + 1)^2 + 2$.
Zu $y = x^2 - 4x + 4$ gehört $y = (x - 2)^2$.
Zu $y = x^2 - 6x + 8$ gehört $y = (x - 3)^2 - 1$.

Tabelle 1

	Funktionsgleichung	verschoben um … nach oben	unten	geöffnet nach oben	unten	breiter	schmaler
a)	$y = 5x^2 - 1$		1 LE	ⓧ	○	○	ⓧ
b)	$y = \frac{1}{4}x^2 + 5$	5 LE		ⓧ	○	ⓧ	○
c)	$y = -2x^2$			○	ⓧ	○	ⓧ
d)	$y = -\frac{1}{2}x^2 + 0{,}3$	0,3 LE		○	ⓧ	ⓧ	○
e)	$y = -x^2 - 5$		5 LE	○	ⓧ	○	○

4

a) $y - 10 + 3^2 = x^2 + 6x + 3^2$
$y - 1 = (x + 3)^2$
$y = (x + 3)^2 + 1$
$S(-3\,|\,1)$

b) $y - 16 = x^2 - 12x$
$y - 16 + 36 = x^2 - 12x + 36$
$y + 20 = (x - 6)^2$
$y = (x - 6)^2 - 20$
$S(6\,|\,-20)$

5

a) $S(5\,|\,-2{,}5)$
$y = (x - 5)^2 - 2{,}5$
$y = x^2 - 10x + 25 - 2{,}5$
$y = x^2 - 10x + 22{,}5$

b) $S(-1{,}1\,|\,11)$
$y = (x + 1{,}1)^2 + 11$
$y = x^2 + 2{,}2x + 1{,}21 + 11$
$y = x^2 + 2{,}2x + 12{,}21$

Nullstellen quadratischer Funktionen, Seite 21

1

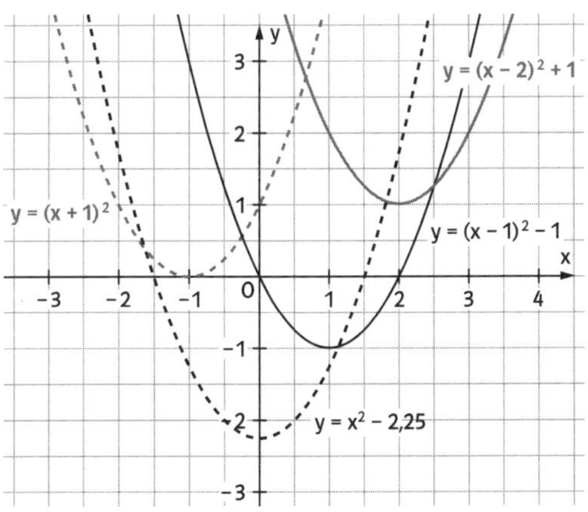

(A) $x_1 = 0$; $x_2 = 2$
(B) $x_1 = -1$ (einzige Nullstelle)
(C) $x_1 = -1{,}5$; $x_2 = 1{,}5$
(D) keine Nullstelle

Es werden nacheinander eingesetzt: D; Eine; A; C; zwei.

2

a) $16 = x^2$; $x_1 = 4$; $x_2 = -4$
b) $0 = x^2 - 1{,}21$; $1{,}21 = x^2$; $x_1 = 1{,}1$; $x_2 = -1{,}1$
c) $1 = (x + 3)^2$; $\pm 1 = x_{1,2} + 3$; $x_1 = -2$; $x_2 = -4$
d) $0 = (x - 5)^2 - 64$; $64 = (x - 5)^2$; $\pm 8 = x_{1,2} - 5$;
$x_1 = 13$; $x_2 = -3$

3

a) $y = x^2 - 4x + 2^2 - 2^2 + 3$; $y = (x - 2)^2 - 1$; $x_1 = 1$; $x_2 = 3$
b) $y = x^2 + 6x + 3^2 - 3^2 + 10$; $y = (x + 3)^2 + 1$; keine Nullstelle
c) $y = (x - 4)^2$; $x = 4$ ist die einzige Nullstelle

4

a) $S(-2\,|\,-5)$; zwei Nullstellen
b) $S(0\,|\,4)$; keine Nullstellen
c) $S(5\,|\,9)$; keine Nullstellen
d) $S(3\,|\,0)$; eine Nullstelle
e) $S(0\,|\,-2)$; zwei Nullstellen

5

a) $S(-2\,|\,-1)$
$y = (x + 2)^2 - 1$

b) $S(1\,|\,-4)$
$y = (x - 1)^2 - 4$

c) $S(0\,|\,-1)$
$y = x^2 - 1$

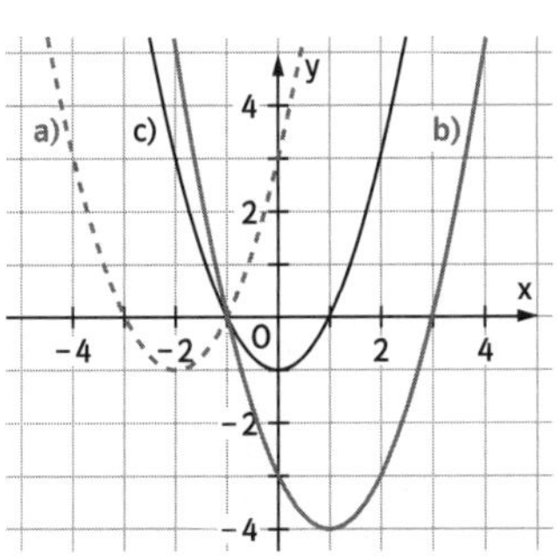

Schnittpunkte, Seite 22

1

a) $(x - 3)^2 + 4 = -x^2 + 6x + 3$ | Klammer auflösen und zusammenfassen
$x^2 - 6x + 13 = -x^2 + 6x + 3$ | $+x^2$
$2x^2 - 6x + 13 = 6x + 3$ | $-6x - 3$
$2x^2 - 12x + 10 = 0$ | $:2$
$x^2 - 6x + 5 = 0 \longrightarrow$ pq-Formel
$P_1 = (1\,|\,8)$; $P_2 = (5\,|\,8)$

b) $-x^2 + 4x - 3 = x^2 - 1$ | $+x^2$
$4x - 3 = 2x^2 - 1$ | $-4x + 3$
$0 = 2x^2 - 4x + 2$ | $:2$

$0 = x^2 - 2x + 1 \longrightarrow$ pq-Formel
Es gibt nur eine (doppelte) Lösung: $P = (1\,|\,0)$

2

a) $x^2 - 2x + 3 = x + 3$ | $-x$
$x^2 - 3x + 3 = 3$ | -3
$x^2 - 3x = 0 \longrightarrow$ pq-Formel
$P_1 = (0\,|\,3)$; $P_2 = (3\,|\,6)$

b) $-(x - 1)^2 + 4 = -2x + 7$ | Klammer auflösen und zusammenfassen
$-x^2 + 2x + 3 = -2x + 7$ | $+2x - 7$
$-x^2 + 4x - 4 = 0$ | $\cdot(-1)$

$x^2 - 4x + 4 = 0 \longrightarrow$ pq-Formel
Es gibt nur eine Lösung: $P = (2\,|\,3)$

3

a) $x^2 + 4x + 1 = -x^2 - 2x + 1$ | $+x^2$
$2x^2 + 4x + 1 = -2x + 1$ | $+2x - 1$
$2x^2 + 6x = 0$ | $:2$
$x^2 + 3x = 0 \longrightarrow$ pq-Formel
$P_1 = (0\,|\,1)$; $P_2 = (-3\,|\,-2)$

b) $x^2 - 3x + 0{,}75 = -x + 2$ | $+x$
$x^2 - 2x + 0{,}75 = 2$ | -2
$x^2 - 2x - 1{,}25 = 0 \longrightarrow$ pq-Formel
$P_1 = (2{,}5\,|\,-0{,}5)$; $P_2 = (-0{,}5\,|\,2{,}5)$

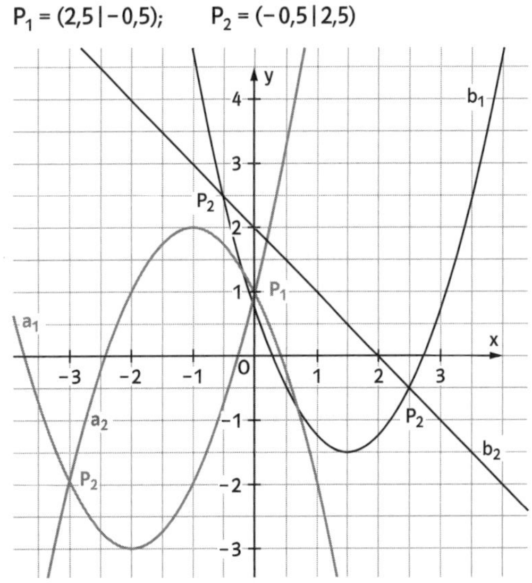

4

a) Die Parabel zu (1) öffnet sich nach oben, die Parabel zu (2) nach unten, und ihr Scheitelpunkt liegt auf der y-Achse oberhalb des Scheitelpunktes von (1): Die Graphen der Funktionen haben zwei gemeinsame Punkte.

b) Gleichsetzen der beiden Funktionsgleichungen liefert eine Funktion ersten Grades. Da sie als solche nur eine Lösung hat, haben die Graphen von (1) und (2) nur einen gemeinsamen Punkt.
c) Die Parabel öffnet sich nach oben und hat den Scheitelpunkt $(0\,|\,-3)$; die Gerade schneidet die y-Achse in $(0\,|\,4)$: Damit haben sie zwei gemeinsame Punkte.
d) Die Parabel zu (1) öffnet sich nach oben, die Parabel zu (2) nach, unten und der Scheitelpunkt von (2) liegt auf der y-Achse unterhalb des Scheitelpunktes von (1): Die Graphen der Funktionen haben keine gemeinsamen Punkte.

5

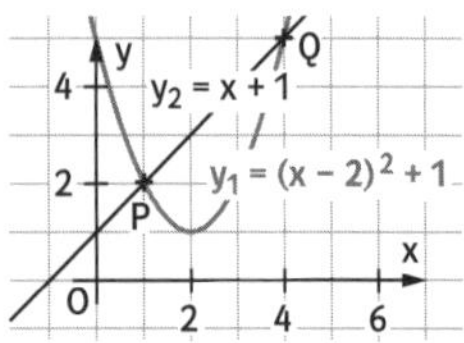

$P(1\,|\,2)$ und $Q(4\,|\,5)$;
$y_2 = x + 1$

Modellieren (1), Seite 23

1
Realsituation
(1) Gegeben: Der Körperschwerpunkt befindet sich beim Absprung 1 m vor der Latte und in der Höhe von 60 % der Körpergröße (1,93 m), dies sind 1,158 m. Der Scheitelpunkt der Flugbahn liegt 5 cm über der Latte (2,45 m), also in einer Höhe von 2,50 m.
(2) Gefragt ist, welche Höhe er bei verändertem Absprung (25 cm früher) übersprungen hätte.

Mathematisches Modell
Das Koordinatensystem wird so gewählt, dass der Scheitelpunkt auf der y-Achse liegt. Der Betrag von x beschreibt jeweils die horizontale Entfernung zwischen dem Scheitelpunkt und den Nullstellen der Funktion, y die Flughöhe des Körperschwerpunktes.
Koordinaten des Schwerpunktes beim Absprung: $P(-1\,|\,1{,}158)$
Koordinaten des Scheitelpunktes: $S(0\,|\,2{,}5)$

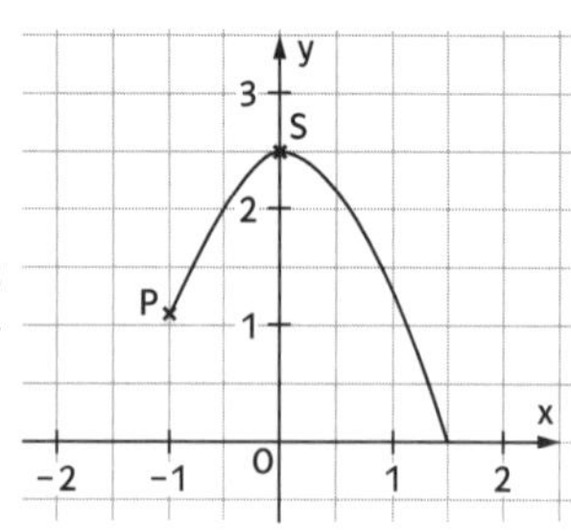

Mathematische Ergebnisse
(1) Einsetzen des Punktes $S(0\,|\,2{,}5)$ in die Funktionsgleichung ergibt $y = a\,x^2 + 2{,}5$.
Durch Einsetzen des Punktes $P(-1\,|\,1{,}158)$ erhält man
$1{,}158 = a(-1)^2 + 2{,}5$. Umformen ergibt $a = 1{,}158 - 2{,}5 = -1{,}342$.
Also ergibt sich als Funktionsgleichung: $y = -1{,}342 \cdot x^2 + 2{,}5$.
(2) Wenn Sotomayor 25 cm früher abgesprungen wäre, hätte er bei der Latte dieselbe Höhe gehabt wie bei der skizzierten Flugbahn 25 cm hinter der Latte. Also gibt die y-Koordinate an der Stelle $x = 0{,}25$ die gesuchte Höhe an:
$y = -1{,}342 \cdot 0{,}25^2 + 2{,}5 \approx 2{,}42$.
Da der notwendige Abstand zur Latte 5 cm beträgt, wäre damit die übersprungene Höhe 2,37 m.

Reale Ergebnisse
(1) Wenn Sotomayor 25 cm früher abgesprungen wäre, hätte er nur eine Höhe von 2,37 m übersprungen.
(2) Das Ergebnis ist realistisch, weil er bei anderen Wettbewerben ähnliche Höhen übersprungen hat.

Modellieren (2), Seite 24

1
Berechnung der drei Varianten für den Fall, dass das Kabel 8 m durchhängt:
(1) Ursprung liegt im Scheitelpunkt
Funktionsgleichung: $y = a\,x^2$

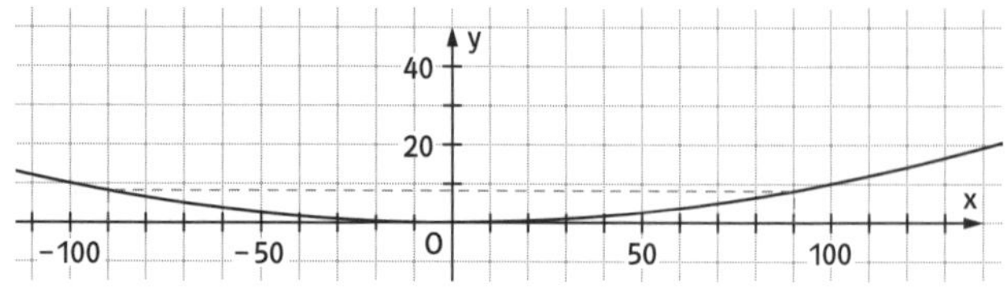

Einsetzen von $x = 90$ und $y = 8$ ergibt: $8 = a \cdot 90^2$
$a = \frac{8}{8100}$; $y = a = \frac{8}{8100}x^2$

(2) Ursprung liegt in der Spitze des linken Mastes
Funktionsgleichung: $y = a\,(x - c)^2 + d$

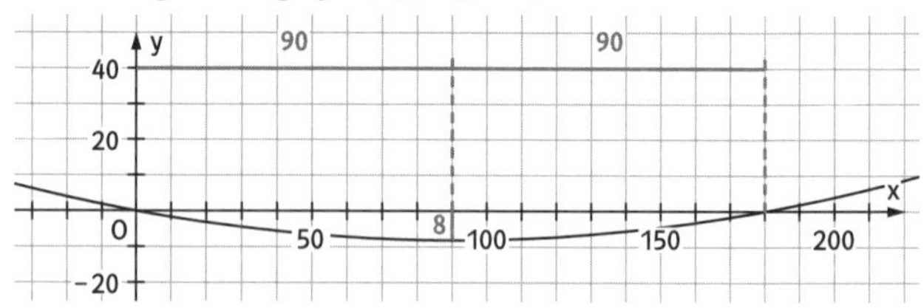

Der Scheitelpunkt liegt bei $(c\,|\,d) = (90\,|\,-8)$.
Einsetzen ergibt: $y = a(x - 90)^2 - 8$.
Einsetzen des Punktes $(180\,|\,0)$ in die Gleichung ergibt nun:
$0 = a(180 - 90)^2 - 8$
$0 = a \cdot 90^2 - 8$; $a = \frac{8}{90^2} = \frac{8}{8100}$.
Somit ist: $y = a = \frac{8}{8100} \cdot (x - 90)^2 - 8$

(3) Ursprung liegt im Fußpunkt des linken Mastes
Funktionsgleichung: $y = a\,(x - c)^2 + d$

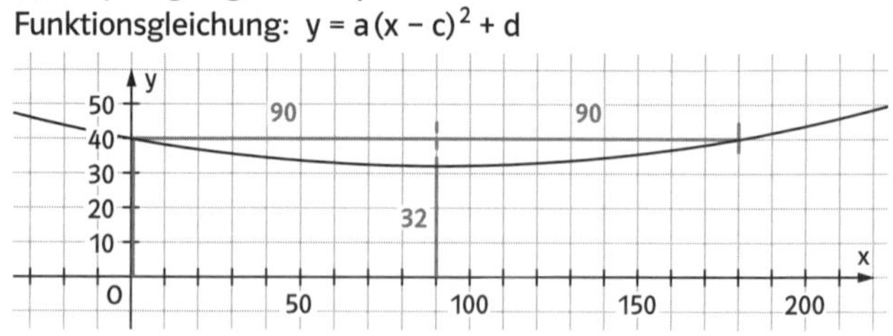

Der Scheitelpunkt liegt bei $(c\,|\,d) = (90\,|\,32)$.
Einsetzen ergibt: $y = a\,(x - 90)^2 + 32$.
Einsetzen des Punktes $(180\,|\,40)$ in die Gleichung ergibt nun:
$40 = a\,(180 - 90)^2 + 32$
$40 = a \cdot 90^2 + 32$; $a = \frac{8}{90^2} = \frac{8}{8100}$.
Somit ist: $y = a = \frac{8}{8100} \cdot (x - 90)^2 + 32$

siehe Tabelle 1 auf Seite 11

2
Die x-Achse liegt auf Abwurfhöhe (und nicht auf Bodenhöhe). Die y-Achse geht durch den Scheitelpunkt (dies folgt aus der Gleichungsform $y = a\,x^2 + c$).
a) Damit man weiß, welchem x „zwei Meter horizontalen Fluges" entsprechen, müssen zuerst die Nullstellen berechnet werden:
$-0{,}04\,x^2 + 1{,}8 = 0$; $x^2 = \frac{1{,}8}{0{,}04} = 45$; $x_1 \approx 6{,}708$; $x_2 \approx -6{,}708$
Nach 2 m horizontalen Fluges ist also $x \approx -4{,}708$.
$y = -0{,}04 \cdot (-4{,}708)^2 + 1{,}8 \approx 0{,}913$ m
Nach 2 m horizontalen Fluges hat die Kugel also eine Höhe von etwa 0,913 m erreicht.

b) Höhe der Kugel $y = 1\,m$

$1 = -0{,}04x^2 + 1{,}8; \quad x^2 = \frac{0{,}8}{0{,}04} = 20; \quad x_1 \approx 4{,}47; \quad x_2 \approx -4{,}47$

Die Kugel erreicht zum ersten Mal eine Höhe von 1 m, nachdem sie $6{,}708\,m - 4{,}47\,m \approx 2{,}24\,m$ geflogen ist.

c) Die Maximalhöhe der Kugel beträgt 1,8 m (Scheitelpunkt bei (0 | 1,8)). Diese Höhe wird nach etwa 6,71 m horizontalen Fluges erreicht.

3

a)

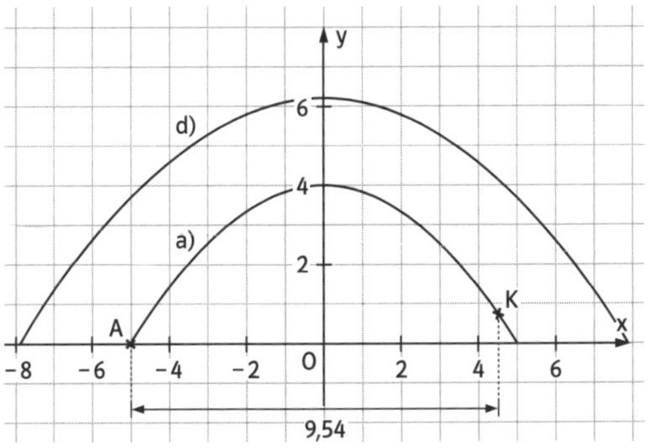

Die x-Achse wird auf Höhe des Abwurfpunktes gelegt.
Die y-Achse geht durch den Scheitelpunkt.
Der Abwurfpunkt A befindet sich somit an der Stelle der negativen Nullstelle.
K bezeichnet die Stelle, an der sich der Korb befindet.

b) Berechnung der Nullstellen:

$-0{,}16x^2 + 4 = 0; \quad x^2 = \frac{4}{0{,}16} = 25; \quad x_1 = 5; \quad x_2 = -5$

Berechnung der x-Koordinate von K:

$-0{,}16x^2 + 4 = 0{,}7; \quad x^2 = \frac{3{,}3}{0{,}16} = 20{,}625; \quad x_1 \approx 4{,}54; \quad x_2 \approx -4{,}54$

Der Abwurfpunkt war also etwa $5\,m + 4{,}54\,m = 9{,}54\,m$ vom Korb entfernt.

c) Der Scheitelpunkt liegt bei 4 m, d.h., die maximale Höhendifferenz zwischen Ball und Korb beträgt $4\,m - 0{,}7\,m = 3{,}3\,m$.

d) Berechnung der Nullstellen:

$-0{,}1x^2 + 6{,}2 = 0; \quad x^2 = \frac{6{,}2}{0{,}1} = 62; \quad x_1 \approx 7{,}874; \quad x_2 \approx -7{,}874$

(siehe Graph d) im Schaubild)

Der Scheitelpunkt dieser Wurfparabel liegt bei 6,2 m. Da der Abwurfpunkt aber ca. 2 m über dem Boden angenommen werden muss, würde die maximale Höhe der Wurfbahn bei 8,2 m liegen. Da die Hallenhöhe aber nur 7,5 m beträgt, fliegt der Ball gegen die Decke und kann den Korb nicht erreichen.

Quadratische Funktionen | Merkzettel, Seite 25

Text: y; Scheitel

Beispiele:

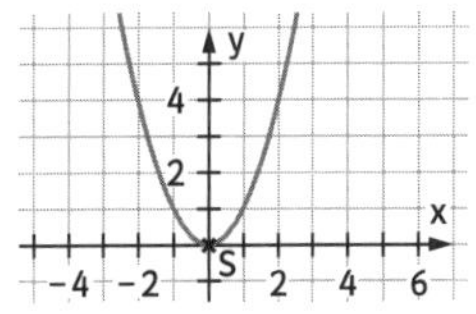

Text: Parabel; y; (0 | c)

Beispiele: oben; breiter; schmaler

Text: Scheitelform; (d | c)

Beispiele: a) $y = (x - 2)^2 + 1$

b) $y = x^2 + 2x - 1 \quad | + 1$

$y + 1 = x^2 + 2x \quad | + (1)^2$

$y + 1 + 1^2 = x^2 + 2x + 1^2$

$y + 2 = (x + 1)^2; \quad y = (x + 1)^2 - 2$

Text: x; null

Beispiele: $| + x^2; \quad x^2 = 9; \quad x_1 = -3; \quad x_2 = 3$

Beispiele: $S_1(1 | 5); \quad S_2(-3 | -3)$

Beispiele: in Pfeilrichtung einfügen:
Übersetzen; Lösen; Bewerten

Grundlagen festigen 1 | PV 1, Seite 26

1

a) Ergänzen: drei nicht weiße Kugeln (schwarze und/oder rote)
b) Ergänzen: eine schwarze und eine rote Kugel
c) Ergänzen: vier rote Kugeln

2

siehe Tabelle 2

Tabelle 1

	Der Ursprung liegt im Scheitelpunkt.	Der Ursprung liegt in der Spitze des linken Mastes.	Der Ursprung liegt im Fußpunkt des linken Mastes.
Das Kabel hängt 8 m durch.	$y = \frac{8}{8100}x^2$	$y = \frac{8}{8100}(x - 90)^2 - 8$	$y = \frac{8}{8100}(x - 90)^2 + 32$
Im Hochsommer hängt es 16 m durch.	$y = \frac{16}{8100}x^2$	$y = \frac{16}{8100}(x - 90)^2 - 16$	$y = \frac{16}{8100}(x - 90)^2 + 24$
Im vereisten Zustand hängt es 24 m durch.	$y = \frac{24}{8100}x^2$	$y = \frac{24}{8100}(x - 90)^2 - 24$	$y = \frac{24}{8100}(x - 90)^2 + 16$

Tabelle 2

Wahrscheinlichkeit	Glas 1	Glas 2	Glas 3	Glas 4
einen grauen Fisch erhalten	$\frac{3}{12} = \frac{1}{4}$	0	$\frac{3}{10}$	$10\,\% = \frac{1}{10}$
einen schwarzen oder weißen Fisch erhalten	$\frac{7}{12}$	1	0	$65\,\% = \frac{65}{100}$
einen orangen oder grauen Fisch erhalten	$\frac{5}{12}$	0	1	$35\,\% = \frac{35}{100}$
keinen schwarzen Fisch erhalten	$1 - \frac{3}{12} = \frac{9}{12} = \frac{3}{4}$	$\frac{4}{11}$	1	$85\,\% = \frac{85}{100}$

3

a) (1) $m = 1$; $b = 0$; $y = x$

(2) $m = \frac{1}{2}$; $b = -2$; $y = \frac{1}{2}x - 2$

(3) $m = -2$; $b = -2$; $y = -2x - 2$

(4) $m = \frac{1}{4}$; $b = 4$; $y = \frac{1}{4}x + 4$

(5) $m = 4$; $b = -5$; $y = 4x - 5$

(6) $m = -\frac{3}{4}$; $b = 6{,}5$; $y = -\frac{3}{4}x + 6{,}5$

b) Einsetzen von P(2,5 | −3) und Q(4 | −2) in die allgemeine Geradengleichung $y = mx + b$ ergibt ein lineares Gleichungssystem, das z. B. mit dem Additionsverfahren gelöst werden kann:

(1) $-3 = 2{,}5m + b$

(2) $-2 = 4m + b$

(2) − (1) $1 = 1{,}5m$ | : 1,5

$\frac{2}{3} = m$; $m = \frac{2}{3}$ in (2) eingesetzt ergibt $b = -\frac{14}{3}$

(7) $m = \frac{2}{3}$; $b = -\frac{14}{3}$; $y = \frac{2}{3}x - \frac{14}{3}$

c)

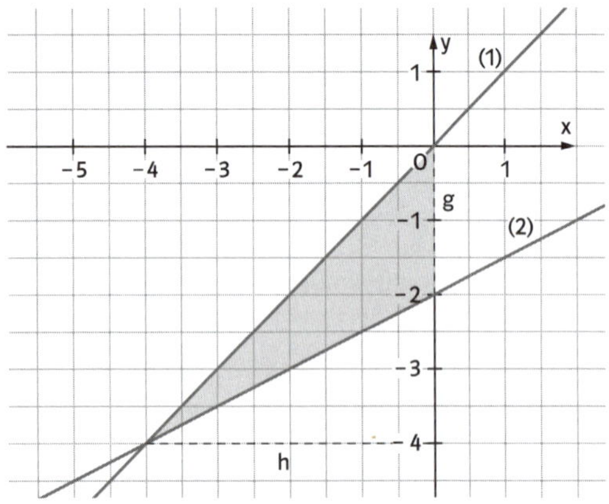

Flächeninhalt des Dreiecks: $A = 0{,}5 \cdot g \cdot h = 0{,}5 \cdot 2 \cdot 4 = 4\,FE$

4

a)

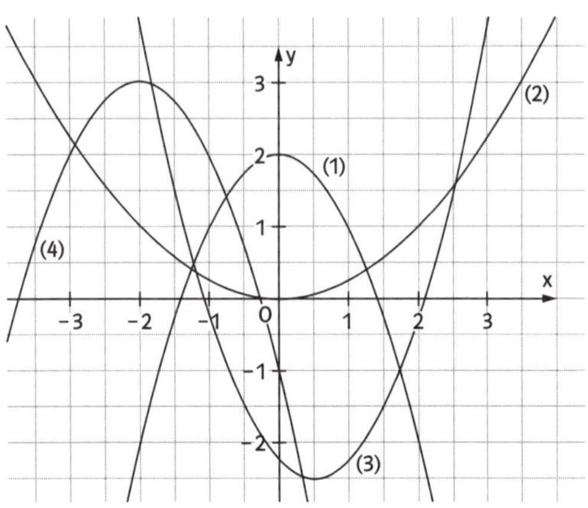

b)

Parabel	Scheitel	Öffnung	Form
(1)	(0 | 3)	nach unten	wie NP
(2)	(0 | 0)	nach oben	breiter als NP
(3)	(0,5 | −2,5)	nach oben	wie NP
(4)	(−2 | 3,5)	nach unten	wie NP

Grundlagen festigen 2 | PV 1, Seite 27

1

K_0: 3500,00 €; K_n: 4414,06 €; $n = 5$

$q = \sqrt[5]{\frac{K_5}{K_0}}$; $q = \sqrt[5]{\frac{4414{,}06\,€}{3500\,€}} \approx 1{,}0475$

Sie erhielt einen Zinssatz von 4,75 %.

2

Zinssatz: 3,25 %; Zinsen: 37,96 €; Zeit: 145 Tage;
gesucht: Kapital

$K = \frac{Z \cdot 100 \cdot 360}{p \cdot t} = \frac{37{,}96\,€ \cdot 100 \cdot 360}{3{,}25 \cdot 145} \approx 2900\,€$

Tibors Kapital betrug 2900 €.

3

Jahr	Restschuld am Jahresanfang	Zinsen	Tilgung	Restschuld am Jahresende
1	30 000,00 €	1500,00 €	4000,00 €	26 000,00 €
2	26 000,00 €	1300,00 €	4200,00 €	21 800,00 €
3	21 800,00 €	1090,00 €	4410,00 €	17 390,00 €

4

(1) $9x - 8y = 25$ (1′) $18x - 16y = 50$

(2) $6x + 13y = -20$ (2′) $18x + 39y = -60$

(2′) − (1′): $55y = -110$ | : 55

$y = -2$

(1) $9x - 8 \cdot (-2) = 25$ | −16

$9x = 9$ | : 9

$x = 1$

P mit (2′): $18 \cdot 1 + 39 \cdot (-2) = -60$

$-60 = -60$

5

a) (1) $3x - 2y = 14$ | · 2

(1′) $6x - 4y = 28$

(2) $7x + 4y = 24$

(1′) + (2): $13x = 52$ | : 13

$x = 4$

(1) $3 \cdot 4 - 2y = 14$ | −12

$-2y = 2$ | : (−2)

$y = -1$

$L = \{(4; -1)\}$

b) (1) $3x = 1 - 2y$ | · 4

(1′) $12x = 4 - 8y$

(2) $4x + 1 = -5y$ | · 3

(2′) $12x = -3 - 15y$

(1′) − (2′): $0 = 7 + 7y$ | −7

$-7 = 7y$ | : 7

$y = -1$

(1) $3x = 1 - 2 \cdot (-1)$

$3x = 3$ | : 3

$x = 1$

$L = \{(1; -1)\}$

c) (1) $5x - 2y = 23$ | · 3

(1′) $15x - 6y = 69$

(2) $6y = 6 - 10x$ | +10x

(2′) $10x + 6y = 6$

(1′) + (2′): $25x = 75$ | : 25

$x = 3$

(2) $6y = 6 - 10 \cdot 3$ | : 6

$y = -4$

$L = \{(3; -4)\}$

d) (1) $\frac{x}{6} + \frac{3y}{4} = 8$ | · 12

(1′) $2x + 9y = 96$ | · 2

(1″) $4x + 18y = 192$

(2) $\frac{3x}{9} - \frac{5y}{4} = -6$ | · 12

(2′) $4x - 15y = -72$

(1″) − (2′): $33y = 264$ | : 33

$y = 8$

(1′) $2x + 9 \cdot 8 = 96$ | −72

$2x = 24$ | : 2

$x = 12$

$L = \{(12; 8)\}$

Anspruchsvolle Aufgaben meistern 1 | PV 1, Seite 28

1

a) a: (8); Begründung: nach unten geöffnete, verschobene Normalparabel mit Scheitelpunkt S(5 | 4)
b: (3); Begründung: Gerade (lineare Funktion) mit Steigung $m = \frac{1}{6}$ (im Steigungsdreieck 6 LE nach rechts; 1 LE nach oben)
c: (6); Begründung: nach unten geöffnete Parabel mit Scheitelpunkt S(0 | −2); breiter als eine Normalparabel
d: (5); Begründung: nach oben geöffnete, verschobene Normalparabel mit Scheitelpunkt S(−4 | −5)
e: (2); Begründung: nach oben geöffnete, verschobene Normalparabel mit Scheitelpunkt S(1,5 | 3). Zur Entscheidung zwischen (2) und (10) müssen die Funktionsgleichungen durch quadratische Ergänzung in die Scheitelform umgewandelt werden.

(2) $y = x^2 - 3x + 5{,}25$
$y = x^2 - 3x + 1{,}5^2 + 5{,}25 - 1{,}5^2$
$y = (x - 1{,}5)^2 + 3$; S(1,5 | 3)

b) Gerade g mit unbekanntem y-Achsenabschnitt: $y = \frac{1}{6}x + b$
Parabel e: $y = x^2 - 3x + 5{,}25$
Gleichsetzen der beiden Funktionsgleichungen:
$\frac{1}{6}x + b = x^2 - 3x + 5{,}25 \quad | -\frac{1}{6}x - b$
$0 = x^2 - \frac{19}{6}x + \frac{21}{4} - b$
$x_{1,2} = \frac{19}{12} \pm \sqrt{\left(-\frac{19}{12}\right)^2 - \left(\frac{21}{4} - b\right)}$
Es existiert genau eine Lösung (ein Schnittpunkt), wenn die Diskriminante 0 ergibt.
$\left(-\frac{19}{12}\right)^2 - \left(\frac{21}{4} - b\right) = 0$
$\frac{361}{144} - \frac{21}{4} + b = 0 \quad | -b$
$\frac{361}{144} - \frac{756}{144} = -b$
$-\frac{395}{144} = -b \quad | \cdot (-1)$
$b = \frac{395}{144} = 2\frac{107}{144}$
Die neue Funktionsgleichung der Geraden lautet dann:
$y = \frac{1}{6}x + 2\frac{107}{144}$

2

a) Bestimmung der Funktionsgleichungen:
p_1: $y = -(x + 1{,}5)^2 + 6$; S(−1,5 | 6)
p_2: A(−0,5 | 5) und B(−2,5 | −3) in $y = x^2 + px + q$ einsetzen:
(1) $5 = 0{,}25 - 0{,}5p + q$
(2) $-3 = 6{,}25 - 2{,}5p + q$
(1) − (2): $8 = -6 + 2p \quad | +6$
$14 = 2p \quad | :2$
$7 = p$
p = 7 in (1) eingesetzt ergibt q = 8,25
p_2: $y = x^2 + 7x + 8{,}25$

Bestimmung der Schnittpunkte P und Q:
$p_1 = p_2$
$-(x + 1{,}5)^2 + 6 = x^2 + 7x + 8{,}25$
$-x^2 - 3x + 3{,}75 = x^2 + 7x + 8{,}25 \quad | +x^2 + 3x - 3{,}75$
$0 = 2x^2 + 10x + 4{,}5 \quad | :2$
$0 = x^2 + 5x + 2{,}25$
$x_{1,2} = -2{,}5 \pm \sqrt{6{,}25 - 2{,}25}$
$x_{1,2} = -2{,}5 \pm 2$
$x_1 = -0{,}5$; $x_2 = -4{,}5$
P(−0,5 | 5); Q(−4,5 | −3)

b) Bestimmung der Geradengleichung aus zwei Punkten:
P(−0,5 | 5) und Q(−4,5 | −3) in $y = mx + b$ einsetzen:
(1) $-3 = -4{,}5m + b$
(2) $5 = -0{,}5m + b$
(1) − (2) $8 = 4m \quad | :4$
$2 = m$
m = 2 in (2) eingesetzt ergibt b = 6
g: $y = 2x + 6$

Berechnung der Nullstelle:
$2x + 6 = 0 \quad | -6$
$2x = -6 \quad | :2$
$x = -3$
N(−3 | 0)

c)
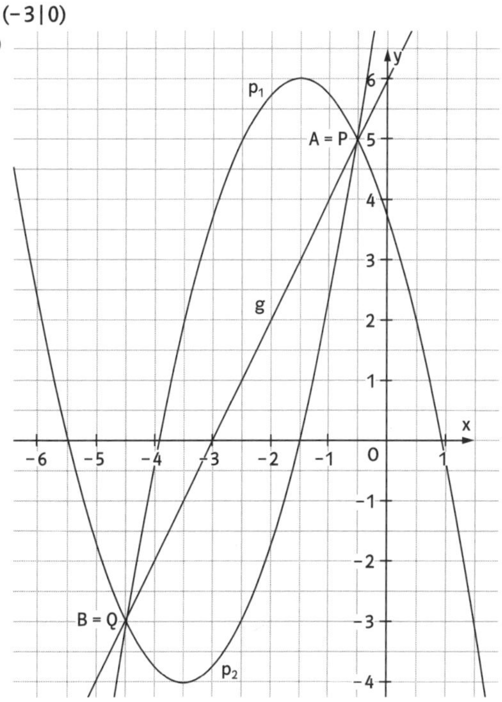

3

a) $x^2 - 1 = \frac{1}{4}x^2 + 2 \quad | -\frac{1}{4}x^2 - 2$
$\frac{3}{4}x^2 - 3 = 0 \quad | :\frac{3}{4}$
$x^2 - 4 = 0 \quad | +4$
$x^2 = 4 \quad | \sqrt{\ }$
$x_{1,2} = \pm 2$
$S_1(2 | 3)$; $S_2(-2 | 3)$

b) $x^2 - 3x + 0{,}75 = -x + 2 \quad | +x - 2$
$x^2 - 2x - 1{,}25 = 0$
$x_{1,2} = 1 \pm \sqrt{2{,}25} = 1 \pm 1{,}5$
$S_1(2{,}5 | 0{,}5)$; $S_2(-0{,}5 | 2{,}5)$

Sinus. Kosinus. Tangens, Seite 29

1

a) $\sin\alpha = \frac{2{,}1}{4{,}0}$ $\quad \cos\alpha = \frac{3{,}4}{4{,}0}$ $\quad \tan\alpha = \frac{2{,}1}{3{,}4}$

b) $\sin\alpha = \frac{3{,}0}{3{,}9}$ $\quad \cos\alpha = \frac{2{,}5}{3{,}9}$ $\quad \tan\alpha = \frac{3{,}0}{2{,}5}$

2

$\sin\alpha = \frac{b}{c}$ $\quad \sin\beta = \frac{a}{c}$ $\quad \sin\gamma = \frac{e}{c}$ $\quad \sin\delta = \frac{d}{c}$

$\cos\alpha = \frac{a}{c}$ $\quad \cos\beta = \frac{b}{c}$ $\quad \cos\gamma = \frac{d}{c}$ $\quad \cos\delta = \frac{e}{c}$

3

richtig sind b), c) und e); d) Korrektur: $\tan\alpha = \frac{x}{c+d}$

4

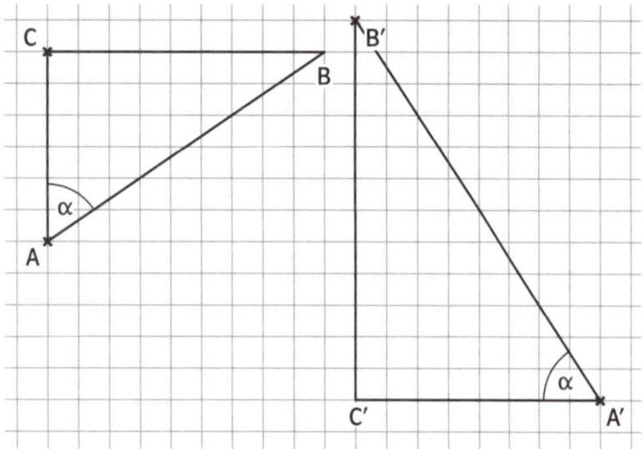

5

	a)	b)	c)	d)
$\sin\alpha < \cos\alpha$	⊗	○	⊗	○
$\tan\beta = 0{,}75$	○	○	○	⊗
$\cos\beta = \sin\alpha$	⊗	⊗	⊗	⊗
$\tan\alpha = 1$	○	⊗	○	○
$\sin\beta = \cos\beta$	○	⊗	○	○

Rechtwinklige Dreiecke berechnen, Seite 30

1

Aus der jeweils oberen Formel in den Kärtchen entnimmt man, dass bei allen Dreiecken der rechte Winkel bei C ist. Damit und gegen den Uhrzeigersinn gehend kann man dann die Spitzen aller Dreiecke benennen (damit hat man auch die Benennung aller Seiten und Winkel).
Beim Dreieck c) sind die zwei Katheten gegeben; damit wird es dem Kärtchen A zugeordnet (obere Formel: $a^2 + b^2 = c^2$).
Beim Dreieck d) sind eine Kathete und die Hypotenuse gegeben; damit wird es dem Kärtchen C zugeordnet (obere Formel: $b^2 = c^2 - a^2$).
Bei den zwei anderen Dreiecken ist theoretisch mehr Spielraum möglich: Da man den fehlenden Winkel mithilfe der Formel $\alpha + \beta = 90°$ als Erstes berechnet, ist man bei der Wahl der trigonometrischen Funktion, die als Nächstes berechnet werden kann, freier. Somit gilt:
Dreieck a) Kärtchen D (alternativ ist auch Kärtchen B möglich),
Dreieck b) Kärtchen B (alternativ ist auch Kärtchen D möglich).

2

a) Skizze B

b) Bestimme x mit $\tan 40° = \frac{x+8}{20}$

$20 \cdot \tan 40° = x + 8$; $x = 20 \cdot \tan 40° - 8 \approx 8{,}78$; $x \approx 8{,}78\,\text{m}$

3

Segelflieger:

$\tan\alpha = \frac{h}{d}$; $h = d \cdot \tan\alpha$; $h = 605\,\text{m} \cdot \tan 3{,}4° \approx 35{,}9\,\text{m}$

$\cos\alpha = \frac{d}{s}$; $s = \frac{d}{\cos\alpha}$; $s = \frac{605\,\text{m}}{\cos 3{,}4°} \approx 606{,}1\,\text{m}$

$m = \tan\alpha$; $m \approx 5{,}9\,\%$

Autofahrer:

$\tan\alpha = m \approx 0{,}115 = 11{,}5\,\%$; $\alpha \approx 6{,}56°$

$\sin\alpha = \frac{h}{s}$; $h = s \cdot \sin\alpha$; $h = 600\,\text{m} \cdot \sin 6{,}56° \approx 68{,}5\,\text{m}$

$\cos\alpha = \frac{d}{s}$; $d = s \cdot \cos\alpha$; $d = 600\,\text{m} \cdot \cos 6{,}56° \approx 596{,}1\,\text{m}$

Wanderer:

$\sin\alpha = \frac{h}{s} = \frac{35{,}2\,\text{m}}{300\,\text{m}}$; $\alpha \approx 6{,}74°$

$m = \tan\alpha$; $m \approx 0{,}118 = 11{,}8\,\%$

$\tan\alpha = \frac{h}{d}$; $d = \frac{h}{\tan\alpha}$; $d = \frac{35{,}2\,\text{m}}{\tan 6{,}74°} \approx 297{,}9\,\text{m}$

	α	m	h	d	s
Segelflieger	3,4°	5,9 %	35,9 m	605 m	606,1 m
Autofahrer	6,56°	11,5 %	68,5 m	596,1 m	600 m
Wanderer	6,74°	11,8 %	35,2 m	297,9 m	300 m

Die Bewegung des Wanderers ist am steilsten, da bei ihm der Neigungswinkel am größten ist ($\alpha \approx 6{,}74°$).
Der größte Höhenunterschied wird vom Autofahrer überwunden ($h \approx 68{,}5\,\text{m}$).

Allgemeine Dreiecke berechnen, Seite 31

1

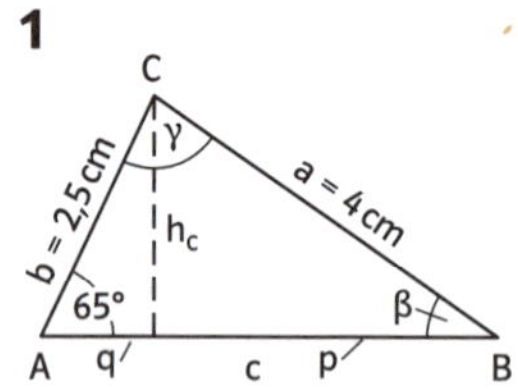

Es sind unterschiedliche Reihenfolgen möglich. Eine der möglichen Reihenfolgen (zusammen mit den Berechnungen) lautet:

1. $h_c = \sin\alpha \cdot b$; $h_c = \sin 65° \cdot 2{,}5\,\text{cm}$; $h_c \approx 2{,}27\,\text{cm}$
2. $q = \cos\alpha \cdot b$; $q = \cos 65° \cdot 2{,}5\,\text{cm}$; $q \approx 1{,}06\,\text{cm}$
3. $\sin\beta = \frac{h_c}{a}$; $\sin\beta = \frac{2{,}27}{4} = 0{,}566$; $\beta \approx 34{,}5°$
4. $p = \cos\beta \cdot a$; $p = \cos 34{,}5° \cdot 4\,\text{cm}$; $p \approx 3{,}3\,\text{cm}$
5. $\gamma = 180° - \alpha - \beta$; $\gamma = 180° - 65° - 34{,}5°$; $\gamma = 80{,}5°$

2

Bei b), c) und d) sind unterschiedliche Reihenfolgen für die Lösung möglich; z. B.:

	a	b	c	α	β	γ	einzeichnen
a)	③	✓	①	②	✓	✓	h_a
b)	✓	✓	③	✓	①	②	h_c
c)	✓	✓	✓	①	②	③	–
d)	✓	①	③	✓	✓	②	h_c

b)

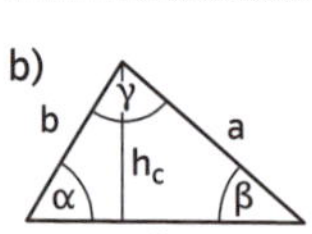

c)

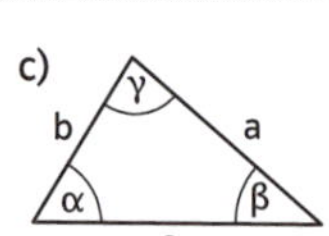

d)

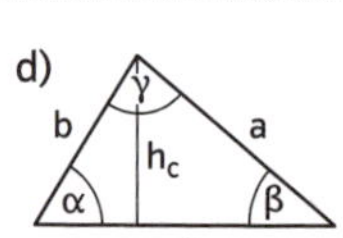

3

a) $h_c = a \cdot \sin 38°$; $\quad h_c \approx 3{,}02\,cm$

$\sin\alpha = \frac{h_c}{b} \approx 0{,}862$; $\quad \alpha \approx 59{,}5°$

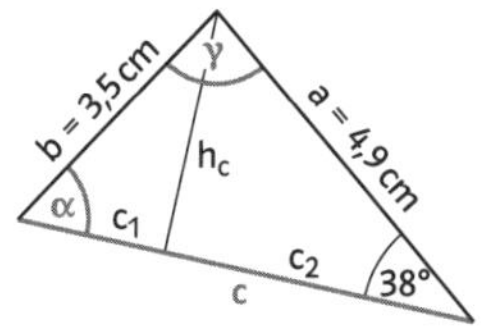

$\gamma = 180° - 59{,}5° - 38° = 82{,}5°$

$c_1^2 = b^2 - h_c^2$; $\quad c_1 \approx 1{,}77\,cm$

$c_2^2 = a^2 - h_c^2$; $\quad c_2 \approx 3{,}86\,cm$

$c = c_1 + c_2$; $\quad c \approx 5{,}6\,cm$

b) $h_a = b \cdot \sin 80°$; $\quad h_a \approx 6{,}40\,cm$

$\sin\beta = \frac{h_a}{c} \approx 0{,}941$; $\quad \beta \approx 70{,}3°$

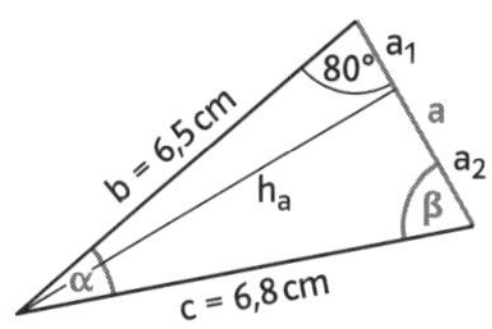

$\alpha = 180° - 80° - 70{,}3° = 29{,}7°$

$a_1^2 = b^2 - h_a^2$; $\quad a_1 \approx 1{,}13\,cm$

$a_2^2 = c_2 - h_a^2$; $\quad a_2 \approx 2{,}29\,cm$

$a = a_1 + a_2$; $\quad a \approx 3{,}4\,cm$

4

a) Die richtige Formel lautet: $A = 0{,}5 \cdot a \cdot c \cdot \sin\beta$; $\quad A \approx 4{,}14\,cm^2$
b) Die richtige Formel lautet: $A = 0{,}5 \cdot b \cdot h_b$; $\quad A = 5{,}4\,cm^2$
c) Die richtige Formel lautet: $A = 0{,}5 \cdot a \cdot b$. Die Formel ist möglich, da es um ein rechtwinkliges Dreieck ABC mit den Katheten a und b geht (aus $a = b$ folgt $\beta = \alpha = 45°$, somit ist $\gamma = 90°$).
$A = 8\,cm^2$
d) Die richtige Formel lautet: $A = 0{,}5 \cdot a \cdot h_a$. Diese Formel hilft hier allerdings nicht, denn die gegebenen Größen passen nicht dazu. Die geeignete Formel lautet: $A = 0{,}5 \cdot a \cdot b \cdot \sin\gamma$
Berechnung von γ:

$\sin\alpha = \frac{a}{b} \cdot \sin\beta \approx 0{,}817$; $\quad \alpha \approx 54{,}8°$

$\gamma = 180° - 33° - 54{,}8°$; $\quad \gamma = 92{,}2°$

$A \approx 6{,}74\,cm^2$

5

Die fünf Dreiecke sind gleichschenklige Dreiecke. Der Mittelpunktswinkel eines Teildreiecks beträgt $\gamma = \frac{1}{5} \cdot 360° = 72°$.
Die Basiswinkel betragen somit je 54°.
Die Dreieckshöhe ist $h = r \cdot \sin 54°$; $\quad h \approx 1{,}29\,cm$.
Die Grundseite ist $c = 2 \cdot r \cdot \cos 54°$; $\quad c \approx 1{,}88\,cm$.
Die Fläche eines Teildreiecks ist $A_D = \frac{1}{2} \cdot c \cdot h$; $\quad A_D \approx 1{,}22\,cm^2$.
Somit ist die Gesamtfläche $A_G = 6{,}10\,cm^2$.

Trigonometrie in der Ebene, Seite 32

1

a) Laura rechnet: Das Dreieck ABC ist gleichschenklig und rechtwinklig. Sein Flächeninhalt beträgt:

$A_{ABC} = \frac{1}{2} \cdot a \cdot b = \frac{1}{2} \cdot (6{,}7\,cm)^2$; $\quad A_{ABC} \approx 22{,}445\,cm^2$

Berechnung des Flächeninhalts des Dreiecks ACD:

$\gamma_2 = \gamma - 45° = 24°$; $\quad e = \sqrt{a^2 + b^2}$; $\quad e \approx 9{,}48\,cm$

$A_{ACD} = \frac{1}{2} \cdot c \cdot e \cdot \sin\gamma_2$; $\quad A_{ACD} \approx 19{,}27\,cm^2$

Vierecksfläche: $A = A_{ABC} + A_{ACD}$; $\quad A = 41{,}71\,cm^2$

b) Sören rechnet:
Im rechtwinkligen Dreieck HCD ist $h = c \cdot \sin\gamma$; $\quad h \approx 9{,}336\,cm$.

$b_2 = c \cdot \cos\gamma$; $\quad b_2 = 10\,cm \cdot \cos 69°$; $\quad b_2 \approx 3{,}584\,cm$

$A_{HCD} = \frac{1}{2} \cdot b_2 \cdot h$; $\quad A_{HCD} \approx 16{,}73\,cm^2$

$b_1 = b - b_2$; $\quad b_1 \approx 3{,}116\,cm$

Flächeninhalt des Trapezes ABHD:

$A_{ABHD} = \frac{1}{2} \cdot (a + h) \cdot b_1$; $\quad A_{ABHD} \approx 24{,}98\,cm^2$

Gesamtfläche: $A = A_{ABHD} + A_{HCD}$; $\quad A \approx 41{,}71\,cm^2$

c) Laura und Sören nehmen eine unterschiedliche Zerlegung des Vierecks vor. Laura nutzt den rechten Winkel und die zwei gleich langen Seiten, um ein rechtwinkliges, gleichschenkliges Dreieck zu bekommen; sie benötigt deshalb einen Rechenschritt weniger als Sören. Sören nutzt den rechten Winkel, um ein rechtwinkliges Dreieck und ein Trapez zu bekommen.

2

$\overline{BC}$ mit Pythagoras:

$\overline{BC} = \sqrt{\overline{AC}^2 - \overline{AB}^2}$

$\overline{BC} = \sqrt{7^2 - 5^2}$

$\overline{BC} \approx 4{,}90\,km$

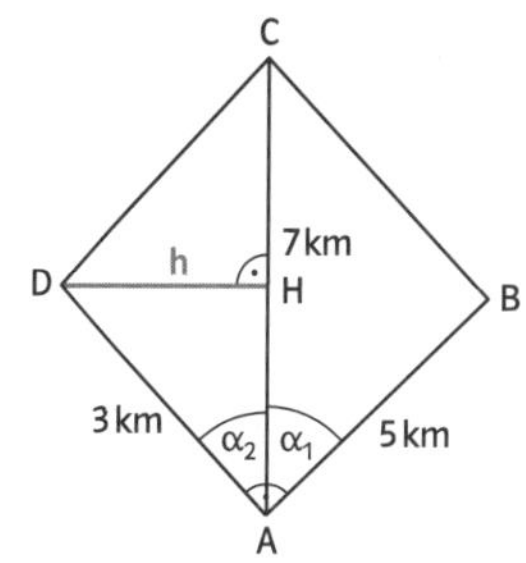

∢ BAC mit cos:

$\cos\alpha_1 = \frac{\overline{AB}}{\overline{AC}} = \frac{5}{7} \approx 0{,}714$

$\alpha_1 \approx 44{,}4°$

∢ CAD mit 90°-Ergänzung:

$\alpha_2 = 90° - \alpha_1 \approx 45{,}6°$

Höhe $h_{\overline{AC}}$ zur Seite $\overline{AC}$ im Dreieck ACD mit sin:

$h_{\overline{AC}} = \overline{AD} \cdot \sin\alpha_2$; $\quad h_{\overline{AC}} \approx 2{,}143\,km$

Strecke $\overline{AH}$ mit dem Satz des Pythagoras: $\overline{AH} = \sqrt{\overline{AD}^2 - h^2}$

$\overline{AH} \approx 2{,}10\,km$

Strecke $\overline{CH}$: $\overline{CH} = 7\,km - \overline{AH}$; $\quad \overline{CH} \approx 4{,}90\,km$

Berechnung von $\overline{DC}$: $\overline{DC} = \sqrt{\overline{CH}^2 + h^2}$; $\quad \overline{DC} \approx 5{,}35\,km$

linker Weg: $\overline{AD} + \overline{DC} = 3\,km + 5{,}35\,km = 8{,}35\,km$

rechter Weg: $\overline{AB} + \overline{BC} = 5\,km + 4{,}90\,km = 9{,}90\,km$

Die Differenz zwischen linkem und rechtem Weg beträgt ca. 1,55 km. Der linke Weg ist mit 8,35 km der kürzere.

3

a) $h_1 = \overline{AD} \cdot \sin\alpha$; $\quad h_1 \approx 39{,}95\ m$

$\overline{CE} = h - h_1$; $\quad \overline{CE} \approx 10{,}05\,m$

$\overline{DE} = \sqrt{\overline{DC}^2 - \overline{CE}^2}$

$\overline{DE} \approx 39{,}75\,m$

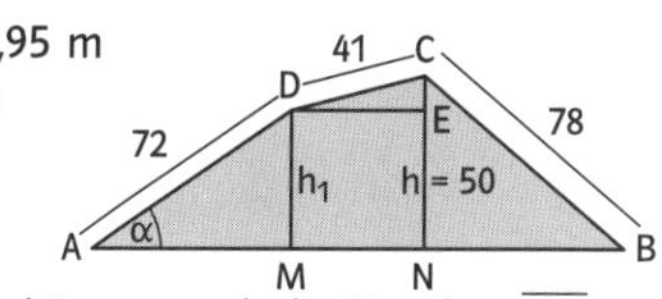

Mit dem Satz des Pythagoras können noch die Strecken $\overline{AM}$ und $\overline{BN}$ berechnet werden:

$\overline{AM} = \sqrt{72^2 - h_1^2}$; $\quad \overline{AM} \approx 60{,}0\,m$

$\overline{BN} = \sqrt{78^2 - h^2}$; $\quad \overline{BN} \approx 59{,}9\,m$

Flächeninhalt der Schnittfläche: $A = A_{AMD} + A_{DMNC} + A_{NBC}$

$A = \frac{1}{2} \cdot \overline{AM} \cdot h_1 + \frac{1}{2} \cdot (h + h_1) \cdot \overline{DE} + \frac{1}{2} \cdot \overline{BN} \cdot h \approx 4480{,}9\,m^2$

b) $V \approx 448\,090\,m^3$

Besondere Werte, Seite 33

1

$\sin 30° = \cos 60° = \frac{1}{2}$

$\cos 30° = \sin 60° = \frac{1}{2} \cdot \sqrt{3}$

$\tan 45° = 1$ (das ist der fehlende Wert)

$\sin 45° = \cos 45° = \frac{1}{2} \cdot \sqrt{2}$

$\tan 30° = \frac{1}{3} \cdot \sqrt{3}$

$\tan 60° = \sqrt{3}$

2

a) oben:

$y = e\sqrt{3}$ ist falsch; richtig ist: $y = e$

unten:

$\frac{1}{2}\sqrt{2} = \frac{x}{2e}$ ist falsch; richtig ist: $\frac{1}{2}\sqrt{3} = \frac{x}{2e}$

$x = e\sqrt{2}$ ist falsch; richtig ist: $x = e\sqrt{3}$

b) oben:

$y = 2e\sqrt{2}$ ist falsch; richtig ist: $y = \frac{2e}{\sqrt{2}} = \sqrt{2} \cdot e$

c) Hier ist alles falsch, richtig ist: oben (der Reihe nach):

$\sin 30° = \frac{6e}{y}$ $\frac{1}{2} \cdot y = 6e$ $y = 12e$

unten (der Reihe nach):

$\cos 30° = \frac{x}{y}$ $\frac{1}{2}\sqrt{3} = \frac{x}{12e}$ $x = 6e \cdot \sqrt{3}$

3

a) $a\sqrt{2} = 4e$; $a = \frac{4e}{\sqrt{2}} = 2e \cdot \sqrt{2}$

$u = 4a = 8e \cdot \sqrt{2}$

$A = a^2 = 8e^2$

b) $a = e \cdot \sqrt{\frac{2}{2}}$

$\sin 30° = \frac{\frac{1}{2} \cdot e}{b}$; $b = \frac{e}{2 \cdot \sin 30°} = e$

$u = 2a + 2b = e(\sqrt{2} + 2)$

$A = \frac{1}{2} \cdot e \cdot \frac{e}{2} + \frac{1}{2} \cdot e \cdot x = \frac{1}{4} \cdot e^2 + \frac{1}{2} \cdot e \cdot \frac{1}{2} \cdot e\sqrt{3} = \frac{1}{4} \cdot e^2(1 + \sqrt{3})$

c) $a = 4e$; $u = 16e$

$A = 2 \cdot \frac{1}{2} \cdot 4e \cdot x = 4e \cdot \frac{1}{2}a\sqrt{3} = 4e \cdot \frac{1}{2} \cdot 4e\sqrt{3} = 8e^2\sqrt{3}$

Das Lösungswort lautet: KELTER.

Trigonometrie im Raum (1), Seite 34

1

	rechtwinklig	gleichschenklig	gleichseitig
Δ AFH	○	○	⊗ $\overline{AF} = \overline{FH} = \overline{AH}$
Δ BHD	⊗ ∢ BDH	○	○
Δ BCF	⊗ ∢ CBF	⊗ ∢ $\overline{BF} = \overline{BC}$	○
Δ ACG	⊗ ∢ ACG	○	○
Δ BCK	○	⊗ ∢ $\overline{BK} = \overline{CK}$	○
Δ EBH	⊗ ∢ BEH	○	○

2

a)

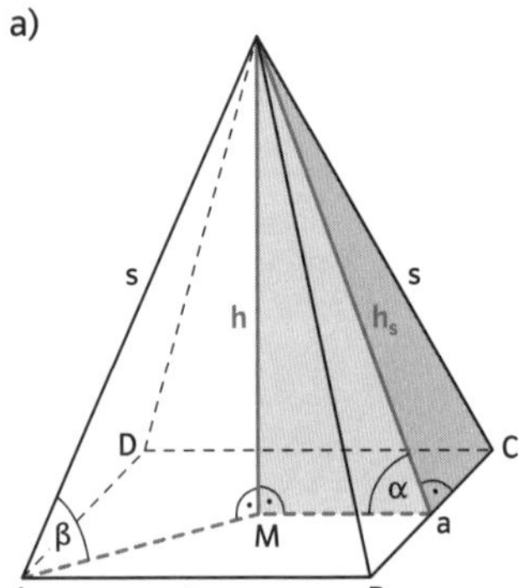

b)

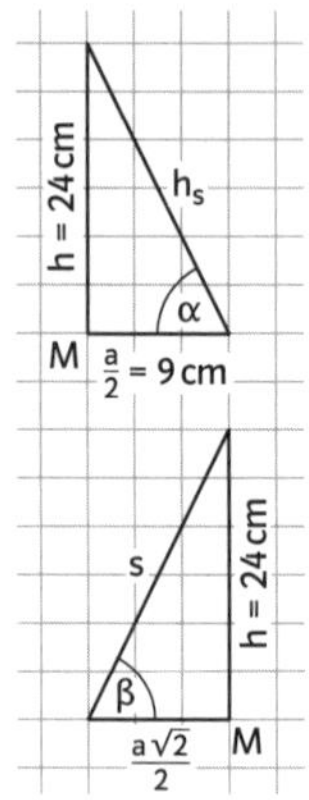

Berechnung von α:

$\tan\alpha = \frac{h}{\frac{1}{2}a} = \frac{2h}{a}$

$\tan\alpha = \frac{2 \cdot 24}{18} \approx 2{,}67$; $\alpha \approx 69{,}4°$

Berechnung von β:

$\tan\beta = \frac{h}{\frac{1}{2}d} = \frac{h}{\frac{1}{2}a\sqrt{2}} = \frac{2h}{a\sqrt{2}} = \frac{h\sqrt{2}}{a}$

$\tan\beta = \frac{24\sqrt{2}}{18} \approx 1{,}89$; $\beta \approx 62{,}0°$

3

a)

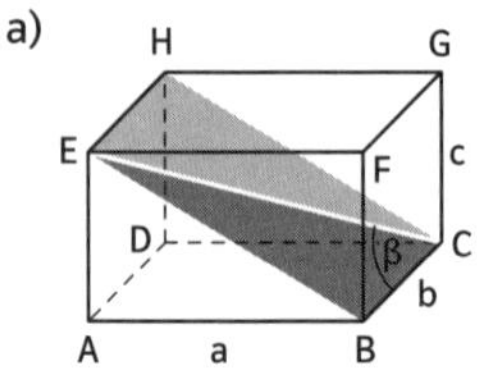

$\overline{EB} = \sqrt{a^2 + c^2} = \sqrt{34}$ cm;

$\tan\beta = \frac{\sqrt{34}}{4}$; $\beta \approx 55{,}6°$

b)

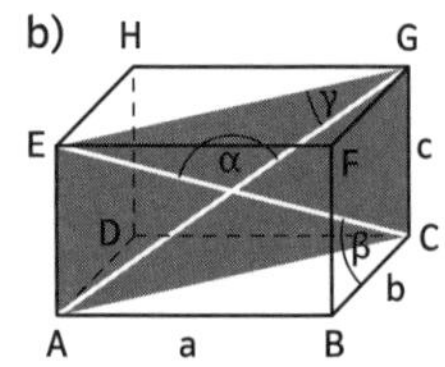

Es gibt verschiedene Möglichkeiten, Hilfslinien einzuzeichnen und die Aufgabe zu lösen. Ein Beispiel:

$\overline{EG} = \sqrt{a^2 + b^2} = \sqrt{41}$ cm

$\tan\gamma = \frac{3}{\sqrt{41}}$; $\gamma \approx 25{,}1°$

$\alpha \approx 180° - 2\gamma = 129{,}8°$

Trigonometrie im Raum (2), Seite 35

1

a)

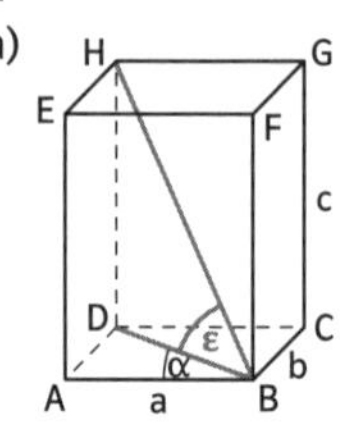

$\tan\alpha = \frac{b}{a}$; $b = a \cdot \tan\alpha = 8\,\text{cm} \cdot \tan 36{,}87°$; $b \approx 6{,}00\,\text{cm}$

$\tan\varepsilon = \frac{c}{d} = \frac{c}{\sqrt{a^2 + b^2}}$

$\tan\varepsilon = \frac{11\,\text{cm}}{\sqrt{(8^2 + 6^2)\,\text{cm}^2}} = 1{,}1$; $\varepsilon \approx 47{,}73°$

b) $O = 2 \cdot (ab + bc + ac)$

$O = 2 \cdot (8 \cdot 6 + 6 \cdot 11 + 8 \cdot 11)\,\text{cm}^2 = 404\,\text{cm}^2$

2

a) Bei der zweiten Zeile der Berechnung hat sich ein gravierender Denkfehler eingeschlichen. x ist die Seitenhalbierende (und nicht die Höhe) zur Seitenkante s; dementsprechend kann der Satz des Pythagoras an dieser Stelle nicht angewendet werden.

Da x falsch berechnet wurde, sind die nachfolgenden Rechnungen auch fehlerhaft.

b)

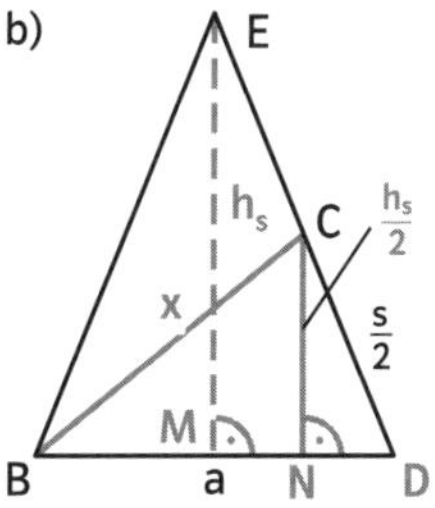

Berechnung von x im Dreieck BNC:

$\overline{BM} = \frac{1}{2}a$

$\overline{CN} = \frac{1}{2}h_s$ (da $\overline{BC}$ Seitenhalbierende und $\overline{CN} = \frac{h_s}{2}$)

$\overline{MN} = \frac{1}{2} \cdot \frac{1}{2}a = \frac{1}{4}a$; also $\overline{BN} = \frac{3}{4}a = 4{,}05\,\text{cm}$

$h_s = \sqrt{s^2 - \left(\frac{1}{2}a\right)^2}$; $h_s = \sqrt{12{,}8\,\text{cm}^2 - 2{,}7\,\text{cm}^2}$

$h_s \approx 12{,}51\,\text{cm}$; somit ist $\overline{CN} \approx 6{,}256\,\text{cm}$

$x = \sqrt{\overline{BN}^2 + \overline{CN}^2}$; $x \approx \sqrt{4{,}05\,\text{cm}^2 + 6{,}256\,\text{cm}^2}$; $x \approx 7{,}45\,\text{cm}$

Der nachfolgende Rechenweg stimmt und liefert mithilfe der korrekt berechneten Werte folgende Ergebnisse:

$\cos\alpha = \frac{d}{2x}$; $\alpha = \beta \approx 59{,}2°$

$\gamma = 180° - \alpha - \beta \approx 61{,}6°$

3

a) $\cos\alpha = \frac{e}{\overline{BK}}$; $\overline{BK} = \frac{e}{\cos\alpha}$; $\overline{BK} \approx 6{,}6\,\text{cm}$

$\overline{KH} = 14{,}8\,\text{cm} - \overline{BK} = 8{,}20\,\text{cm}$

$\cos\delta = \frac{y}{\overline{KH}}$, wobei $y = \sqrt{e^2 + e^2} = e\sqrt{2}$; somit ist:

$\cos\delta = \frac{e\sqrt{2}}{\overline{KH}}$; $\cos\delta = \frac{5\,\text{cm}\sqrt{2}}{8{,}2\,\text{cm}}$; $\delta \approx 30{,}42°$

b) Berechnung der Höhe h:

$h = \overline{AK} + \overline{DK} = \sqrt{\overline{BK}^2 - e^2} + \sqrt{\overline{KH}^2 - 2e^2}$; $h \approx 8{,}46\,\text{cm}$

Berechnung des Volumens des Prismas:

$V = A_{ABFE} \cdot h = \frac{1}{2} \cdot (e + 2e) \cdot e \cdot h = \frac{3}{2}e^2 \cdot h$; $V \approx 317{,}25\,\text{cm}^3$

Trigonometrie | Merkzettel, Seite 36

Text: rechtwinkligen

Beispiele: $\cos\delta = \frac{e}{c}$; $\sin\delta = \frac{d}{c}$; $\sin\varepsilon = \frac{e}{c}$; $\cos\varepsilon = \frac{d}{c}$

$\tan\varepsilon = \frac{e}{d}$; $\tan\delta = \frac{d}{e}$

Beispiele: $\sin\beta = \frac{b}{c}$; $\beta = 45°$; $\alpha = 90° - 45° = 45°$

$\alpha = 90° - 52° = 38°$

$\sin\alpha = \frac{a}{c}$, also $c = \frac{a}{\sin\alpha} \approx 8{,}6\,\text{cm}$

Text: rechtwinklige; zerlegt

Beispiele: 1. h_b aus $\sin\alpha = \frac{h_b}{b}$; 2. β aus $\sin\beta = \frac{h_b}{a}$

3. $\gamma = 180° - \alpha - \beta$; 4. c_1 aus $\cos\alpha = \frac{c_1}{b}$ und c_2 aus $\cos\alpha = \frac{c_2}{a}$

5. c aus $c_1 + c_2$

Beispiele:

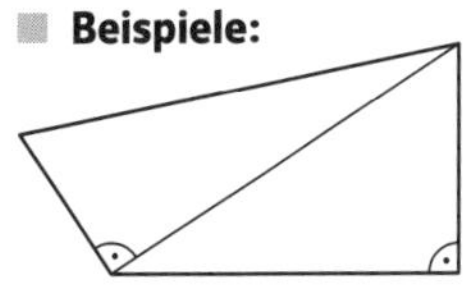

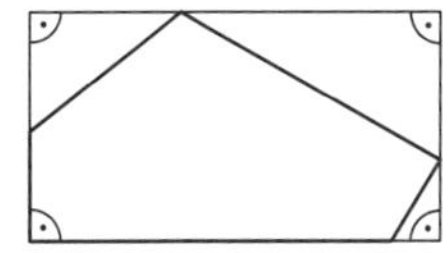

Beispiele:

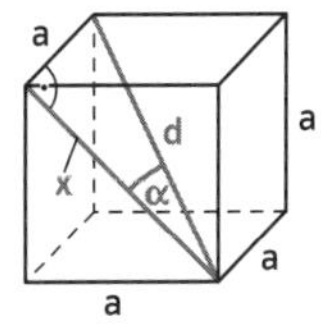

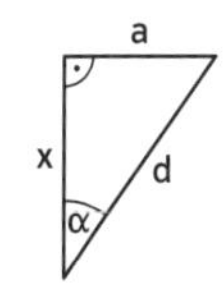

$x = a\sqrt{2}$; $\tan\alpha = \frac{a}{x} = \frac{a}{a\sqrt{2}} = \frac{1}{\sqrt{2}} \approx 0{,}707$; $\alpha \approx 35{,}3°$

Grundlagen festigen 3 | PV 2, Seite 37

1

siehe Tabelle 1

2

a) P(Zahl ist durch 6 teilbar) $= \frac{2}{16} = \frac{1}{8}$

b) P(Zahl ist nicht durch 6 teilbar) $= 1 - \frac{1}{8} = \frac{7}{8}$

c) P(Primzahl) $= \frac{6}{16} = \frac{3}{8}$

d) P(keine Primzahl) $= 1 - \frac{3}{8} = \frac{5}{8}$

e) P(Primzahl oder durch 6 teilbare Zahl) $= \frac{3}{8} + \frac{1}{8} = \frac{4}{8} = \frac{1}{2}$

f) $P = \frac{3}{8} \cdot \frac{1}{4} + \frac{1}{4} \cdot \frac{3}{8} = \frac{3}{16}$. Hier handelt es sich um zweimaliges Ziehen mit Zurücklegen ohne Beachtung der Reihenfolge.

g) $P = \frac{3}{256}$. Von den 256 Möglichkeiten ergeben nur 3 eine Summe von mehr als 30: (15; 16), (16; 15) und (16; 16).

3

a) 1. Terme auf beiden Seiten des „=" vereinfachen

2. Terme auf beiden Seiten des „=" zusammenfassen

3. Summanden mit Variablen auf einer Seite zusammenfassen

4. Summanden ohne Variablen auf der anderen Seite zusammenfassen

5. durch den Koeffizienten der Variablen dividieren

Tabelle 1

	Ereignis	P(E)	Gegenereignis	$P(\overline{E})$
a)	eine orange oder weiße Kugel ziehen	$\frac{3}{6} = \frac{1}{2}$	eine schwarze Kugel ziehen (bzw. eine Kugel ziehen, die weder weiß noch orange ist)	$\frac{1}{2}$
b)	einen Gewinn (bzw. keine Niete) ziehen	5 %	eine Niete ziehen	95 %
c)	Das Glücksrad bleibt auf einem roten Feld stehen.	$\frac{7}{24}$	Das Glücksrad bleibt nicht auf einem roten Feld stehen.	$\frac{17}{24}$
d)	mit einem Spielwürfel eine Zahl kleiner als 3 oder größer als 4 würfeln	$\frac{2}{3}$	mit einem Spielwürfel eine Zahl größer als 2 und kleiner als 5 würfeln	$\frac{2}{6} = \frac{1}{3}$

3

b) Lösungswort: LASAGNE

(1) $3x - 6 - 4x - 8 = -13$
$-x - 14 = -13 \quad | +14$
$-x = 1 \quad | \cdot (-1)$
$x = -1$

(2) $-15 + 24x = 57 + 4x - 12$
$-15 + 24x = 45 + 4x \quad | -4x + 15$
$20x = 60 \quad | : 20$
$x = 3$

(3) $6x - 40x + 30 = 40 - 32x$
$-34x + 30 = 40 - 32x \quad | +34x - 40$
$-10 = 2x \quad | : 2$
$-5 = x$

(4) $x^2 - 2x + 3x - 6 - 8x - x^2 = 15$
$-7x - 6 = 15 \quad | +6$
$-7x = 21 \quad | : (-7)$
$x = -3$

(5) $25 - 10x + x^2 + 9 - x^2 = 24$
$34 - 10x = 24 \quad | -34$
$-10x = -10 \quad | : (-10)$
$x = 1$

(6) $9x^2 + 24x + 16 - 9x^2 - 8x = 6x - 14$
$16x + 16 = 6x - 14 \quad | -6x - 16$
$10x = -30 \quad | : 10$
$x = -3$

(7) $4x^2 + 36x + 81 - 4x^2 - 3x + 8x + 6 = 5$
$41x + 87 = 5 \quad | -87$
$41x = -82 \quad | : 41$
$x = -2$

4

b) ~~$12x - 21$~~; $3 + 4x - 7$ bzw. $4x - 4$
c) ~~$3x^2$~~; $9x^2$ d) ~~$-24x$~~; $-48x$
e) ~~$+3$~~; -3 f) ~~4~~; 96
g) ~~$-28x + 49$~~; $+28x - 49$ h) ~~$+24$~~; -24

Grundlagen festigen 4 | PV 2, Seite 38

1

a)

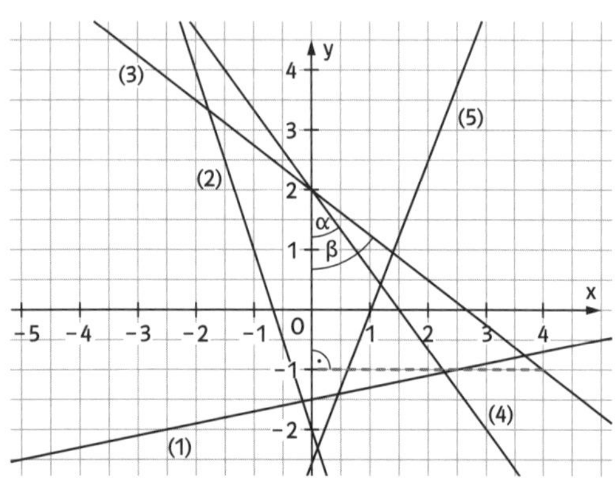

b) Punkt $(2|2{,}5)$ in $y = 2{,}5x + b$ einsetzen: (5) $y = 2{,}5x - 2{,}5$

c) Den Schnittwinkel der beiden Geraden (3) und (4) kann man als Differenz der beiden Winkel α und β bestimmen – dazu wählt man geeignete rechtwinklige Dreiecke im Koordinatensystem, z. B. wie in der Abbildung.

$\tan\alpha = \frac{1{,}5}{2}$; $\alpha \approx 36{,}87°$; $\tan\beta = \frac{4}{3}$; $\beta \approx 53{,}13°$

Schnittwinkel: $\beta - \alpha \approx 16{,}3°$

Der Nebenwinkel beträgt dann $180° - 16{,}3° = 163{,}7°$

2

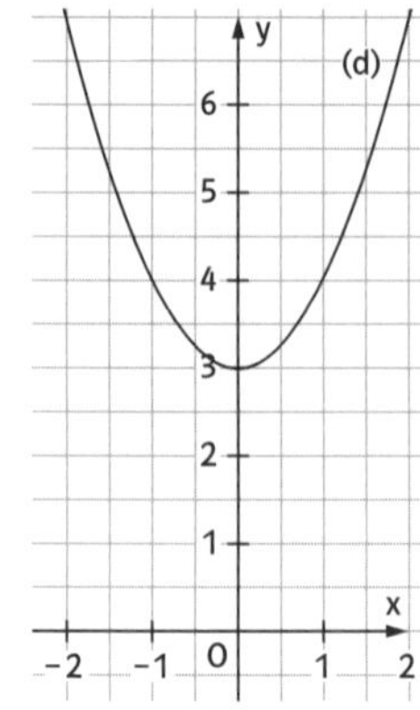

a) $y = \frac{1}{3}x^2 - 2$

b) $y = -(x - 2)^2 - 1{,}5$

c) $y = (x + 3)^2 + 4$

d) $A(2|7)$ und $B(-2|7)$ in $y = x^2 + px + q$ einsetzen:
(1) $7 = 4 + 2p + q$
(2) $7 = 4 - 2p + q$
(1) + (2): $14 = 8 + 2q$
$q = 3$
$q = 3$ in (1) eingesetzt ergibt $p = 0$
Funktionsgleichung: $y = x^2 + 3$

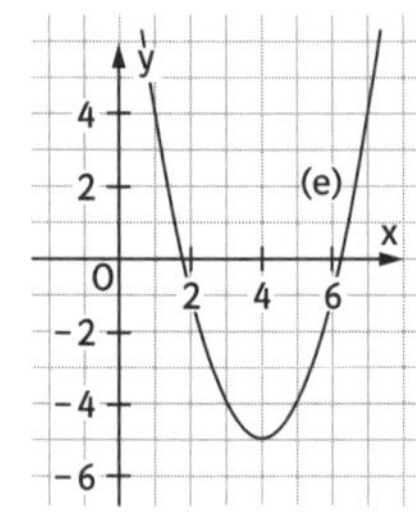

e) $P(2|-1)$ und $Q(7|4)$ in $y = x^2 + px + q$ einsetzen:
(1) $-1 = 4 + 2p + q$
(2) $4 = 49 + 7p + q$
(2) – (1): $5 = 45 + 5p \quad | -45$
$-40 = 5p \quad | : 5$
$-8 = p$
$p = -8$ in (1) eingesetzt ergibt $q = 11$
Funktionsgleichung:
$y = x^2 - 8x + 11$ (Normalform)
$y = x^2 - 8x + 16 + 11 - 16$
$y = (x - 4)^2 - 5$ (Scheitelform)

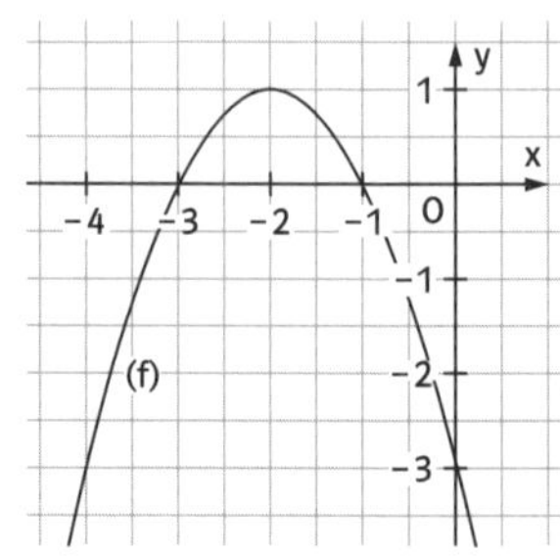

f) Aus der Öffnung der verschobenen Normalparabel und der Lage der beiden Nullstellen ergibt sich für den Scheitelpunkt $S(-2|1)$.
Funktionsgleichung:
$y = -(x + 2)^2 + 1$

3

a) Das Dreieck kann nicht berechnet werden, da die Zerlegung von c nicht bekannt ist.

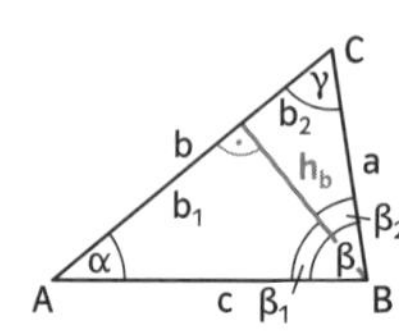

b) $h_b = c \cdot \sin\alpha$
$= 7{,}2 \cdot \sin 39{,}0° \approx 4{,}53\,\text{cm}$
$b_1 = \sqrt{c^2 - h_b^2}$
$= \sqrt{7{,}2^2 - 4{,}53^2}\,\text{cm} \approx 5{,}60\,\text{cm}$
$\beta_1 = 180° - 90° - \alpha$
$= 180° - 90° - 39{,}0° = 51{,}0°$
$\beta_2 = \beta - \beta_1 = 81{,}0° - 51{,}0° = 30{,}0°$
$b_2 = h_b \cdot \tan\beta_2 = 4{,}53\,\text{cm} \cdot \tan 30{,}0° \approx 2{,}62\,\text{cm}$
$b = b_1 + b_2 = 5{,}60\,\text{cm} + 2{,}62\,\text{cm} = 8{,}2\,\text{cm}$
$a = \sqrt{h_b^2 + b_2} = \sqrt{4{,}53^2 + 2{,}62^2}\,\text{cm} \approx 5{,}2\,\text{cm}$
$\gamma = 180° - \alpha - \beta = 180° - 39{,}0° - 81{,}0° = 60{,}0°$

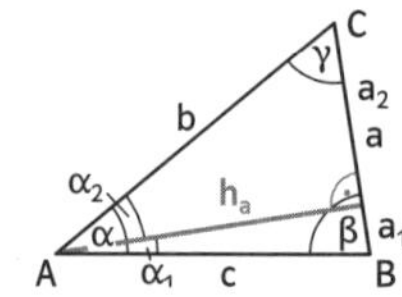

c) $h_a = c \cdot \sin\beta$
$= 7{,}2 \cdot \sin 81{,}0° \approx 7{,}11\,\text{cm}$
$a_1 = \sqrt{c^2 - h_a^2}$
$= \sqrt{7{,}2^2 - 7{,}11^2}\,\text{cm} \approx 1{,}13\,\text{cm}$
$\alpha_1 = 180° - 90° - \beta$
$= 180° - 90° - 81{,}0° = 9{,}0°$
$\alpha_2 = \alpha - \alpha_1 = 39° - 9° = 30{,}0°$
$a_2 = h_a \cdot \tan\alpha_2 = 7{,}11\,\text{cm} \cdot \tan 30{,}0° \approx 4{,}10\,\text{cm}$
$a = a_1 + a_2 = 1{,}13\,\text{cm} + 4{,}10\,\text{cm} = 5{,}23\,\text{cm}$
$b = \sqrt{h_a^2 + a_2} = \sqrt{7{,}11^2 + 4{,}10^2}\,\text{cm} \approx 8{,}2\,\text{cm}$
$\gamma = 180° - \alpha - \beta = 180° - 39{,}0° - 81{,}0° = 60{,}0°$

Wenn nur eine Seite eines Dreiecks gegeben ist, sollte diese nicht zerlegt werden, da sonst für die Berechnung nötige Informationen verloren gehen.

4

a)

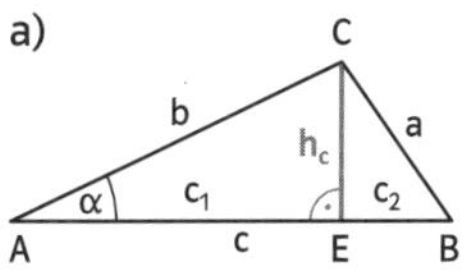

b) Lösungsschritte:

1. Trigonometrische Funktion: $\overline{EC} = b \cdot \sin\alpha = 6{,}8\,\text{cm} \cdot \sin 25{,}4°$ $\approx 2{,}9\,\text{cm}$ (alternativ kann auch $\overline{AE}$ berechnet werden)

2. Satz des Pythagoras: $\overline{AE} = \sqrt{b^2 - \overline{EC}^2} = \sqrt{6{,}8^2 - 2{,}92^2}\,\text{cm}$ $\approx 6{,}1\,\text{cm}$ (alternativ wird dann hier $\overline{EC}$ berechnet)

3. Flächeninhaltsformel:
$A_1 = \frac{1}{2} \cdot \overline{AE} \cdot \overline{EC} = \frac{1}{2} \cdot 6{,}1\,\text{cm} \cdot 2{,}9\,\text{cm} \approx 8{,}8\,\text{cm}^2 \approx 9{,}0\,\text{cm}^2$

4. Zusammenhang nutzen: $A_2 = \frac{1}{3} \cdot A_1 = 3{,}0\,\text{cm}^2$

5. Flächeninhaltsformel: $A_2 = \frac{1}{2} \cdot \overline{EB} \cdot \overline{EC}$
$\overline{EB} = \frac{2 \cdot A_2}{\overline{EC}} = \frac{2 \cdot 3{,}0\,\text{cm}^2}{2{,}9\,\text{cm}} \approx 2{,}1\,\text{cm}$

6. Satz des Pythagoras:
$a = \sqrt{\overline{EB}^2 + \overline{EC}^2} = \sqrt{2{,}1^2 + 2{,}9^2}\,\text{cm} \approx 3{,}6\,\text{cm}$

7. Umfangsformel:
$u = a + b + \overline{AE} + \overline{EB} = 3{,}6\,\text{cm} + 6{,}8\,\text{cm} + 6{,}1\,\text{cm} + 2{,}1\,\text{cm} = 18{,}6\,\text{cm}$

8. Flächeninhalte addieren:
$A_{ges} = A_1 + A_2 = 9{,}0\,\text{cm}^2 + 3{,}0\,\text{cm}^2 = 12{,}0\,\text{cm}^2$

Anspruchsvolle Aufgaben meistern 2 | PV 2, Seite 39

1

Die Wahrscheinlichkeiten der Farben werden über das Verhältnis der Winkelgröße (günstige Ergebnisse) zum Vollwinkel (mögliche Ergebnisse) berechnet.

$P(\text{Schwarz}) = \frac{135}{360} = \frac{3}{8}$; $P(\text{Grün}) = \frac{1}{8}$; $P(\text{Weiß}) = \frac{3}{8}$

$P(\text{Rot}) = \frac{1}{8}$.

a) $P(\text{Schwarz, Grün}) = \frac{3}{8} \cdot \frac{1}{8} = \frac{3}{64}$; $P(\text{Grün, Schwarz}) = \frac{1}{8} \cdot \frac{3}{8} = \frac{3}{64}$

b) $P(\text{Schwarz, Grün oder Grün, Schwarz}) = \frac{3}{64} + \frac{3}{64} = \frac{6}{64} = \frac{3}{32}$

c) $P(\text{zweimal gleiche Farbe}) = \frac{3}{8} \cdot \frac{3}{8} + \frac{1}{8} \cdot \frac{1}{8} + \frac{3}{8} \cdot \frac{3}{8} + \frac{1}{8} \cdot \frac{1}{8} = \frac{20}{64} = \frac{5}{16}$

d) $P(\text{zwei verschiedene Farben erhalten}) = 1 - \frac{5}{16} = \frac{11}{16}$

2

Baumdiagramme:

- zweimaliges Ziehen mit Zurücklegen:

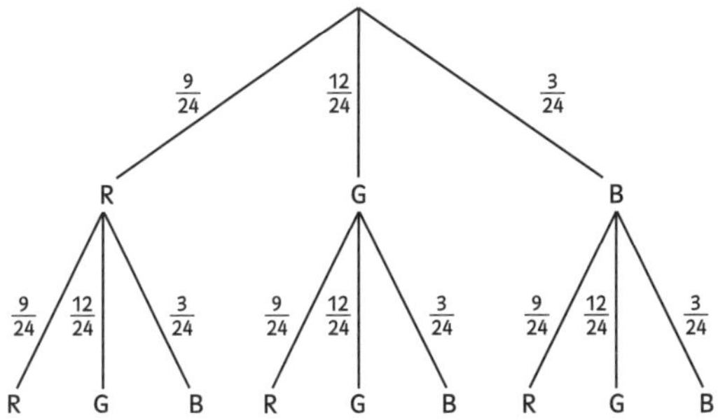

- zweimaliges Ziehen ohne Zurücklegen:

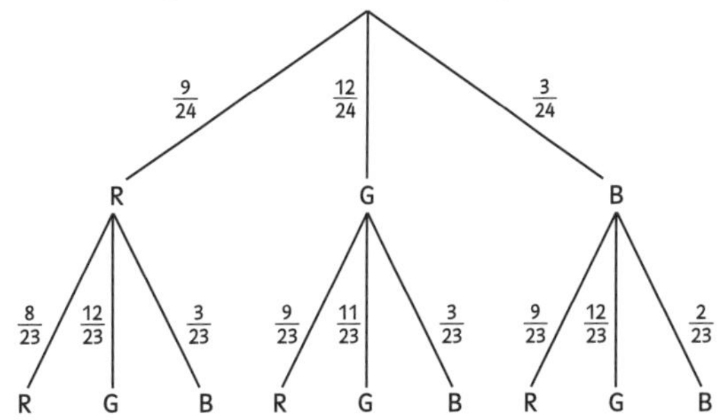

a) mit Zurücklegen: P(eine rote und eine blaue Figur)
$= P(\text{Rot, Blau}) + P(\text{Blau, Rot}) = \frac{9}{24} \cdot \frac{3}{24} + \frac{3}{24} \cdot \frac{9}{24} = \frac{54}{576} = \frac{3}{32}$
ohne Zurücklegen: P(eine rote und eine blaue Figur)
$= P(\text{Rot, Blau}) + P(\text{Blau, Rot}) = \frac{9}{24} \cdot \frac{3}{23} + \frac{3}{24} \cdot \frac{9}{23} = \frac{54}{552} = \frac{9}{92}$
Die Wahrscheinlichkeit, eine rote und eine blaue Kugel zu ziehen ist beim Ziehen ohne Zurücklegen größer.

b) Es muss zunächst jeweils die Wahrscheinlichkeit, zwei gleichfarbige Figuren zu ziehen berechnet werden. Es gilt:
P(zwei gleichfarbige Figuren ziehen)
= P(Rot, Rot) + P(Grün, Grün) + P(Blau, Blau)
mit Zurücklegen: P(zwei gleichfarbige Figuren ziehen)
$= \frac{9}{24} \cdot \frac{9}{24} + \frac{12}{24} \cdot \frac{12}{24} + \frac{3}{24} \cdot \frac{3}{24} = \frac{234}{576} = \frac{13}{32}$
$P(\text{gewinnen}) = \frac{13}{32}$; $P(\text{verlieren}) = 1 - \frac{13}{32} = \frac{19}{32}$
Erwartungswert: $\frac{13}{32} \cdot 3€ + \frac{19}{32} \cdot (-1€) = \frac{20}{32}€ \approx 0{,}63€$
Das heißt, man gewinnt pro Spiel durchschnittlich 0,63 €.
ohne Zurücklegen: P(zwei gleichfarbige Figuren ziehen)
$= \frac{9}{24} \cdot \frac{8}{23} + \frac{12}{24} \cdot \frac{11}{23} + \frac{3}{24} \cdot \frac{2}{23} = \frac{210}{552} = \frac{35}{92}$
$P(\text{gewinnen}) = \frac{35}{92}$; $P(\text{verlieren}) = 1 - \frac{35}{92} = \frac{57}{92}$
Erwartungswert: $\frac{35}{92} \cdot 3€ + \frac{57}{92} \cdot (-1€) = \frac{48}{92}€ \approx 0{,}54€$
Das heißt, man gewinnt pro Spiel durchschnittlich 0,54 €.

3

a) Schnittpunkt der Parabel mit der y-Achse: $x = 0$ in die Funktionsgleichung einsetzen: $y = 0 - 0 + 5{,}5 = 5{,}5$; $C(0\,|\,5{,}5)$
Bestimmung des Scheitelpunkts durch quadratische Ergänzung:
$y = x^2 - 4x + 4 + 5{,}5 - 4$
$y = (x - 2)^2 + 1{,}5$; $S(2\,|\,1{,}5)$
Geradengleichung aus 2 Punkten:
$C(0\,|\,5{,}5)$ in $y = mx + b$ einsetzen:
$b = 5{,}5$
$S(2\,|\,1{,}5)$ in $y = mx + 5{,}5$ einsetzen:
$1{,}5 = 2m + 5{,}5$ $\quad |-5{,}5$
$-4 = 2m$ $\quad |:2$
$-2 = m$
g: $y = -2x + 5{,}5$

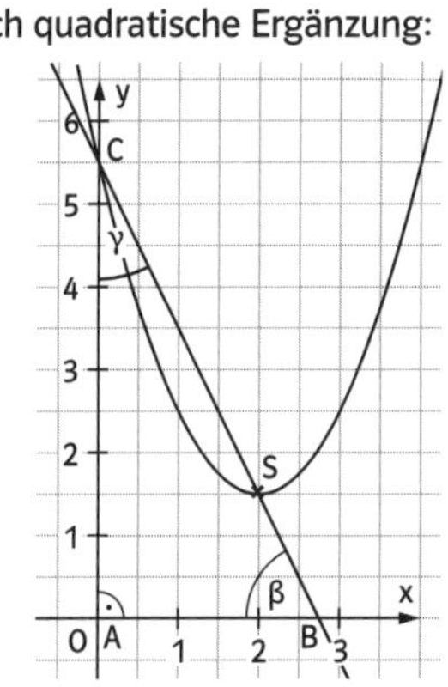

b) Nullstelle der Geraden bestimmen
($y = 0$ setzen):
$0 = -2x + 5{,}5$ $\quad |+2x$
$2x = 5{,}5$ $\quad |:2$
$x = 2{,}75$
Länge der Dreieckshypotenuse: $\sqrt{5{,}5^2 + 2{,}75^2}\,\text{LE} \approx 6{,}15\,\text{LE}$
Dreiecksumfang: $u = 5{,}5\,\text{LE} + 2{,}75\,\text{LE} + 6{,}15\,\text{LE} = 14{,}4\,\text{LE}$
Flächeninhalt: $A = \frac{1}{2} \cdot 5{,}5\,\text{LE} \cdot 2{,}75\,\text{LE} \approx 7{,}6\,\text{FE}$
Winkel: $\alpha = 90°$; $\tan\beta = \frac{5{,}5}{2{,}75}$; $\beta \approx 63{,}4°$;
$\gamma = 90° - 63{,}4° = 26{,}6°$

4

a) Bestimmung der Parabelgleichung durch Einsetzen von $P_1(-0{,}5\,|\,0)$ in p_1:

$y = x^2 + 4x + q; \qquad 0 = 0{,}25 - 2 + q; \qquad q = 1{,}75$

$p_1{:}\ y = x^2 + 4x + 1{,}75$

Bestimmung des Scheitelpunkts durch quadratische Ergänzung:

$y = x^2 + 4x + 4 + 1{,}75 - 4 = (x+2)^2 - 2{,}25; \qquad S(-2\,|\,-2{,}25)$

Bestimmung der zweiten Nullstelle:

$x^2 + 4x + 1{,}75 = 0$

$x_{1,2} = -2 \pm \sqrt{4 - 1{,}75} = -2 \pm 1{,}5; \qquad N_1(-0{,}5\,|\,0); \qquad N_2(-3{,}5\,|\,0)$

b) $p_2{:}\ y = -x^2 + 4{,}25; \qquad p_1 = p_2$

$x^2 + 4x + 1{,}75 = -x^2 + 4{,}25 \qquad |+x^2 \quad -4{,}25$

$2x^2 + 4x - 2{,}5 = 0 \qquad |:2$

$x^2 + 2x - 1{,}25 = 0$

$x_{1,2} = -1 \pm \sqrt{1 + 1{,}25} = -1 \pm 1{,}5; \qquad x_1 = 0{,}5; \qquad x_2 = -2{,}5$

Einsetzen der x-Werte in eine der Funktionsgleichungen ergibt:

$A(0{,}5\,|\,4); \qquad B(-2{,}5\,|\,-2)$

Anspruchsvolle Aufgaben meistern 3 | PV 2, Seite 40

1

a) $(x+8)^2 = x^2 + 16x + 64$

b) $(3x - 12)^2 = 9x^2 - 72x + 144$

c) $(6y + 5x)^2 = 36y^2 + 60xy + 25x^2$

d) $81 + 18a + a^2 = (9 + a)^2$

e) $(3x - 4)^2 = 9x^2 - 24x + 16$

f) $0{,}25 + 8x + 64x^2 = (0{,}5 + 8x)^2$

g) $(2x + 8)^2 = 4x^2 + 32x + 64$

h) $(3 + 5x)^2 = 9 + 30x + 25x^2$

i) $z^2 - 28z + 196 = (z - 14)^2$

2

a)

$x^2 + 8x - 9 = 0$	$\|+9$	$x^2 + 8x - 9 = 0$
$x^2 + 8x = 9$	$\|+\left(\frac{8}{2}\right)^2$	$p = 8; \quad q = -9$
$x^2 + 8x + 16 = 25$		$x_{1,2} = -4 \pm \sqrt{(-4)^2 - (-9)}$
$(x+4)^2 = 25$		$x_{1,2} = -4 \pm \sqrt{16 + 9}$
$x + 4 = \pm 5$	$\|-4$	$x_{1,2} = -4 \pm 5$
$x_1 = 1; \quad x_2 = -9$		$x_1 = 1; \quad x_2 = -9$

Probe: $(1)^2 + 8 \cdot 1 - 9 = 0$

$1 + 8 - 9 = 0$

$0 = 0$

$(-9)^2 + 8 \cdot (-9) - 9 = 0$

$81 - 72 - 9 = 0$

$0 = 0$

b) Es gehören jeweils zusammen:

$x^2 - 4x - 21 = 0; \quad x_{1,2} = 2 \pm \sqrt{(-2)^2 + 21}; \quad x_1 = 7; \quad x_2 = -3$

$x^2 + 8x = 9; \quad (x+4)^2 = 25; \quad x_1 = 1; \quad x_2 = -9$

$x^2 - 12x = -45; \quad (x-6)^2 = -9; \quad L = \{\}$

$x^2 - 6x + 8{,}75 = 0; \quad x_{1,2} = 3 \pm \sqrt{3^2 - 8{,}75}; \quad x_1 = 3{,}5; \quad x_2 = 2{,}5$

$x^2 + 18x = -32; \quad (x+9)^2 = 49; \quad x_1 = -2; \quad x_2 = -16$

$x^2 + 3x + 2{,}25 = 0; \quad x_{1,2} = -1{,}5 \pm \sqrt{1{,}5^2 - 2{,}25}; \quad x = -1{,}5$

3

a) $-3x - 3 - 2x^2 - x - 2x - 1 = 8 - 6x$

$-2x^2 - 6x - 4 = 8 - 6x \qquad |+6x+4$

$-2x^2 = 12 \qquad |:(-2)$

$x^2 = -6$

$L = \{\}$

b) $4x^2 - 12x + 9 - 4x - 7 = 4x - 6x^2 + 2$

$4x^2 - 16x + 2 = -6x^2 + 4x + 2 \qquad |+6x^2 - 4x - 2$

$10x^2 - 20x = 0 \qquad |:10$

$x^2 - 2x = 0$

$x_{1,2} = 1 \pm \sqrt{1^2 - 0}$

$x_1 = 2; \quad x_2 = 0$

c) $5 + 10x + 5x^2 = 2x^2 - 20x - 4 - 12x + 9$

$5 + 10x + 5x^2 = 2x^2 - 32x + 5 \qquad |-2x^2 + 32x - 5$

$3x^2 + 42x = 0 \qquad |:3$

$x^2 + 14x = 0$

$x_{1,2} = -7 \pm \sqrt{7^2 - 0}$

$x_1 = 0; \quad x_2 = -14$

d) $16x^2 + 24x + 9 - 6x - 54 = 25x^2 - 20x + 4 - 9x^2 + 42x - 49$

$16x^2 + 18x - 45 = 16x^2 + 22x - 45 \qquad |-16x^2 - 18x + 45$

$0 = 4x \qquad |:4$

$x = 0$

e) $36 + 12x + x^2 - 2x - 2x^2 + 1 + x + 2x^2 = -5x - 2$

$x^2 + 11x + 37 = -5x - 2 \qquad |+5x+2$

$x^2 + 16x + 39 = 0$

$x_{1,2} = -8 \pm \sqrt{8^2 - 39}$

$x_1 = -3; \quad x_2 = -13$

f) $3x^2 - 6x + 3 + 9 = 4x^2 - 36 - 4x^2 + 24x$

$3x^2 - 6x + 12 = 24x - 36 \qquad |-24x + 36$

$3x^2 - 30x + 48 = 0 \qquad |:3$

$x^2 - 10x + 16 = 0$

$x_{1,2} = 5 \pm \sqrt{(-5)^2 - 16}$

$x_1 = 8; \quad x_2 = 2$

g) $16x - 22 - 35x^2 + 14x + 30x - 12 = -36x^2 + 60x - 25$

$-35x^2 + 60x - 34 = -36x^2 + 60x - 25$

$|+36x^2 - 60x + 25$

$x^2 - 9 = 0 \qquad |+9$

$x^2 = 9$

$x_1 = 3; \quad x_2 = -3$

h) $3x^2 - 24x + 48 - x^2 + 25 = 4 - x^2 + 12x - 36$

$2x^2 - 24x + 73 = -x^2 + 12x - 32 \qquad |+x^2 - 12x + 32$

$3x^2 - 36x + 105 = 0 \qquad |:3$

$x^2 - 12x + 35 = 0$

$x_{1,2} = 6 \pm \sqrt{(-6)^2 - 35}$

$x_1 = 7; \quad x_2 = 5$

Anspruchsvolle Aufgaben meistern 4 | PV 2, Seite 41

1

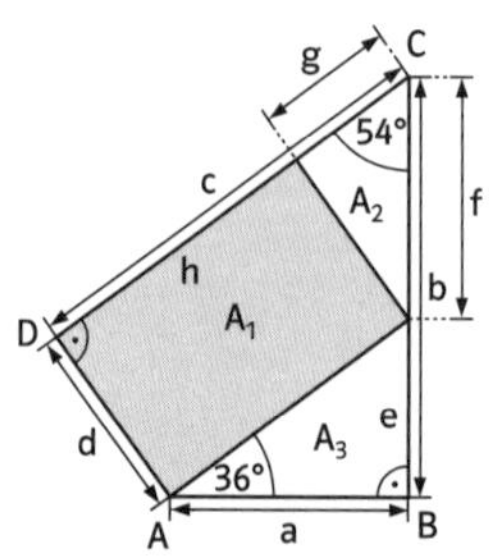

$h = \frac{a}{\cos 36°} = \frac{5{,}2\,\text{cm}}{\cos 36°} \approx 6{,}43\,\text{cm}$

$e = \sqrt{h^2 - a^2} = \sqrt{6{,}43^2 - 5{,}2^2}\,\text{cm}$

$\approx 3{,}78\,\text{cm}$

$d = A_1 : h = 25{,}0\,\text{cm}^2 : 6{,}43\,\text{cm}$

$\approx 3{,}89\,\text{cm}$

$g = \frac{d}{\tan 54°} = \frac{3{,}89\,\text{cm}}{\tan 54°} \approx 2{,}83\,\text{cm}$

$f = \sqrt{g^2 + d^2} = \sqrt{2{,}83^2 + 3{,}89^2}\,\text{cm}$

$\approx 4{,}81\,\text{cm}$

$A_{ABCD} = A_1 + A_2 + A_3 = A_1 + \frac{1}{2} \cdot a \cdot e + \frac{1}{2} \cdot g \cdot d$

$= 25{,}0\,\text{cm}^2 + \frac{1}{2} \cdot 5{,}2\,\text{cm} \cdot 3{,}78\,\text{cm} + \frac{1}{2} \cdot 2{,}83\,\text{cm} \cdot 3{,}89\,\text{cm}$

$\approx 40{,}3\,\text{cm}^2$

$u_{ABCD} = a + e + f + g + h + d$

$= (5{,}2 + 3{,}78 + 4{,}81 + 2{,}83 + 6{,}43 + 3{,}89)\,\text{cm} = 26{,}9\,\text{cm}$

2

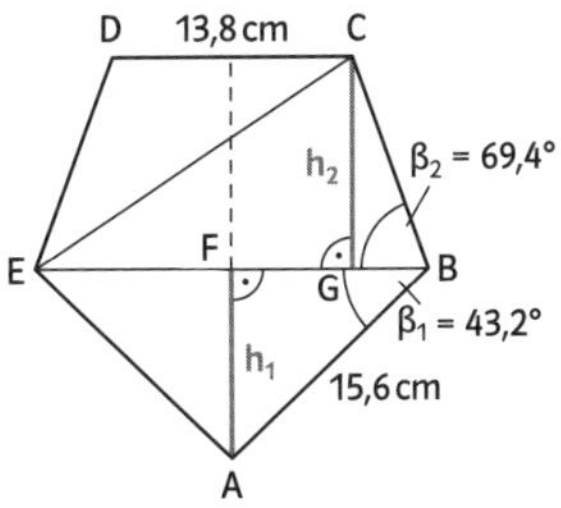

$h_1 = \sin 43{,}2° \cdot \overline{AB}$
$= \sin 43{,}2° \cdot 15{,}6\,\text{cm} \approx 10{,}68\,\text{cm}$
$\overline{BF} = \sqrt{\overline{AB}^2 - h_1^2}$
$= \sqrt{15{,}6^2 - 10{,}68^2}\,\text{cm} \approx 11{,}37\,\text{cm}$
$\overline{EB} = 2 \cdot \overline{BF} = 22{,}74\,\text{cm}$
$\overline{BG} = (\overline{EB} - \overline{CD}) : 2$
$= (22{,}74 - 13{,}8)\,\text{cm} : 2 = 4{,}47\,\text{cm}$

$h_2 = \tan 69{,}4° \cdot \overline{BG} = \tan 69{,}4° \cdot 4{,}47\,\text{cm} \approx 11{,}89\,\text{cm}$
$\overline{EG} = \overline{CD} + \overline{BG} = 13{,}8\,\text{cm} + 4{,}47\,\text{cm} = 18{,}27\,\text{cm}$
$\overline{EC} = \sqrt{\overline{EG}^2 + h_2^2} = \sqrt{18{,}27^2 + 11{,}89^2}\,\text{cm} \approx 21{,}8\,\text{cm}$

$A_{ABCDE} = A_{ABE} + A_{EBCD} = \frac{1}{2} \cdot \overline{EB} \cdot h_1 + \frac{\overline{EB} + \overline{CD}}{2} \cdot h_2$
$= \frac{1}{2} \cdot 22{,}74\,\text{cm} \cdot 10{,}68\,\text{cm} + \frac{22{,}74 + 13{,}8}{2}\,\text{cm} \cdot 11{,}89\,\text{cm} \approx 338{,}7\,\text{cm}^2$

3

Die fehlenden Seiten der Dreiecke können auf 2 Wegen berechnet werden.
1. Durch Anwendung der besonderen Werte der trigonometrischen Funktionen (am Beispiel des ersten Dreiecks):
Gegenkathete $= \tan 30° \cdot \frac{e}{2} = \frac{1}{3}\sqrt{3} \cdot \frac{e}{2} = \frac{e}{6}\sqrt{3}$
Hypotenuse $= \frac{e}{6}\sqrt{3} : \cos 60° = \frac{e}{6}\sqrt{3} : \frac{1}{2} = \frac{e}{6}\sqrt{3} \cdot 2 = \frac{e}{3}\sqrt{3}$
2. Durch direkte Schlussfolgerung aus folgenden Merkhilfen:

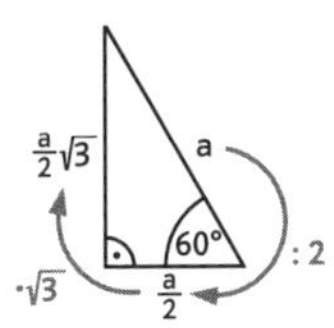

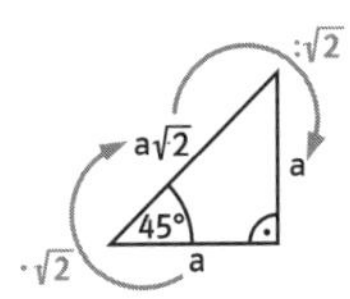

a)

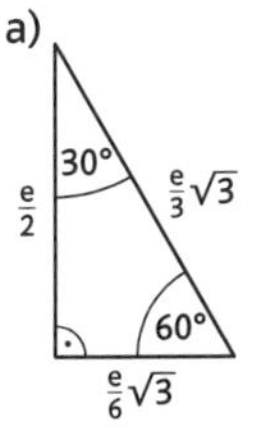

b)

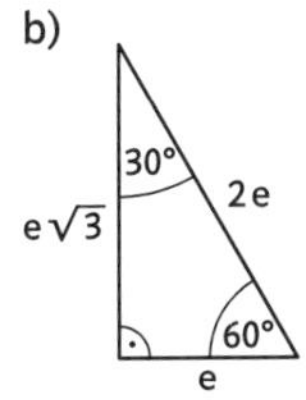

c)

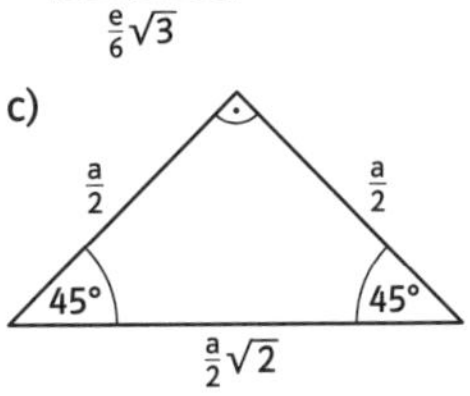

d)

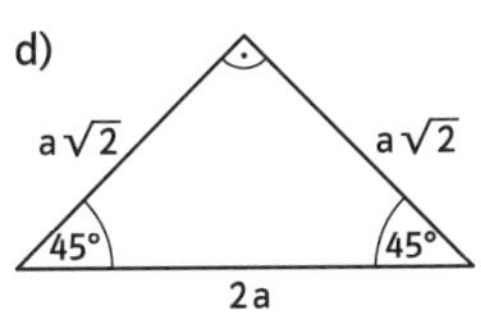

4

a)

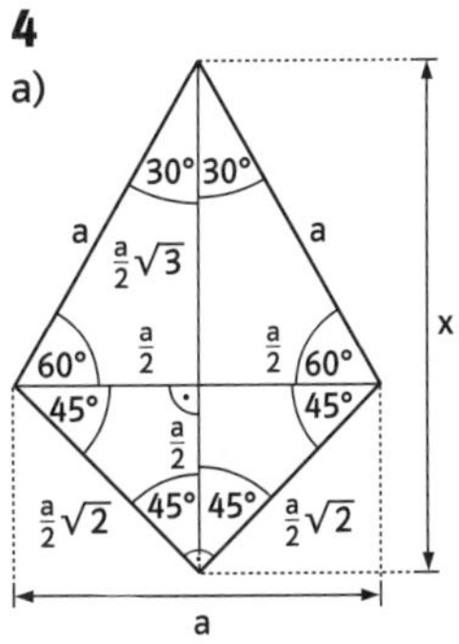

$x = \frac{a}{2} + \frac{a}{2}\sqrt{3}$
$= \frac{a}{2}(1 + \sqrt{3})$

b)

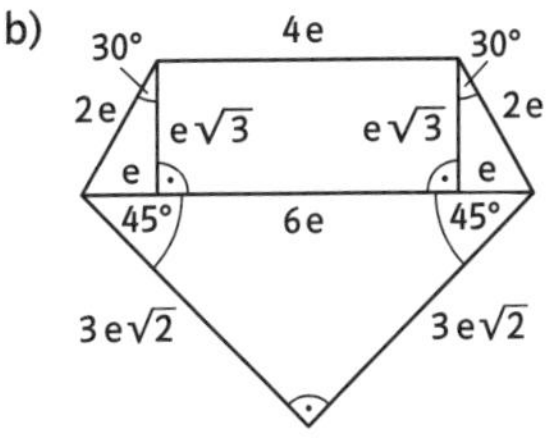

$A_{ges} = \frac{1}{2} \cdot 3e\sqrt{2} \cdot 3e\sqrt{2} + \frac{6e + 4e}{2} \cdot e\sqrt{3} = 9e^2 + 5e^2\sqrt{3}$

Prisma und Zylinder, Seite 42

1

a) Zylinder
$O = 2 \cdot \pi \cdot r \cdot (r + h) = 2 \cdot \pi \cdot 3 \cdot (3 + 8)\,\text{cm}^2 \approx 207{,}3\,\text{cm}^2$
$V = \pi \cdot r^2 \cdot h = \pi \cdot (3\,\text{cm})^2 \cdot 8\,\text{cm} \approx 226{,}2\,\text{cm}^3$
b) Dreiecksprisma
$O = 2 \cdot \frac{1}{2} \cdot 4 \cdot 3{,}46\,\text{cm}^2 + 3 \cdot 4\,\text{cm} \cdot 5\,\text{cm} = 73{,}84\,\text{cm}^2$
$V = \frac{1}{2} \cdot 4\,\text{cm} \cdot 3{,}46\,\text{cm} \cdot 5\,\text{cm} = 34{,}6\,\text{cm}^3$
c) Trapezprisma
$O = 2 \cdot \frac{1}{2} \cdot (5\,\text{cm} + 3\,\text{cm}) \cdot 2\,\text{cm} + 5\,\text{cm} \cdot (5\,\text{cm} + 2\,\text{cm} + 3\,\text{cm} + 2{,}83\,\text{cm}) = 80{,}15\,\text{cm}^2$
$V = 8\,\text{cm}^2 \cdot 5\,\text{cm} = 40\,\text{cm}^3$

2

siehe Tabelle 1

3

Fläche des Trapezes: $\frac{1}{2} \cdot (17\,\text{m} + 12\,\text{m}) \cdot 3\,\text{m} = 43{,}50\,\text{m}^2$
Volumen des Damms: $43{,}50\,\text{m}^2 \cdot 5000\,\text{m} = 217\,500\,\text{m}^3$

4

a)

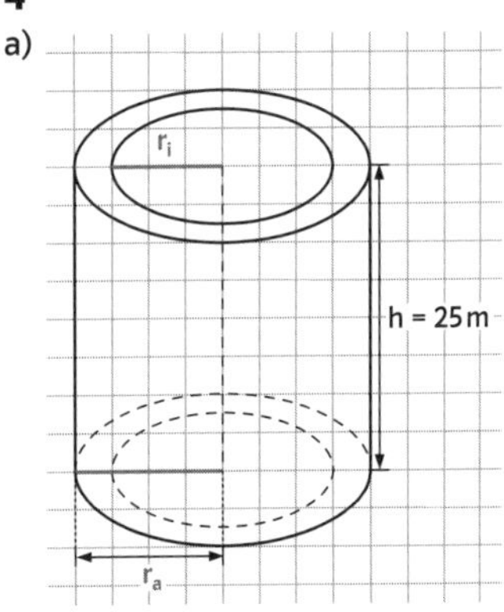

b) Äußerer Umfang: $u_a = 37{,}14\,\text{m}$;
innerer Umfang: $u_i = 24{,}57\,\text{m}$
Dicke der Mauer = Differenz der zwei Radien:
$r_a = \frac{u_a}{2\pi} \approx 5{,}91\,\text{m}$; $\quad r_i = \frac{u_i}{2\pi} \approx 3{,}91\,\text{m}$
$r_a - r_i = \frac{u_a - u_i}{2\pi} = \frac{37{,}14\,\text{m} - 24{,}57\,\text{m}}{2\pi} \approx 2{,}0\,\text{m}$
c) Volumen der Mauer: $V = V_a - V_i = \pi \cdot h \cdot (r_a^2 - r_i^2) \approx 1542{,}52\,\text{m}^3$

Tabelle 1

	u	h	G	M	O	V
a)	750 mm	2 cm	450 cm²	150 cm²	1050 cm²	900 cm³
b)	20 cm = 2 dm	2 cm	10 cm² = 1000 mm²	40 cm²	60 cm²	20 cm³
c)	200 cm	10 cm	200 cm²	2000 cm²	2400 cm²	2000 ml

5

a) Volumen des Quaders: $V = 4\,cm \cdot 3\,cm \cdot 3\,cm = 36\,cm^3$
Volumen eines zylinderförmigen Lochs: $V = \pi \cdot (0{,}5\,cm)^2 \cdot 3\,cm \approx 2{,}36\,cm^3$
Das Volumen des durchlöcherten Quaders beträgt somit:
$36\,cm^3 - 2 \cdot 2{,}36\,cm^3 \approx 31{,}29\,cm^3$
b) Oberfläche des durchbohrten Quaders: $O = 2 \cdot 40 \cdot 30\,mm^2 + 2 \cdot 30 \cdot 30\,mm^2 + 2 \cdot (40 \cdot 30\,mm^2 - 2 \cdot \pi \cdot 5^2\,mm^2) + 2 \cdot 2\pi \cdot 5 \cdot 30\,mm^2 \approx 8170{,}80\,mm^2 \approx 81{,}71\,cm^2$

Pyramide. Oberfläche und Volumen (1), Seite 43

1

a) $V = \frac{1}{3} \cdot a^2 \cdot h = \frac{1}{3} \cdot 20^2 \cdot 15\,cm^3 = 2000\,cm^3$

b) $d^2 = 2a^2 = 800\,cm^2$; $\quad d \approx 28{,}28\,cm$

c) $s^2 = h^2 + \left(\frac{d}{2}\right)^2 = 425\,cm^2$; $\quad s \approx 20{,}62\,cm$

d) $h_s^2 = h^2 + \left(\frac{a}{2}\right)^2 = 325\,cm^2$; $\quad h_s \approx 18{,}03\,cm$

e) $M = 4 \cdot \frac{1}{2} \cdot a \cdot h_s \approx 721{,}11\,cm^2$

f) $O = M + G \approx 1121{,}11\,cm^2$

2

a) Seitenfläche: $A = 4 \cdot \frac{1}{2} \cdot 35\,m \cdot 28{,}11\,m = 1967{,}70\,m^2$

b) $h = \sqrt{28{,}11^2 - 17{,}5^2}\,m \approx 22{,}0\,m$

c) $s = \sqrt{28{,}11^2 + 17{,}5^2}\,m \approx 33{,}11\,m$

d) $\frac{h_{Louvre}}{h_{Cheops}} \approx \frac{22\,m}{146\,m} \approx 0{,}1507$; $\quad \frac{a_{Louvre}}{a_{Cheops}} \approx \frac{35\,m}{230\,m} \approx 0{,}152$;
$\frac{s_{Louvre}}{s_{Cheops}} \approx \frac{33\,m}{219\,m} \approx 0{,}1507$

Maßstab 0,15 : 1 = 15 : 100

3

a) $d = \sqrt{a^2 + b^2} = \sqrt{6^2 + 10^2}\,cm \approx 11{,}66\,cm$

b) $h_a = \sqrt{h^2 + \left(\frac{b}{2}\right)^2} \approx 9{,}43\,cm$; $\quad h_b = \sqrt{h^2 + \left(\frac{a}{2}\right)^2} \approx 8{,}54\,cm$

c) $M = 2 \cdot \frac{1}{2} \cdot b \cdot h_b + 2 \cdot \frac{1}{2} \cdot a \cdot h_a = b \cdot h_b + a \cdot h_a \approx 142{,}04\,cm^2$
$O = M + G \approx 202{,}04\,cm^2$

d) $V = \frac{1}{3} \cdot a \cdot b \cdot h = \frac{1}{3} \cdot 6\,cm \cdot 10\,cm \cdot 8\,cm = 160\,cm^3$

Pyramide. Oberfläche und Volumen (2), Seite 44

1

a) $h_d = a \cdot \frac{\sqrt{3}}{2} = \frac{\sqrt{3}}{2} \cdot 2{,}50\,m \approx 2{,}17\,m$

b) $h_s = \sqrt{h^2 + h_d^2} = \sqrt{9^2 + 4{,}6875}\,m \approx 9{,}26\,m$

c) $M = 6 \cdot \frac{1}{2} \cdot a \cdot h_s = 3 \cdot a \cdot h_s \approx 69{,}43\,m^2$

Verbrauch: $1{,}08 \cdot 69{,}43\,m^2 \approx 74{,}98\,m^2$

d) Die Materialkosten betragen 7140,00 €.

2

a) $h_a = a\frac{\sqrt{3}}{2} = 5{,}6\,cm \cdot \frac{\sqrt{3}}{2} \approx 4{,}85\,m$

b) $h = \sqrt{a^2 - \left(\frac{2h_a}{3}\right)^2} = \sqrt{a^2 - \left(\frac{a}{\sqrt{3}}\right)^2} = \sqrt{\frac{2a^2}{3}} = a \cdot \sqrt{\frac{2}{3}} \approx 4{,}57\,cm$

c) $G = \frac{1}{2} \cdot a \cdot a\frac{\sqrt{3}}{2} = a^2\frac{\sqrt{3}}{4} \approx 13{,}58\,cm^2$
$V = \frac{1}{3} \cdot G \cdot h = \frac{1}{12} \cdot a^3 \cdot \sqrt{2} \approx 20{,}70\,cm^3$
Die Tetraverpackung enthält also ungefähr 21 ml Kaffeesahne.
d) $O = 4 \cdot G \approx 54{,}32\,cm^2$
Es werden pro Stunde $54{,}32 \cdot 1{,}08 \cdot 21600\,cm^2 \approx 1267109{,}62\,cm^2 \approx 126{,}7\,m^2$ Karton gebraucht.

3

a) $d = a\sqrt{2}$
$h = \sqrt{a^2 - \left(\frac{d}{2}\right)^2} = \sqrt{a^2 - \frac{2a^2}{4}} = \sqrt{\frac{a^2}{2}} = \frac{a}{\sqrt{2}}$
$h_a = \sqrt{a^2 - \left(\frac{a}{2}\right)^2} = a\frac{\sqrt{3}}{2}$

b) $V = \frac{1}{3} \cdot a^2 \cdot h = a^3\frac{\sqrt{2}}{6}$
$O = 8 \cdot \frac{1}{2} \cdot a \cdot h_a = 4a \cdot a\frac{\sqrt{3}}{2} = 2a^2\sqrt{3}$

c)

a	V	h_a	O
0,5 cm	$0{,}059\,cm^3$	0,433 cm	$0{,}866\,cm^2$
1,5 cm	$1{,}591\,cm^3$	1,299 cm	$7{,}794\,cm^2$
2 cm	$3{,}771\,cm^3$	1,732 cm	$13{,}856\,cm^2$

d) Volumen des Schmuckstücks für a = 0,5 cm: $V \approx 0{,}059\,cm^3$
Gewicht des Schmuckstücks: $0{,}059\,cm^3 \cdot 6{,}9\,g/cm^3 \approx 0{,}41\,g$
Der Materialpreis beträgt somit $0{,}41 \cdot 22\,€ = 9{,}02\,€$.

Kegel. Oberfläche und Volumen, Seite 45

1

a) $V = \frac{1}{3} \cdot \pi \cdot (5\,cm)^2 \cdot 6{,}5\,cm \approx 170{,}17\,cm^3$
$O = \pi \cdot r^2 + \pi \cdot r \cdot s = \pi \cdot (5\,cm)^2 + \pi \cdot 5\,cm \cdot \sqrt{5^2 + 6{,}5^2}\,cm \approx 207{,}35\,cm^2$

b) $V = \frac{1}{3} \cdot \pi \cdot (3r)^2 \cdot h = 9 \cdot \left(\frac{1}{3} \cdot \pi \cdot r^2 \cdot h\right) = 9 \cdot V$
Wenn man den Radius verdreifacht, so verneunfacht sich das Volumen.
$O = \pi \cdot (15\,cm)^2 + \pi \cdot 15\,cm \cdot \sqrt{15^2 + 6{,}5^2}\,cm \approx 1477{,}23\,cm^2$
Die Oberfläche des neuen Kegels ist etwa 7-mal größer als die des ursprünglichen Kegels.

c) $\tan\left(\frac{\beta}{2}\right) = \frac{5}{6{,}5}$; $\quad \beta \approx 75{,}14°$

2

a) Bei dem Zelt handelt es sich angenähert um einen Kegel.
b) $A = \pi \cdot r^2 = \pi \cdot (12{,}5\,m)^2 \approx 490{,}9\,m^2$
$s = \sqrt{h^2 + r^2} = \sqrt{35^2 + 12{,}5^2}\,m \approx 37{,}17\,m$
$V = \frac{1}{3} \cdot A \cdot h \approx 5726{,}86\,m^3$
c) $M = \pi \cdot r \cdot s \approx 1459{,}47\,m^2$

3

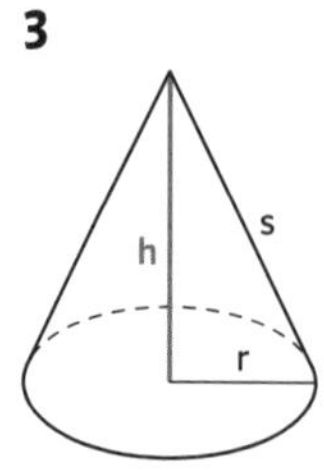

	r	h	s	M	O	V
a)	4 cm	12 cm	12,65 cm	$158{,}96\,cm^2$	$209{,}23\,cm^2$	$201{,}06\,cm^3$
b)	8 mm	2,68 cm	2,80 cm	$7{,}04\,cm^2$	$9{,}05\,cm^2$	$1{,}80\,cm^3$
c)	3 cm	9,54 cm	10 cm	$94{,}25\,cm^2$	$122{,}52\,cm^2$	$89{,}90\,cm^3$
d)	7 cm	12 cm	13,89 cm	$305{,}5\,cm^2$	$459{,}4\,cm^2$	$615{,}75\,cm^3$

4

a) $h = \sqrt{s^2 - \left(\frac{d}{2}\right)^2} = \sqrt{3{,}7^2 - 3{,}5^2}\,\text{m} = 1{,}20\,\text{m}$

$V = \frac{1}{3} \cdot \pi \cdot (3{,}5\,\text{m})^2 \cdot 1{,}2\,\text{m} \approx 15{,}39\,\text{m}^3$

Das Gewicht des Sandhaufens beträgt etwa 24,63 t.

b) Der Laster muss viermal fahren.

Kegel. Oberfläche und Volumen (2), Seite 46

1

a) Füllhöhe des Glases: $\frac{4}{5} \cdot 12\,\text{cm} = 9{,}6\,\text{cm}$

b)

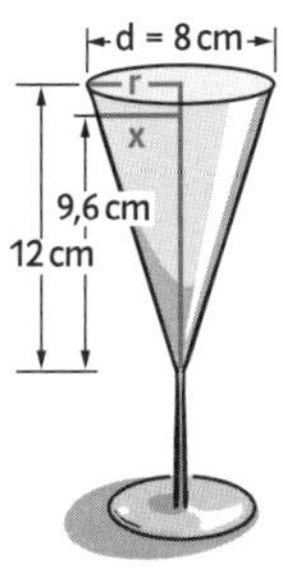

c) Es gilt: $\frac{x}{4} = \frac{9{,}6}{12}$; daraus folgt $x = 3{,}2\,\text{cm}$.

$V_{Glas} = \frac{1}{3} \cdot \pi \cdot (3{,}2\,\text{cm})^2 \cdot 9{,}6\,\text{cm} \approx 102{,}94\,\text{cm}^3$

$V_{Karaffe} = \pi \cdot (10\,\text{cm})^2 \cdot 6\,\text{cm} \approx 1884{,}96\,\text{cm}^3$

Frau Meier kann somit 18 Gläser aus der Karaffe füllen.

2

a) $r = \frac{u}{2 \cdot \pi} = \frac{20{,}1}{2 \cdot \pi}\,\text{m} \approx 3{,}20\,\text{m}$

$s = \sqrt{h^2 + r^2} = \sqrt{8^2 + 3{,}2^2}\,\text{m} \approx 8{,}616\,\text{m}$

Berechnung der Dachfläche:

$M = \pi \cdot r \cdot s = \pi \cdot 3{,}20\,\text{m} \cdot 8{,}616\,\text{m} \approx 86{,}6\,\text{m}^2$

b) 8 % Reserve für die Dachziegel:

$86{,}6\,\text{m}^2 \cdot 1{,}08 \approx 93{,}52\,\text{m}^2$

Der Dachdecker muss für $94\,\text{m}^2$ Ziegel bestellen.

3

a) Volumen des Kegels:

$h = \sqrt{12^2 - 3{,}5^2}\,\text{cm} = 12{,}5\,\text{cm}$

$V_{Kegel} = \frac{1}{3} \cdot \pi \cdot r^2 \cdot h = \frac{1}{3} \cdot \pi \cdot (3{,}5\,\text{cm})^2 \cdot 12{,}5\,\text{cm} \approx 147{,}2\,\text{cm}^3$

Volumen des Zylinders:

$V_{Zylinder} = \pi \cdot r^2 \cdot h = \pi \cdot (3\,\text{cm})^2 \cdot 15\,\text{cm} \approx 424{,}1\,\text{cm}^3$

b) Aus $V_{Kegel} = V_{Zylinder}$ folgt:

$\frac{1}{3} \cdot \pi \cdot r_{Kegel}{}^2 \cdot h_{Kegel} = \pi \cdot r_{Zylinder}{}^2 \cdot h_{Zylinder}$

$r_{Kegel} = \sqrt{\frac{3 \cdot r_{Zylinder}{}^2 \cdot h_{Zylinder}}{h_{Kegel}}} = \sqrt{\frac{3 \cdot 3^2 \cdot 15}{12{,}5}}\,\text{cm} \approx 5{,}94\,\text{cm}$

Der Radius des Kegels müsste etwa 5,94 cm groß sein.

4

a) $O = 1003{,}34\,\text{mm}^2$ b) $O \approx 518{,}36\,\text{cm}^2$

c) $O \approx 188{,}50\,\text{cm}^2$ d) $O \approx 77{,}75\,\text{cm}^2$

5

a)

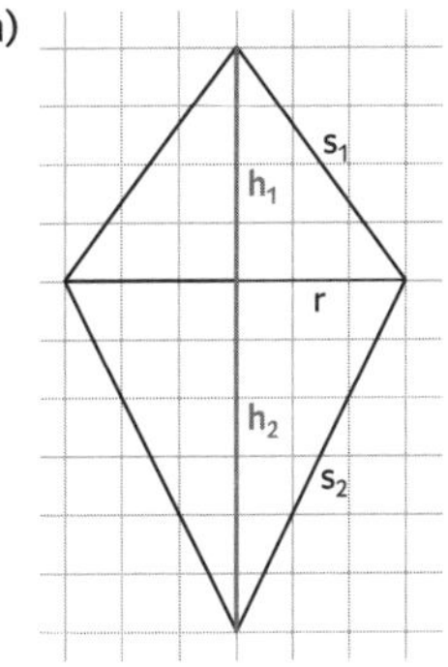

b) $r = 4{,}5\,\text{cm}$

$h_1 = 6\,\text{cm}$;

$h_2 = \frac{3}{2} \cdot h_1 = 9\,\text{cm}$

$V_{gesamt} = \frac{1}{3} \cdot \pi \cdot r^2 \cdot (h_1 + h_2)$

$= \frac{1}{3} \cdot \pi \cdot (4{,}5\,\text{cm})^2 \cdot (6\,\text{cm} + 9\,\text{cm})$

$\approx 318{,}09\,\text{cm}^3$

c) $s_1 = \sqrt{r^2 + h_1^2} = \sqrt{4{,}5^2 + 6^2}\,\text{cm} = 7{,}5\,\text{cm}$

$s_2 = \sqrt{r^2 + h_2^2} = \sqrt{4{,}5^2 + 9^2}\,\text{cm} \approx 10{,}06\,\text{cm}$

$O_{gesamt} = M_1 + M_2 = \pi \cdot r \cdot (s_1 + s_2) = \pi \cdot 4{,}5\,\text{cm} \cdot (7{,}5\,\text{cm} + 10{,}06\,\text{cm})$

$\approx 248{,}3\,\text{cm}^2$

Kugel. Oberfläche und Volumen (1), Seite 47

1

Tippzettel: $V = \frac{4}{3} \cdot \pi \cdot r^3$; $O = 4 \cdot \pi \cdot r^2$

	r	d	O	V
a)	4 cm	8 cm	$201{,}06\,\text{cm}^2$	$268{,}08\,\text{cm}^3$
b)	2 cm	0,4 dm	$50{,}27\,\text{cm}^2$	$33{,}51\,\text{cm}^3$
c)	0,89 cm	1,78 cm	$10\,\text{cm}^2$	$2{,}97\,\text{cm}^3$
d)	2,88 dm	5,76 dm	$104{,}19\,\text{dm}^2$	$1\,\text{hl} = 100\,\text{dm}^3$

2

a) eine Zahl mit 18 Nullen: $1\,000\,000\,000\,000\,000\,000 = 10^{18}$

b) $V_{Erde} = \frac{4}{3} \cdot \pi \cdot (6370\,\text{km})^3 \approx 1{,}082\,70 \cdot 10^{12}\,\text{km}^3$

davon 5 %: $V_{Atmosphäre} \approx 5{,}413\,48 \cdot 10^{10}\,\text{km}^3$

c) Aus der Formel für das Volumen berechnet man:

$r_{Atmosphäre} \approx 2346{,}73\,\text{km}$.

Der Erdradius ist fast dreimal so groß.

3

a)

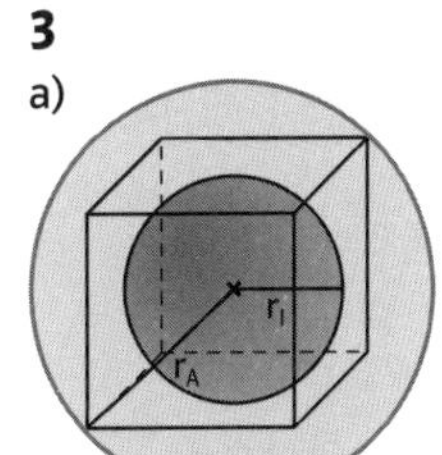

b) Der Radius der äußeren Kugel ist so groß wie die halbe Raumdiagonale des Würfels.

$r_{Außenkugel} = \frac{1}{2} \cdot \sqrt{3a^2} = \frac{a}{2} \cdot \sqrt{3} \approx 21{,}65\,\text{cm}$

c) $V_{Außenkugel} = \frac{4}{3} \cdot \pi \cdot r^3{}_{Außenkugel} \approx 42\,510{,}92\,\text{cm}^3$

$V_{Würfel} = a^3 = 15\,625\,\text{cm}^3$

$V_{Innenkugel} = \frac{4}{3} \cdot \pi \cdot r^3{}_{Innenkugel} \approx 8181{,}23\,\text{cm}^3$

d) $O_{Außenkugel} = 4 \cdot \pi \cdot r^2{}_{Außenkugel} = 4\pi \cdot \frac{3a^2}{4} = 3\pi a^2 \approx 5890{,}49\,\text{cm}^2$

$O_{Würfel} = 6a^2 = 3750\,\text{cm}^2$

$O_{Innenkugel} = 4 \cdot \pi \cdot r^2{}_{Innenkugel} = 4\pi \cdot \frac{a^2}{4} = \pi a^2 \approx 1963{,}50\,\text{cm}^2$

4

a) $r \approx 2{,}82\,m$ b) $V \approx 94{,}03\,m^3$

5

a) Kugel für Männer mit Durchmesser $d = 11{,}5\,cm$:
$r = 5{,}75\,cm$; $V \approx 796{,}33\,cm^3$

Gewicht der Kugel: $796{,}33\,cm^3 \cdot 7{,}85\frac{g}{cm^3} \approx 6251\,g \approx 6{,}250\,kg$

b) Masse einer Kugel für Schüler: 4000 g

$V_{Kugel} = \frac{4000\,g}{7{,}85\frac{g}{cm^3}} \approx 509{,}554\,cm^3$

$r = \sqrt[3]{\frac{3 \cdot V_{Kugel}}{4 \cdot \pi}} = \sqrt[3]{\frac{3 \cdot 509{,}554}{4 \cdot \pi}}\,cm \approx 4{,}95\,cm$

Kugel. Oberfläche und Volumen (2), Seite 48

1

$V_{Schale} = \frac{1}{2} \cdot \frac{4}{3} \cdot \pi \cdot 16^3\,cm^3$

Es gilt $V_{Schale} = V_{Flüssigkeit\ im\ Zylinder}$, d.h.

$\frac{2}{3} \cdot \pi \cdot 16^3\,cm^3 = \pi \cdot 16^2\,cm^2 \cdot h_{Flüssigkeit}$
Daraus folgt $h_{Flüssigkeit} = \frac{2}{3} \cdot 16\,cm \approx 10{,}7\,cm$.
Die Flüssigkeit steht im Zylinder 10,7 cm hoch.

2

a) $O_{Kugeln} = 3 \cdot 4 \cdot \pi \cdot \left(\frac{3{,}5}{2}\right)^2 m^2 \approx 115{,}45\,m^2$

Arbeitsstunden zum Säubern: 346,36

b) V_{Kugeln}: $\frac{4}{3} \cdot \pi \cdot \left(\frac{3{,}5}{2}\right)^3 m^3 \approx 22{,}45\,m^3$
Gewicht: $22{,}45 \cdot 2400 = 53\,880\,kg = 53{,}88\,t$

3

Zylinderhöhe = 20 cm; Zylinderradius = 5 cm
$O_{Zylinder} = 2 \cdot \pi \cdot 5\,cm \cdot 20\,cm + 2 \cdot \pi \cdot (5\,cm)^2 = 250\,\pi\,cm^2$
$O_{Kugeln} = 2 \cdot 4 \cdot \pi \cdot (5\,cm)^2 = 200\,\pi\,cm^2$
Die Oberfläche der Kugeln zusammen beträgt 80 % der Oberfläche des Zylinders bzw. sie ist um 20 % kleiner.

4

a) $r_{Außenkugel} = \frac{25{,}13}{2\pi}\,cm \approx 4{,}0\,cm$

b) Das Volumen der Schokolade beträgt $\frac{50\,g}{1{,}06\,g/cm^3} \approx 47{,}17\,cm^3$.

$V_{Außenkugel} = \frac{4}{3} \cdot \pi \cdot (4\,cm)^3 \approx 268{,}08\,cm^3$

$V_{Innenkugel} = V_{Außenkugel} - V_{Schokolade} \approx 220{,}9\,cm^3$ und

$r_{Innenkugel} \approx 3{,}75\,cm$

Die Schokoladenschicht ist somit $4{,}0\,cm - 3{,}75\,cm = 0{,}25\,cm = 2{,}5\,mm$ dick.

c) $O_{Kugel} \approx 201{,}062\,cm^2$
Verpackungsmaterial pro Kugel $= 1{,}15 \cdot O_{Kugel} \approx 231{,}22\,cm^2$
Es werden $2000 \cdot 8 \cdot 2 = 32\,000$ Stück pro Tag angefertigt.
Damit werden pro Tag $32\,000 \cdot 231{,}22\,cm^2 \approx 7\,399\,079\,cm^2 \approx 740\,m^2$ Papier benötigt.

Zusammengesetzte Körper (1), Seite 49

1

a) Körper A besteht aus 3 Säulen; bei Körper B ist der obere Teil (Quader) eine Säule, der untere ein spitz zulaufender Körper; die Körper C und D bestehen jeweils aus zwei spitz zulaufenden Körpern.

b) $V = G \cdot h$

c) $V = \frac{1}{3} \cdot G \cdot h$

d) Körper D: $\frac{1}{3} \cdot \pi \cdot (5\,cm)^2 \cdot 20\,cm + \frac{1}{3} \cdot (\pi \cdot (15\,cm)^2 \cdot 17\,cm) \approx 5776{,}7\,cm^3$

Körper B: $5\,cm \cdot 8\,cm \cdot 2\,cm + \frac{1}{3} \cdot (5\,cm \cdot 8\,cm) \cdot (5\,cm) \approx 146{,}67\,cm^3$

Körper A: $\pi \cdot (1{,}5\,cm)^2 \cdot 2\,cm + \pi \cdot (1\,cm)^2 \cdot 16\,cm + \pi \cdot (4\,cm)^2 \cdot 2\,cm = 164{,}93\,cm^3$

Körper C: $\frac{1}{3} \cdot (3\,cm)^2 \cdot 7\,cm + \frac{1}{3} \cdot (\pi \cdot (1\,cm)^2 \cdot 5\,cm) = 26{,}24\,cm^3$

e) $O_A = \pi \cdot (4\,cm)^2 + \pi \cdot (1{,}5\,cm)^2 + \pi \cdot [(4\,cm)^2 - (1\,cm)^2] + \pi \cdot [(1{,}5\,cm)^2 - (1\,cm)^2] + 2 \cdot \pi \cdot 4\,cm \cdot 2\,cm + 2 \cdot \pi \cdot 1{,}5\,cm \cdot 2\,cm + 2 \cdot \pi \cdot 1\,cm \cdot 16\,cm \approx 278{,}03\,cm^2$

$O_B = 8\,cm \cdot 5\,cm + 2 \cdot 2\,cm \cdot 5\,cm + 2 \cdot 2\,cm \cdot 8\,cm + 2 \cdot \frac{1}{2} \cdot 5\,cm \cdot \sqrt{5^2 + 4^2}\,cm + 2 \cdot \frac{1}{2} \cdot 8\,cm \cdot \sqrt{5^2 + 2{,}5^2}\,cm \approx 168{,}74\,cm^2$

$O_C = (3\,cm)^2 - \pi \cdot (1\,cm)^2 + 4 \cdot \frac{1}{2} \cdot 3\,cm \cdot \sqrt{7^2 + 1{,}5^2}\,cm + \pi \cdot 1\,cm \cdot \sqrt{5^2 + 1^2}\,cm \approx 64{,}83\,cm^2$

$O_D = \pi \cdot (15\,cm)^2 + \pi \cdot (5\,cm)^2 + \pi \cdot 15\,cm \cdot \sqrt{15^2 + 17^2}\,cm + \pi \cdot 5\,cm \cdot \sqrt{5^2 + 20^2}\,cm \approx 2177{,}60\,cm^2$

2

a) Der zusammengesetzte Körper besteht insgesamt aus einem Würfel und 6 Pyramiden.

b) $V_{Würfel} = (10\,cm)^3 = 1000\,cm^3$

c) $V_{Pyramide} = \frac{1}{3} \cdot (10\,cm)^2 \cdot 2\,cm = \frac{200}{3}\,cm^3$

d) $V_{Gesamt} = V_{Würfel} + 6 \cdot V_{Pyramide} = 1000\,cm^3 + 6 \cdot \frac{200}{3}\,cm^3 = 1400\,cm^3$

3

a)

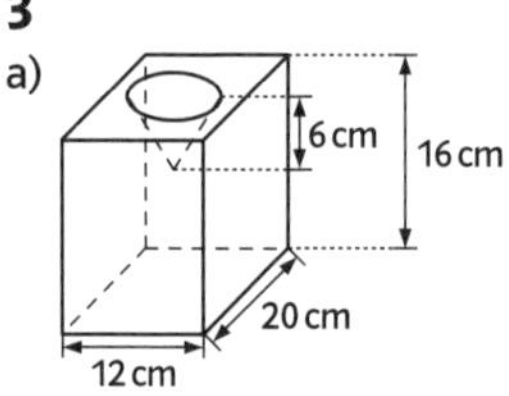

b) $V_{Quader} = 12\,cm \cdot 16\,cm \cdot 20\,cm = 3840\,cm^3$

$V_{Kegel} = \frac{1}{3} \cdot \pi \cdot (4\,cm)^2 \cdot 6\,cm \approx 100{,}53\,cm^3$

$V_{Restkörper} = V_{Quader} - V_{Kegel} = 3739{,}47\,cm^3$

Zusammengesetzte Körper (2), Seite 50

1

Die Schwimmboje besteht aus einer Halbkugel, einem Zylinder und einem Kegel.

a) $V_{Halbkugel} = \frac{1}{2} \cdot \frac{4}{3} \cdot \pi \cdot 13^3\,cm^3 \approx 4601{,}39\,cm^3$

$V_{Zylinder} = 2 \cdot \pi \cdot 23^2 \cdot 45\,cm^3 \approx 74\,785{,}6\,cm^3$

$V_{Kegel} = \frac{1}{3} \cdot \pi \cdot 23^2 \cdot 80\,cm^3 \approx 44\,317{,}4\,cm^3$

$V_{Gesamt} = V_{Halbkugel} + V_{Zylinder} + V_{Kegel} \approx 123\,704{,}39\,cm^3 \approx 0{,}124\,m^3$

b) $O = O_{Halbkugel} + M_{Zylinder} + M_{Kegel} + O_{Ring}$

$O = 2 \cdot \pi \cdot 13^3\,cm^3 + 2 \cdot \pi \cdot 23 \cdot 45\,cm^2 + \pi \cdot 23 \cdot \sqrt{80^2 + 23^2}\,cm^2 + \pi \cdot (23^2 - 13^2)\,cm^2 \approx 14\,710{,}6\,cm^2 \approx 1{,}47\,m^2$

2

a) Die Höhe des Gebäudes in der Abbildung beträgt 3,5 cm, somit ist der Maßstab 1:1000.
Kantenlänge der Pyramide: 4,2 cm ≙ 42 m
Höhe der Pyramide: 2,0 cm ≙ 20 m
Kantenlänge des Quaders: 3,9 cm ≙ 39 m
Höhe des Quaders: 1,5 cm ≙ 15 m

b) $V_{Pyramide} = \frac{1}{3} \cdot (42\,m)^2 \cdot 20\,m = 11760\,m^3$

$V_{Quader} = (39\,m)^2 \cdot 15\,m = 22815\,m^3$
$V_{Gesamt} = 34575\,m^3$

c) $O_{Pyramide} = 4 \cdot \frac{1}{2} \cdot 42\,m \cdot \sqrt{20^2 + 21^2}\,m \approx 2436\,m^2$

$O_{Quader} = 4 \cdot 39\,m \cdot 15\,m = 2340\,m^2$
$O_{Gesamt} = 4776\,m^2$

d) rund 5 %

3
6 Seitenflächen
In der Skizze ist der Würfel mit einem der 6 Kegel dargestellt.

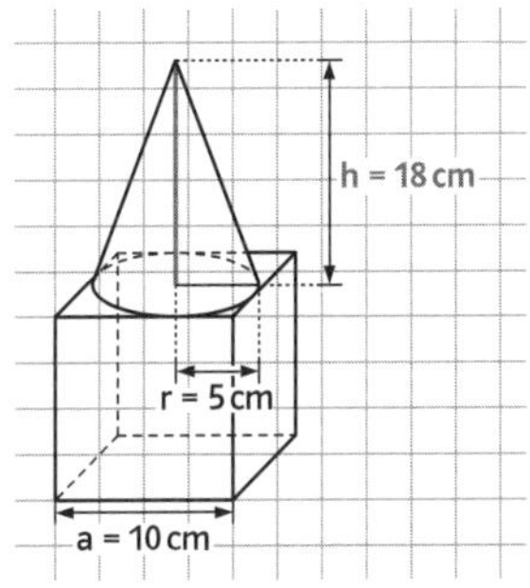

Volumen des Körpers: $V_{Gesamt} = V_{Würfel} + 6 \cdot V_{Kegel}$
$V_{Gesamt} = (10\,cm)^3 + 6 \cdot \frac{1}{3} \cdot \pi \cdot (5\,cm)^2 \cdot 18\,cm \approx 3827{,}4\,cm^3$
Mantellinie des Kegels: $s_{Kegel} = \sqrt{h^2 + r^2}$
$s_{Kegel} = \sqrt{18^2 + 5^2}\,cm \approx 18{,}68\,cm$
Oberfläche des Gesamtkörpers:
$O_{Gesamt} = 6 \cdot (O_{Würfel} - G_{Kegel}) + 6 \cdot M_{Kegel}$
$O_{Gesamt} = 6 \cdot [(10\,cm)^2 - \pi \cdot (5\,cm)^2] + 6 \cdot \pi \cdot 5\,cm \cdot 18{,}68\,cm$
$\approx 1889{,}5\,cm^2$

4
a) ein Kegelstumpf
b) $V = V_1 - V_2 = \frac{1}{3} \cdot \pi \cdot r_1^2 \cdot h_1 - \frac{1}{3} \cdot \pi \cdot r_2^2 \cdot (h_1 - h)$
Berechung von h_1 (mithilfe des Strahlensatzes):
$\frac{r_1}{r_2} = \frac{h_1}{h_1 - h}$, daraus folgt
$h_1 = h \cdot \frac{r_1}{r_1 - r_2} = 6\,cm \cdot \frac{4\,cm}{4\,cm - 2\,cm} = 12\,cm$
$V = \frac{1}{3} \cdot \pi \cdot ((4\,cm)^2 \cdot 12\,cm - (2\,cm)^2 \cdot 6\,cm)$
$\approx 175{,}33\,cm^3$

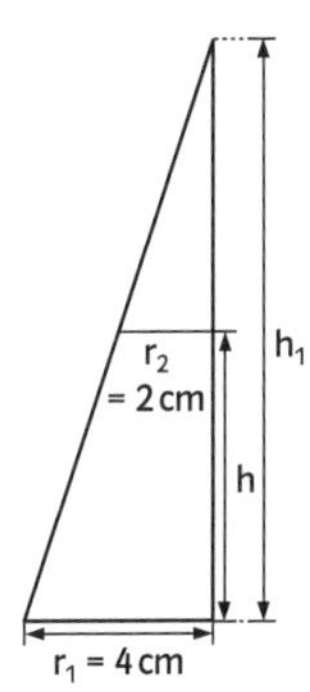

Pyramide. Kegel. Kugel | Merkzettel, Seite 51

■ **Text:** Grundfläche; Mantelfläche
Beispiele: $h_s = \sqrt{4^2 + 1{,}5^2}\,cm \approx 4{,}27\,cm$
$M = 2 \cdot 3 \cdot 4{,}272\,cm^2 \approx 25{,}62\,cm^2$
$O = a^2 + M = 9\,cm^2 + 25{,}62\,cm^2 = 34{,}62\,cm^2$

■ **Text:** Grundfläche; Körperhöhe
Beispiele: $G = 9\,cm^2$; $V = \frac{1}{3} \cdot G \cdot h = \frac{1}{3} \cdot 9\,cm^2 \cdot 4\,cm = 12\,cm^3$

■ **Text:** Bogenlänge
Beispiele: $s = \sqrt{4^2 + 3^2}\,cm = 5\,cm$;
$M = \pi \cdot r \cdot s = \pi \cdot (3 \cdot 5)\,cm^2 \approx 47{,}12\,cm^2$
$O = \pi \cdot (3\,cm)^2 + 15\,cm^2 \cdot \pi \approx 75{,}40\,cm^2$

■ **Text:** Radius; Mantellinie
Beispiele: $V = \frac{1}{3}\pi \cdot r^2 \cdot h = \frac{1}{3}\pi \cdot (3\,cm)^2 \cdot 4\,cm \approx 37{,}7\,cm^3$

■ **Beispiele:** $r = 2{,}5\,cm$; $V = \frac{4}{3}\pi \cdot (2{,}5\,cm)^3 \approx 65{,}45\,cm^3$
$O = 4\,\pi \cdot (2{,}5\,cm)^2 \approx 78{,}54\,cm^2$

■ **Text:** Einzelflächen
Beispiele: $V_{Kegel} \approx 209{,}44\,cm^3$; $V_{Halbkugel} \approx 261{,}80\,cm^3$
$V_{gesamt} \approx 471{,}24\,cm^3$; $O_{gesamt} \approx 213{,}26\,cm^2$

Grundlagen festigen 5 | PV 3, Seite 52

1
Zum Schaubild (1) gehört: Wertetabelle D; $y = -3$
Die Gerade hat die Steigung $m = 0$.
Zum Schaubild (2) gehört: Wertetabelle B; $y = 1{,}5x + 1$
Die Gerade hat die Steigung $m = \frac{3}{2}$.
Zum Schaubild (3) gehört: Wertetabelle A; $y = -2x + \frac{7}{2}$
Der Punkt $P(7\,|\,-10{,}5)$ liegt auf der Geraden.
Zum Schaubild (4) gehört: Wertetabelle C; $y = -5x - 2$
Die Gerade verläuft parallel zur Geraden g: $y = -5x + 5$.

2
Die Schnittpunkte können aufgrund des Verlaufs der jeweiligen Funktionsschaubilder direkt abgelesen werden.
Parallelogramm:
$u = 2a + 2b = 2 \cdot 2{,}5 + 2 \cdot \sqrt{2{,}5^2 + 5^2} \approx 16{,}2\,LE$
$A = a \cdot h_a = 25{,}5 \cdot 5 = 12{,}5\,FE$
$y_1 = -1$; $y_2 = 4$; $y_3 = 2x + 1$; $y_4 = 2x - 4$
Trapez:
$u = a + b + c + d = 2 + 3 + 5 + \sqrt{3^2 + 3^2} \approx 14{,}2\,LE$
$A = \frac{a + c}{2} \cdot h = \frac{2 + 5}{2} \cdot 3 = 10{,}5\,FE$
$y_1 = x + 0{,}5$; $y_2 = -(x - 3{,}5)^2 + 6$

3
a)

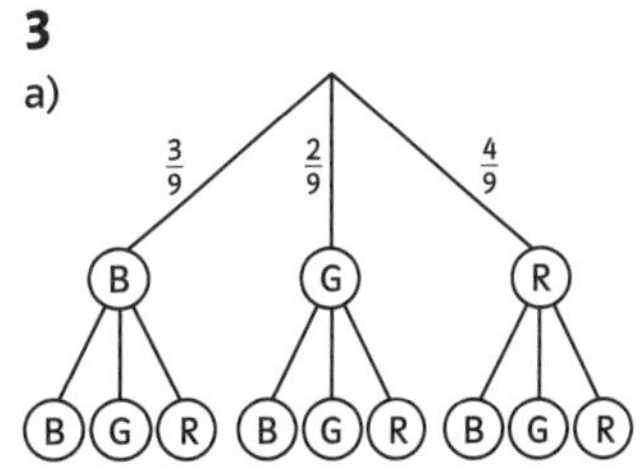

b) $P(\text{Blau, Blau}) = \frac{3}{9} \cdot \frac{3}{9} = \frac{1}{9}$
c) P(einmal Blau und einmal Grün)
$= P(\text{Blau, Grün}) + P(\text{Grün, Blau}) = \frac{3}{9} \cdot \frac{2}{9} + \frac{2}{9} \cdot \frac{3}{9} = \frac{4}{27}$

4
Die Wahrscheinlichkeit, dass eine produzierte Schraube defekt ist, beträgt $\frac{9}{250}$.
In einer 200er-Packung befinden sich durchschnittlich
$\frac{9}{250} \cdot 200 = 7{,}2 \approx 7$ defekte Schrauben.

5
Rangliste: 0, 0, 0, 1, 1, 1, 2, 2, 3, 4, 4, 8, 8, 10, 10, 12, 13, 14, 14, 14, 15, 21, 22, 23, 24, 24, 28, 30, 32, 32, 40
a) Kennwerte: Minimum: 0; unteres Quartil: 2
Zentralwert: 12; oberes Quartil: 23
Maximum: 40; Mittelwert: 13,3
b)

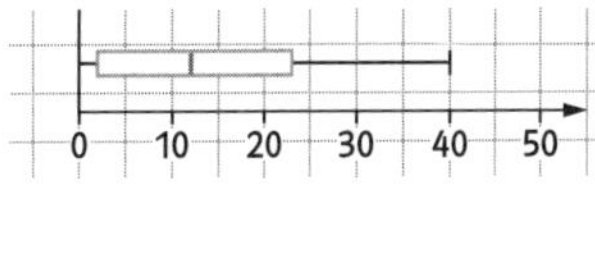

Grundlagen festigen 6 | PV 3, Seite 53

1

a) $q_3 = \frac{K_n}{K_0 \cdot q_1 \cdot q_2} = \frac{5452{,}93}{5000 \cdot 1{,}025 \cdot 1{,}029} \approx 1{,}034.$

Der Zinssatz im 3. Jahr betrug 3,4 %.

b) $q = \sqrt[3]{\frac{K_3}{K_0}} = \sqrt[3]{\frac{5452{,}93}{5000}} \approx 1{,}0293$

Ein gleichbleibender Zinssatz von 2,93 % hätte zum gleichen Ergebnis geführt.

2

a) $K_5 = 800 \cdot (1{,}038^5 + 1{,}038^4 + 1{,}038^3 + 1{,}038^2 + 1{,}038) \approx 4479{,}77$

Sein Guthaben wäre 4479,77 € hoch.

b) $R = \frac{15\,000}{1{,}038^5 + 1{,}038^4 + 1{,}038^3 + 1{,}038^2 + 1{,}038} \approx 2678{,}71$

Er müsste eine jährliche Rate von rund 2680 € anlegen.

3

a)

Rechnungsbetrag netto	2500,00 €	
+19 % MwSt.	475,00 €	· 1,19
Zwischensumme	2975,00 €	
abzüglich 10 % Rabatt	297,50 €	· 0,9
Endbetrag	2677,50 €	

b)

Rechnungsbetrag netto	600,00 €	
abzüglich 5 % Skonto	30,00 €	· 0,95
Zwischensumme	570,00 €	
+19 % MwSt.	108,30 €	· 1,19
Endbetrag	678,30 €	

4

a) und b)

Stefanie (Zerlegung):

1: Einzeichnen der Strecke $\overline{AC} = e$

2: Berechnung von $\overline{AC}$ mit dem Satz des Pythagoras; $\overline{AC} \approx 15{,}5\,\text{cm}$

3: Berechnung von α_1 mit $\tan\alpha_1 = \frac{c}{d}$; $\alpha_1 \approx 38{,}7°$

4: Berechnung von $\alpha_2 = \alpha - \alpha_1$; $\alpha_2 = 78{,}3°$

5: Einzeichnen der Höhe h_a

6: Berechnung von h_a mit $\sin\alpha_2 = \frac{h_a}{e}$; $h_a \approx 15{,}2\,\text{cm}$

7: Berechnung von b mit $\sin\beta = \frac{h_a}{b}$; $b \approx 20{,}1\,\text{cm}$

Mario (Ergänzung):

1: Ergänzung des Vierecks ABCD zu einem Rechteck

2: Berechnung des Nebenwinkels α_1 mit $\alpha_1 = 180° - \alpha$; $\alpha_1 = 63{,}0°$

3: Berechnung von h_1 mit $\sin\alpha_1 = \frac{h_1}{d}$; $h_1 \approx 10{,}8\,\text{cm}$

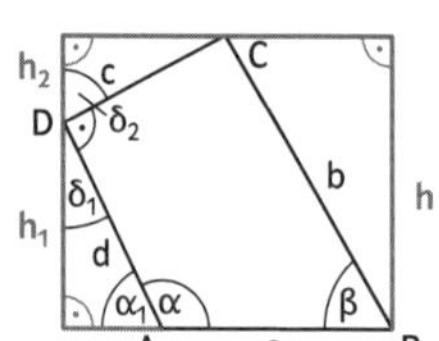

4: Berechnung des Winkels δ_1 mit $\delta_1 = 90° - \alpha_1$ und δ_2 mit $\delta_2 = 180° - 90° - \delta_1$; $\delta_1 = 27{,}0°$; $\delta_2 = 63{,}0°$

5: Berechnung von h_2 mit $\cos\delta_2 = \frac{h_2}{c}$; $h_2 \approx 4{,}4\,\text{cm}$

6: Berechnung von $h = h_1 + h_2$; $h = 15{,}2\,\text{cm}$

7: Berechnung von b mit $\sin\beta = \frac{h_a}{b}$; $b \approx 20{,}1\,\text{cm}$

5

$\alpha = 33°$; $\beta = 52°$

$\overline{AC} = d$; $\frac{d}{\sin 95°} = \frac{3\,\text{cm}}{\sin 33°}$; $d \approx 5{,}49\,\text{cm}$

$\frac{x}{d} = \sin 38°$; $x \approx 3{,}38\,\text{cm}$

Grundlagen festigen 7 | PV 3, Seite 54

1

a) Die Winkel der Würfel 1, 2, 3 und 4, der Quader 8, 9 und 11 sowie des Trapezprismas 13 sind rechte Winkel.

b) Für die Körper 1, 3, 9 und 11 gilt Begründung A. Für die Körper 2 und 4 gilt Begründung F. Für Körper 8 gilt Begründung D. Für Körper 13 gilt Begründung C.

2

Berechnung der Flächendiagonalen d:

$d = \sqrt{a^2 + a^2} = \sqrt{3^2 + 3^2} = \sqrt{18} \approx 4{,}24\,\text{cm}$

Berechnung der Raumdiagonalen e:

$e = \sqrt{d^2 + a^2} = \sqrt{18 + 3^2} = \sqrt{27} \approx 5{,}20\,\text{cm}$

Würfel 1:

1. Flächendiagonale berechnen (Pythagoras)
2. Raumdiagonale berechnen (Pythagoras)
3. $u = a + d + e = (3{,}0 + 4{,}24 + 5{,}20)\,\text{cm} = 12{,}4\,\text{cm}$
4. $A = \frac{1}{2} \cdot a \cdot d = \frac{1}{2} \cdot 3{,}0\,\text{cm} \cdot 4{,}2 \approx 6{,}4\,\text{cm}^2$

Würfel 2:

1. Flächendiagonale berechnen (Pythagoras)
2. $u = 3d = 3 \cdot 4{,}24\,\text{cm} \approx 12{,}7\,\text{cm}$
3. $A = \frac{d^2}{4}\sqrt{3} = \frac{(4{,}24\,\text{cm})^2}{4}\sqrt{3} \approx 7{,}8\,\text{cm}^2$

Würfel 3:

1. Flächendiagonale berechnen (Pythagoras)
2. $u = 2a + d = 2 \cdot 3{,}0\,\text{cm} + 4{,}24\,\text{cm} \approx 10{,}2\,\text{cm}$
3. $A = \frac{a^2}{2} = \frac{(3{,}0\,\text{cm})^2}{2} = 4{,}5\,\text{cm}^2$

Würfel 4:

1. Dreieckshöhe = Flächendiagonale berechnen
2. Strecke x berechnen:
$x = \sqrt{\left(\frac{a}{2}\right)^2 + d^2} = \sqrt{1{,}5^2 + 4{,}24^2}\,\text{cm} \approx 4{,}50\,\text{cm}$
3. $u = a + 2x = 3{,}0\,\text{cm} + 2 \cdot 4{,}50\,\text{cm} = 12{,}0\,\text{cm}$
4. $A = \frac{1}{\frac{1}{2} \cdot a \cdot h_a^2} \cdot a \cdot h_a = \frac{1}{2} \cdot 3{,}0\,\text{cm} \cdot 4{,}24\,\text{cm} \approx 6{,}4\,\text{cm}^2$

3

a)

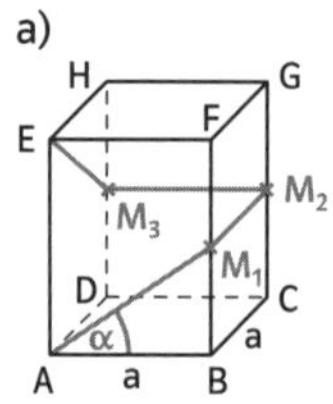

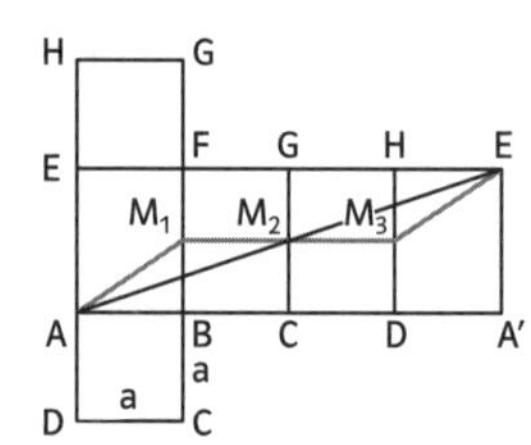

b) Berechnung der Strecke $\overline{AM_1} = \overline{M_3E}$: $\overline{AM_1} = \frac{a}{\cos 23{,}6°} \approx 5{,}46\,\text{cm}$

Länge des Streckenzuges:

$\overline{AM_1M_2M_3E} = 2 \cdot 5{,}46\,\text{cm} + 2 \cdot 5{,}0\,\text{cm} \approx 20{,}91\,\text{cm}$

c) Die kürzeste Verbindung auf der Mantelfläche ist die Strecke $\overline{AE}$. Für deren Berechnung wird die Höhe des Quaders bestimmt:

$h = 2 \cdot \overline{BM_1} = 2 \cdot a \cdot \tan\alpha = 2 \cdot 5{,}0\,\text{cm} \cdot \tan 23{,}6° \approx 4{,}37\,\text{cm}$

$\overline{AE} = \sqrt{(4a)^2 + h^2} = \sqrt{20{,}0^2 + 4{,}37^2}\,\text{cm} \approx 20{,}47\,\text{cm}$

$\overline{AE}$ ist um 2,1 % kürzer als $\overline{AM_1M_2M_3E}$.

Anspruchsvolle Aufgaben meistern 5 | PV 3, Seite 55

1

a)

	1	2	3	4	5	6	7	8
1	x	•	•	•	•	•	•	•
2	•	x	•	•	•	•	•	•
3	•	•	x	•	•	•	•	•
4	•	•	•	x	•	•	•	•
5	•	•	•	•	x	•	•	
6	•	•	•	•	•	x		
7	•	•	•	•	•		x	
8	•	•	•	•				x

x Gewinn
• Verlust
☐ neutral

$P(\text{Pasch}) = \frac{8}{64} = \frac{1}{8}$; $P(\text{verlieren}) = \frac{48}{64} = \frac{6}{8}$

(Ein „Pasch" wie z. B.: $^3/_3$ gilt als Gewinn, auch wenn die Augensumme kleiner als 13 ist.)

Man sollte das Spiel nicht spielen, da die Wahrscheinlichkeit zu verlieren deutlich höher ist, als die Wahrscheinlichkeit zu gewinnen.

b)

	1	2	3	4	5	6	7	8
1	•		•		•		•	
2								
3	•		•		•		•	
4								
5	•		•		•		•	
6								
7	•		•		•		•	
8								

	1	2	3	4	5	6	7	8
1								
2								
3								
4							•	•
5					•	•	•	•
6					•	•	•	•
7				•	•	•	•	•
8				•	•	•	•	•

$P(\text{Produkt ungerade}) = \frac{16}{64} = \frac{1}{4}$ $P(\text{Produkt größer 24}) = \frac{20}{64} = \frac{5}{16}$

Man sollte sich also für das „Produkt größer als 24" entscheiden, da dessen Wahrscheinlichkeit größer ist.

2

a) Mittelwert:

$$\frac{5\cdot 25 + 7\cdot 27 + 12\cdot 31 + 6\cdot 34 + 12\cdot 36 + 25\cdot 37 + 17\cdot 42 + 7\cdot 53 + 5\cdot 65 + 3\cdot 73 + 1\cdot 82}{100}$$

$= \frac{3958}{100} = 39{,}58\,\text{km/h}$

Zentralwert: Da die Liste 100 Werte umfasst, errechnet sich der Zentralwert aus dem Mittelwert der beiden in der Mitte der Rangliste stehenden Werte (50. Wert: 37 km/h; 51. Wert: 37 km/h): $z = 37\,\text{km/h}$

b) Für den Boxplot müssen noch weitere Kennwerte bestimmt werden:

unteres Quartil (Mittelwert aus dem 25. und 26. Wert der Rangliste): $q_u = 34\,\text{km/h}$

oberes Quartil (Mittelwert aus dem 75. und 76. Wert der Rangliste): $q_o = 42\,\text{km/h}$

Minimum: 25 km/h; Maximum: 82 km/h

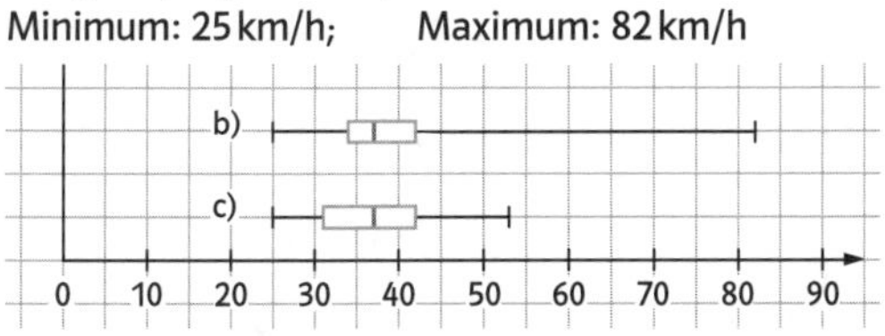

c) Neuer Mittelwert:

$$\frac{5\cdot 25 + 7\cdot 27 + 12\cdot 31 + 6\cdot 34 + 12\cdot 36 + 25\cdot 37 + 17\cdot 42 + 7\cdot 53}{91} = \frac{3332}{91}$$

$= 36{,}62\,\text{km/h}$

neuer Zentralwert (46. Wert der Rangliste): $z = 37\,\text{km/h}$

neues unteres Quartil (23. Wert der Rangliste): $q_u = 31\,\text{km/h}$

neues oberes Quartil (69. Wert der Rangliste): $q_o = 42\,\text{km/h}$

neues Minimum: 25 km/h; neues Maximum: 53 km/h

d) Die Wahrscheinlichkeit beträgt $\frac{60}{100} = 0{,}6 = 60\,\%$

e) Der Reihe nach werden von links nach rechts eingetragen:
60; 84; 144; 72; 144; 300; 204; 84; 60; 36; 12

3

a) 1. $3 - \frac{1}{x-5} = \frac{x}{x-3}$ $|\cdot(x-3)(x-5)$

2. $D = \mathbb{R}\setminus\{5; 3\}$

3. $3(x-3)(x-5) - \frac{1(x-3)\cancel{(x-5)}}{\cancel{x-5}} = \frac{x\cancel{(x-3)}(x-5)}{\cancel{x-3}}$

4. $3(x^2 - 5x - 3x + 15) - (x-3) = x(x-5)$

5. $3x^2 - 24x + 45 - x + 3 = x^2 - 5x$ $|-x^2 + 5x$

6. $2x^2 - 20x + 48 = 0$ $|:2$

7. $x^2 - 10x + 24 = 0$

8. $x_{1,2} = 5 \pm \sqrt{5^2 - 24}$

9. $x_1 = 6$; $x_2 = 4$

10. $L = \{6; 4\}$

b) $\frac{1}{x-4} + \frac{4}{x+4} = \frac{x}{4(x-4)}$ $|\cdot 4(x-4)(x+4)$

$D = \mathbb{R}\setminus\{4; -4\}$

$\frac{1\cdot 4\cancel{(x-4)}(x+4)}{\cancel{x-4}} + \frac{4\cdot 4(x-4)\cancel{(x+4)}}{\cancel{x+4}} = \frac{x\cdot\cancel{4}\cancel{(x-4)}(x+4)}{\cancel{4}\cancel{(x-4)}}$

$4(x+4) + 16(x-4) = x(x+4)$

$4x + 16 + 16x - 64 = x^2 + 4x$ $|-x^2 - 4x$

$-x^2 + 16x - 48 = 0$ $|:(-1)$

$x^2 - 16x + 48 = 0$

$x_{1,2} = 8 \pm \sqrt{(-8)^2 - 48}$

$x_1 = 12$; $x_2 = 4$; $L = \{12; 4\}$

4

1. Spalte: Lösungswort PUDEL

$-\frac{1}{x-2} = \frac{2x}{x+1}$ $|\cdot(x-2)(x+1)$ $D = \mathbb{R}\setminus\{2; -1\}$

$-1(x+1) = 2x(x-2)$

$-x - 1 = 2x^2 - 4x$ $|+x+1$

$2x^2 - 3x + 1 = 0$ $|:2$

$x^2 - 1{,}5x + 0{,}5 = 0$

$x_{1,2} = 0{,}75 \pm \sqrt{(-0{,}75)^2 - 0{,}5}$

$x_1 = 1$; $x_2 = 0{,}5$; $L = \{1; 0{,}5\}$

2. Spalte: Lösungswort PFLUG

$1 - \frac{4}{x+4} = \frac{4x+5}{5}$ $|\cdot 5(x+4)$ $D = \mathbb{R}\setminus\{-4\}$

$1\cdot 5(x+4) - 4\cdot 5 = (4x+5)(x+4)$

$5x + 20 - 20 = 4x^2 + 16x + 5x + 20$

$5x = 4x^2 + 21x + 20$ $|-5x$

$4x^2 + 16x + 20 = 0$ $|:4$

$x^2 + 4x + 5 = 0$

$x_{1,2} = -2 \pm \sqrt{2^2 - 5} = -2 \pm \sqrt{-1}$; $L = \{\ \}$

3. Spalte: Lösungswort REISE

$\frac{2}{2x-6} = 4 - \frac{12}{x}$ $|\cdot x(2x-6)$ $D = \mathbb{R}\setminus\{0; 3\}$

$2x = 4x(2x-6) - 12(2x-6)$

$2x = 8x^2 - 24x - 24x + 72$ $|-2x$

$8x^2 - 50x + 72 = 0$ $|:8$

$x^2 - 6{,}25x + 9 = 0$

$x_{1,2} = 3{,}125 \pm \sqrt{(-3{,}125)^2 - 9}$

$x_1 = 4$; $x_2 = 2{,}25$; $L = \{2{,}25; 4\}$

4. Spalte: Lösungswort FISCH

$\frac{x}{2x-8} - \frac{2}{x-4} = \frac{3}{x+4}$ $|\cdot 2(x+4)(x-4)$ $D = \mathbb{R}\setminus\{4; -4\}$

$x(x+4) - 2\cdot 2(x+4) = 3\cdot 2(x-4)$

$x^2 + 4x - 4x - 16 = 6x - 24$

$x^2 - 16 = 6x - 24$ $|-6x + 24$

$x^2 - 6x + 8 = 0$

$x_{1,2} = 3 \pm \sqrt{(-3)^2 - 8}$

$x_1 = 4$; $x_2 = 2$; $L = \{2; 4\}$

Anspruchsvolle Aufgaben meistern 6 | PV 3, Seite 56

1

Bei dem Dreieck (Grundseite des Dreiecksprismas) handelt es sich um ein halbes gleichseitiges Dreieck.

Berechnung der kurzen Kathete: $\frac{e}{\tan 60°} = \frac{e}{\sqrt{3}} = \frac{e \cdot \sqrt{3}}{\sqrt{3} \cdot \sqrt{3}} = \frac{e \cdot \sqrt{3}}{3}$

Berechnung der Quadratseite (Hypotenuse des Dreiecks):

$\frac{e \cdot \sqrt{3}}{3} \cdot 2 = \frac{2e \cdot \sqrt{3}}{3}$

Berechnung des Flächeninhalts des Quadrates:

$A_{Quadrat} = \left(\frac{2e \cdot \sqrt{3}}{3}\right)^2 = \frac{4e^2 \cdot 3}{9} = \frac{4}{3}e^2$

2

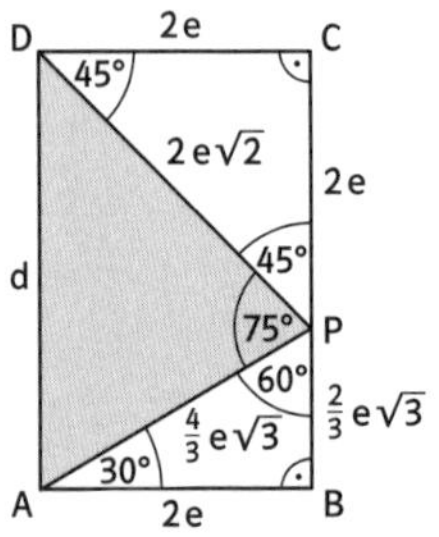

$u_{APD} = \overline{AP} + \overline{PD} + \overline{PC} + \overline{PB} = \frac{4}{3}e \cdot \sqrt{3} + 2e \cdot \sqrt{2} + 2e + \frac{2}{3}e \cdot \sqrt{3}$
$= 2e + 2e \cdot \sqrt{2} + 2e \cdot \sqrt{3} = 2e(1 + \sqrt{2} + \sqrt{3})$

3

a) g_1: $y = -2x + 6$

Die Gerade g_2 hat aufgrund des rechtwinkligen Schneidens von g_1 die Steigung $m_2 = -\frac{1}{m_1} = -\frac{1}{-2} = \frac{1}{2}$, was auch anhand der Zeichnung erkannt werden kann.

Damit gilt für g_2: $y = \frac{1}{2}x + b$

Punkt S(2 | 2) in $y = \frac{1}{2}x + b$ eingesetzt ergibt: $b = 1$

g_2: $y = \frac{1}{2}x + 1$

b)

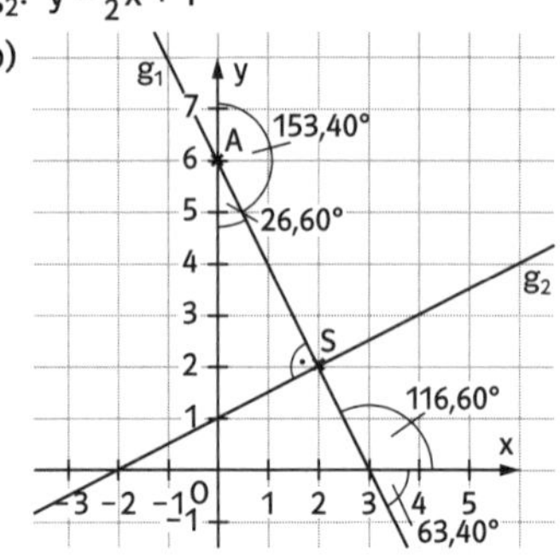

c) $A_{Dreieck} = \frac{1}{2} \cdot 5 \cdot 2 = 5\,FE$

4

a)

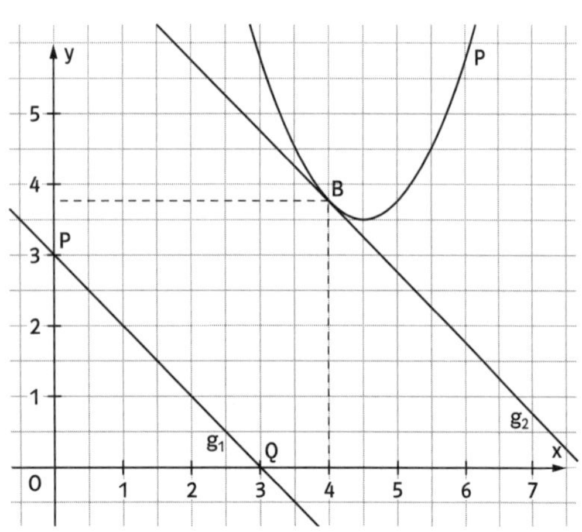

b) Parabel p: $y = (x - 4{,}5)^2 + 3{,}5$

g_1: $y = m \cdot x + 3$; Punkt Q(3 | 0) einsetzen:

$0 = m \cdot 3 + 3$; $m = -1$; g_1: $y = -x + 3$

Die Gerade g_2 hat die gleiche Steigung wie g_1, unterscheidet sich aber im y-Achsenabschnitt:

g_2: $y = -x + b$

Bestimmung der Geradengleichung und des Berührpunktes durch Gleichsetzen der Funktionsgleichungen:

$(x - 4{,}5)^2 + 3{,}5 = -x + b$

$x^2 - 9x + 20{,}25 + 3{,}5 = -x + b$

$x^2 - 9x + 23{,}75 = -x + b \quad | +x \quad -b$

$x^2 - 8x + 23{,}75 - b = 0$

$x_{1,2} = 4 \pm \sqrt{16 - (23{,}75 - b)} = 4 \pm \sqrt{16 - 23{,}75 + b}$

Damit es nur einen Berührpunkt zwischen Parabel und Gerade gibt, muss die Diskriminante $16 - 23{,}75 + b = 0$ sein:

$16 - 23{,}75 + b = 0$; $-7{,}75 + b = 0$; $b = 7{,}75$

g_2: $y = -x + 7{,}75$

Setzt man $b = 7{,}75$ in die Gleichung ein, erhält man den Berührpunkt $x = 4$ und $y = 3{,}75$; B(4 | 3,75)

Anspruchsvolle Aufgaben meistern 7 | PV 3, Seite 57

1

a) 1. Berechne den Mittelpunktswinkel α.

$\alpha = \frac{360°}{5} = 72°$

2. Berechne h_a mithilfe von $\tan\frac{\alpha}{2}$.

$\tan\frac{\alpha}{2} = \frac{\frac{a}{2}}{h_a}$; $h_a = \frac{a}{2 \cdot \tan\frac{\alpha}{2}} = \frac{10{,}5}{2 \cdot \tan 36°} \approx 7{,}23\,cm$

3. Berechne die Grundfläche (aus Teildreiecken).

$G = 5 \cdot \frac{1}{2} \cdot a \cdot h_a = \frac{5}{2} \cdot 10{,}5\,cm \cdot 7{,}23\,cm \approx 189{,}79\,cm^2$

4. Berechne die Höhe h aus der Volumenformel.

$V = \frac{1}{3} \cdot G \cdot h$; $h = \frac{3 \cdot V}{G} = 3 \cdot \frac{759{,}15\,cm^3}{189{,}79\,cm^2} \approx 12\,cm$

5. Berechne h_s.

$h_s = \sqrt{h^2 + h_a^2} = \sqrt{12^2 + 7{,}23^2}\,cm \approx 14{,}01\,cm$

6. Berechne die Größe der Oberfläche.

$O = G + 5 \cdot \frac{1}{2} \cdot a \cdot h_s \approx 189{,}79\,cm^2 + \frac{5}{2} \cdot 10{,}5\,cm \cdot 14{,}01\,cm$
$\approx 557{,}55\,cm^2$

b) $h_s' = \sqrt{24^2 + 7{,}23^2} \approx 25{,}07\,cm$

$O' \approx 189{,}79\,cm^2 + \frac{5}{2} \cdot 10{,}5\,cm \cdot 25{,}07\,cm \approx 847{,}88\,cm^2$

$q \approx \frac{847{,}88}{557{,}55} \approx 1{,}5207$ Die Oberfläche wird um etwa 52,07% größer.

2

a) $V_{Kugeln} = 8 \cdot \frac{4}{3}\pi r^3 = \frac{32}{3}\pi \cdot (1\,cm)^3 \approx 33{,}51\,cm^3$

b) $r = 2{,}5\,cm$; $r_{Wasser} = \frac{4}{5} \cdot r = 2\,cm$; $h_{Wasser} = \frac{4}{5} \cdot h$

$V_{Glas} = V_{Kugeln} + V_{Wasser}$; $\frac{1}{3}\pi r^2 h = \frac{32}{3}\pi\,cm^3 + \frac{1}{3}\pi\left(\frac{4}{5} \cdot r\right)^2 \cdot \left(\frac{4}{5} \cdot h\right)$

$r^2 h = 32\,cm^3 + \frac{16}{25}r^2 \cdot \frac{4}{5}$; $r^2 h = 32\,cm^3 + \frac{64}{125}r^2 h$

$\frac{61}{125}r^2 h = 32\,cm^3$; $h = \frac{32\,cm^3}{(2{,}5\,cm)^2} \cdot \frac{125}{61} \approx 10{,}49\,cm$

$V_{Glas} \approx \frac{1}{3}\pi \cdot (2{,}5\,cm)^2 \cdot 10{,}49\,cm \approx 68{,}66\,cm^3 = 68{,}66\,ml$

3

a) $h_2 = r$, da das Dreieck gleichschenklig ist (ein Winkel ist 90° und die beiden anderen Winkel sind 45° groß).

$s_2 = \sqrt{5^2 + 5^2}\,cm \approx 7{,}07\,cm$; $\sin 30° = \frac{5}{s_1}$; $s_1 = 10\,cm$

$\cos 30° = \frac{h_1}{s_1}$; $h_1 \approx 8{,}66\,cm$

$O = (\pi r s_1 + \pi r s_2 \approx \pi \cdot 5 \cdot 10 + \pi \cdot 5 \cdot 7{,}07)\,cm^2 \approx 268{,}13\,cm^2$

$V = \frac{1}{3}\pi r^2 \cdot h_1 + \frac{1}{3}\pi r^2 \cdot h_2 = \left(\frac{1}{3}\pi \cdot 5^2 \cdot 8{,}66 + \frac{1}{3}\pi \cdot 5^2 \cdot 5\right)cm^3$
$\approx 357{,}62\,cm^3$

b) $h_2 = r$; $\tan 30° = \frac{r}{h_1}$; $h_1 = \frac{3r}{\sqrt{3}} \cdot \frac{\sqrt{3}}{\sqrt{3}} = r\sqrt{3}$

$\sin 30° = \frac{r}{s_1}$; $s_1 = \frac{r}{0{,}5} = 2r$; $\sin 45° = \frac{r}{s_2}$; $s_2 = \frac{2r}{\sqrt{2}} \cdot \frac{\sqrt{2}}{\sqrt{2}} = r\sqrt{2}$

$O = \pi r s_1 + \pi r s_2 = \pi r \cdot 2r + \pi r \cdot r\sqrt{2} = \pi r^2(2 + \sqrt{2})$

$V = \frac{1}{3}\pi r^2 \cdot h_1 + \frac{1}{3}\pi r^2 \cdot h_2 = \frac{1}{3}\pi r^2 \cdot r\sqrt{3} + \frac{1}{3}\pi r^2 \cdot r = \frac{1}{3}\pi r^3\sqrt{3} + \frac{1}{3}\pi r^3$
$= \frac{1}{3}\pi r^3(\sqrt{3} + 1)$

Prozente und prozentuale Veränderung, Seite 58

1

A 3	B 8	0		C 2	D 7	E 9
7	0		F 8	5	0	0
G 5	0		H 5	0	0	
	0		I 6	0		J 2
K 2		L 6			M 5	4
N 4	O 1	9		P 1	4	8
Q 5	6	3		R 7	6	0

2

a) $q = 1{,}3$ b) $q = 0{,}75$ c) $q = 0{,}97$

d) $q = 2$ e) $q = 1 - \frac{0{,}8}{100} = 0{,}992$ f) $q = 1{,}19$

3

a) $q = 0{,}8$; richtige Lösung: 63,20 €
b) $q = 0{,}82$; richtige Lösung: 9400,00 €
c) richtige Lösung: 22%
d) $q = 0{,}95$; richtige Lösung: 929,10 €
e) $q = 1{,}19$; richtige Lösung: 887,00 €
f) richtige Lösung: 5,6%
g) $q = 1{,}19$; richtige Lösung: 7,62 €
h) $q = 2{,}8$; richtige Lösung: 33,93 €

4

$q_1 = 1{,}07$; $q_2 = 1{,}15$

alter Benzinpreis: $\frac{1{,}477\,€}{1{,}07 \cdot 1{,}15} \approx 1{,}20\,€$

Das Benzin kostete vorher 1,20 € je Liter.

5

$q_1 = 0{,}95$; $q_2 = 0{,}97$
günstigster Preis: $966{,}00\,€ \cdot 0{,}95 \cdot 0{,}97 \approx 890{,}17\,€$
Der günstigste Preis beträgt 890,17 €.

Zinsrechnen und Zinseszins, Seite 59

1

	Kapital	Jahreszinsen	Zinssatz
a)	4000,00 €	190,00 €	4,75%
b)	15 000,00 €	952,50 €	6,35%
c)	8500,00 €	390,15 €	4,59%
d)	6450,00 €	166,41 €	2,58%

2

	Kapital	Zinsen	Zinssatz	Zeit
a)	850,00 €	9,92 €	3,5%	4 Monate
b)	2000,00 €	51,00 €	10,2%	$\frac{1}{4}$ Jahr
c)	5800,00 €	166,75 €	4,5%	230 Tage
d)	25 000,00 €	81,25 €	6,5%	18 Tage

3

a)

Jahr	Kapital Anfang des Jahres	Zinsen	Kapital Ende des Jahres
1	5000,00 €	180,00 €	5180,00 €
2	5180,00 €	186,48 €	5366,48 €
3	5366,48 €	193,19 €	5559,67 €
4	5559,67 €	200,15 €	5759,82 €

Insgesamt wurden 759,82 € Zinsen erzielt, das sind 15,2% des Kapitals.

b)

Jahr	Kapital Anfang des Jahres	Zinsen	Kapital Ende des Jahres
1	5000,00 €	187,50 €	5000,00 €
2	5000,00 €	187,50 €	5000,00 €
3	5000,00 €	187,50 €	5000,00 €
4	5000,00 €	187,50 €	5000,00 €

Insgesamt wurden 750,00 € Zinsen erzielt, das sind 15% des Kapitals.

4

a) Seine Oma legt 1500 € an.
b) Sie hat einen Zinssatz von 3,2% erhalten.
c) Bei einem Zinssatz von 2,5% gelingt ihm das in 29 Jahren, bei 5% muss er 15 Jahre warten.
d) Nach drei Jahren und sieben Monaten kann sie 551,05 € abheben.
e) Es wurde ein Kapital von 1288 € angelegt.
f) Sie erhielt einen Zinssatz von 9%.
Lösungswort: GENOTYP (Der Genotyp oder das Erbbild stellt die genetische Ausstattung eines Organismus dar.)

Sparformen: Zuwachssparen und Ratensparen, Seite 60

1

a) Angebot A:
$5000{,}00\,€ \cdot 1{,}015 \cdot 1{,}0225 \cdot 1{,}025 \cdot 1{,}0275 \cdot 1{,}035 = 5656{,}47\,€$
Angebot B:
$5000{,}00\,€ \cdot 1{,}0125 \cdot 1{,}02 \cdot 1{,}0275 \cdot 1{,}035 \cdot 1{,}05 = 5766{,}03\,€$
Beim Angebot B erhält man 109,56 € mehr.
b) Angebot A:
$5000{,}00\,€ \cdot 1{,}05 \cdot 1{,}0225 \cdot 1{,}025 = 5318{,}92\,€$
Angebot B:
$5000{,}00\,€ \cdot 1{,}025 \cdot 1{,}02 \cdot 1{,}0275 = 5305{,}75\,€$
Angebot A würde nach dem dritten Jahr 13,17 € mehr einbringen.
c) Angebot A: 5465,19 €; Angebot B: 5491,45 €
Bei Angebot B erhält man 26,26 € mehr.

2

$q_4 = \frac{K_4}{K_0 \cdot q_1 \cdot q_2 \cdot q_3}$; $\quad q_4 = \frac{2793{,}12\,€}{2500\,€ \cdot 1{,}02 \cdot 1{,}025 \cdot 1{,}03} \approx 1{,}0375$

Der Zinssatz im 4. Jahr betrug somit 3,75 %.

3

Allgemeine Formel: $K_n = R \cdot (q^n + q^{n-1} + q^{n-2} + \ldots + q)$

Hier gilt die Formel: $K_4 = R \cdot (q^4 + q^3 + q^2 + q)$

$K_4 = 800 \cdot (1{,}036^4 + 1{,}036^3 + 1{,}036^2 + 1{,}036)\,€$

$K_4 \approx 3498{,}56\,€$

Die Kreuzfahrt darf also nicht mehr als 3500 € kosten.

4

Allgemeine Formel nach der Rate umgestellt:

$R = \frac{K_n}{q^n + q^{n-1} + q^{n-2} + \ldots + q}$

Einsetzen in die Formel für $n = 3$; $q = 1{,}042$ und Endkapital $K_3 = 10\,000\,€$:

$R = \frac{10\,000\,€}{1{,}042^3 + 1{,}042^2 + 1{,}042} \approx 3068{,}30\,€$

Die jährliche Sparrate sollte also mindestens 3069 € betragen.

5

Es werden eingefügt:

a) 2571,12 € b) 360,00 € c) 1250,00 €

Kreditformen: Darlehen und Kleinkredit, Seite 61

1

Jahr	Restschuld am Jahres-anfang	Zinsen (5,2 % der Restschuld)	Tilgung (Rate – Zinsen)	Restschuld am Jahres-ende
1	80 000,00 €	4160,00 €	5440,00 €	74 560,00 €
2	74 560,00 €	3877,12 €	5722,88 €	68 837,12 €
3	68 837,12 €	3579,53 €	6020,47 €	62 816,65 €
4	62 816,65 €	3266,47 €	6333,53 €	56 483,12 €
5	56 483,12 €	2937,12 €	6662,88 €	49 820,24 €

In den ersten fünf Jahren zahlt Herr Schuster insgesamt 48 000 €. Es sind 17 820,24 € Zinsen und 30 179,76 € Tilgung. Die Restschuld beträgt danach noch 49 820,24 €.

2

Kreditbetrag:		1500 €
Zinsen für 36 Monate:	$36 \cdot 1500\,€ \cdot 0{,}005 =$	270 €
Bearbeitungsgebühr:	$1500\,€ \cdot 0{,}02 =$	30 €
Rückzahlungsbetrag (Kreditbetrag + Kreditkosten):		1800 €

Lukas zahlt insgesamt 1800 €. Die Kreditkosten betragen 300 €, das sind 20 % des Verkaufspreises. Er muss eine monatliche Rate von 50 € bezahlen.

3

a) Kleinkredit der Hausbank:

Kreditbetrag:		22 000 €
Zinsen:	$48 \cdot 22\,000\,€ \cdot 0{,}0045 =$	4752 €
Bearbeitungsgebühr:	$22\,000\,€ \cdot 0{,}01 =$	220 €
Versicherungsprämie:	$48 \cdot 2{,}50\,€ =$	120 €
Rückzahlungsbetrag:		27 092 €

Kredit über den Autohändler: $48 \cdot 546{,}75\,€ = 26\,244{,}00\,€$

Das Angebot des Händlers ist günstiger. Monika spart 848 €.

b) Berechnung der monatlichen Raten beim Kleinkredit:

$27\,092\,€ : 48 \approx 564{,}42\,€$

Raten 2 bis 48: 560 €; 1. Rate: $27\,092\,€ - 47 \cdot 560\,€ = 772\,€$

c) Bearbeitungsgebühr: 220 €; Versicherungsprämie: 120 €

Berechnung des Betrages mit Zinsen:

$26\,244\,€ - 220\,€ - 120\,€ = 25\,904\,€$

enthaltene Zinsen: $25\,904\,€ - 22\,000\,€ = 3904\,€$

Berechnung des monatlichen Zinssatzes p %:

$48 \cdot 22\,000\,€ \cdot \frac{p}{100} = 3904\,€$

$p = \frac{3904 \cdot 100}{48 \cdot 22\,000} \approx 0{,}3697 \approx 0{,}37$

Der monatliche Zinssatz würde somit etwa 0,37 % betragen.

Diagramme, Seite 62

1

a) und b)

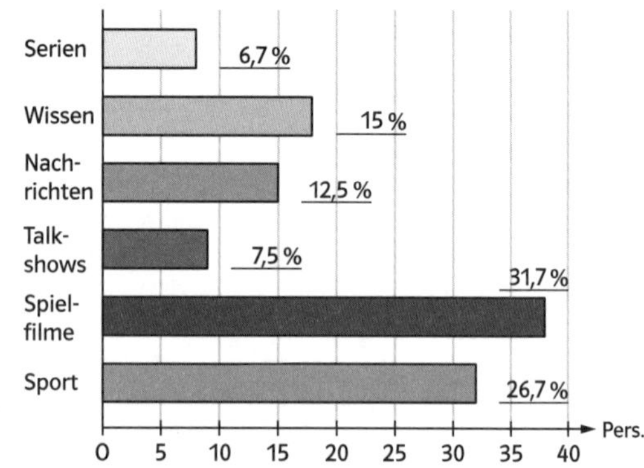

c)

d) Richtig sind folgende Aussagen:

- Nachrichten sind bei Erwachsenen beliebter als Serien.
- Die meisten Erwachsenen mögen Spielfilme.

2

a)

Farbe	Winkel in °	in %
Pink	108°	30 %
Gelb	22°	6,1 %
Blau	90°	25 %
Rot	126°	35 %
Sonstige	14°	3,9 %

b)

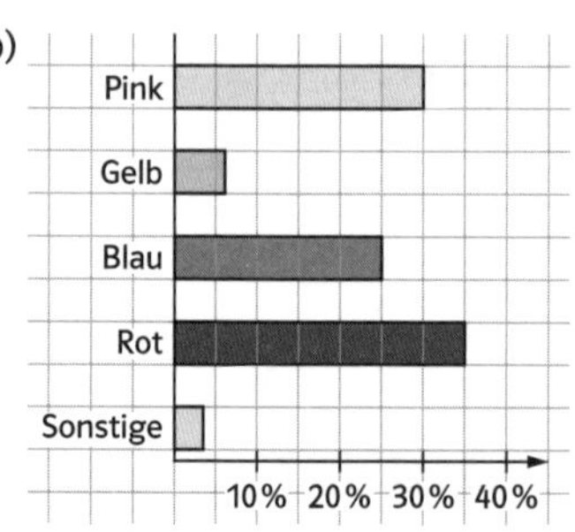

3

a) Befragte Schülerinnen und Schüler: 650

	Computer	DVD-Player	MP3-Player	Handy	Discman/ Walkman
in %	18 %	4 %	62 %	6 %	10 %
Personenzahl	117	26	403	39	65

b)

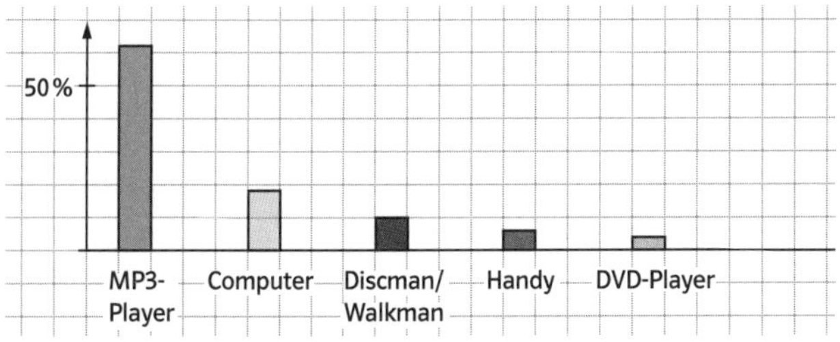

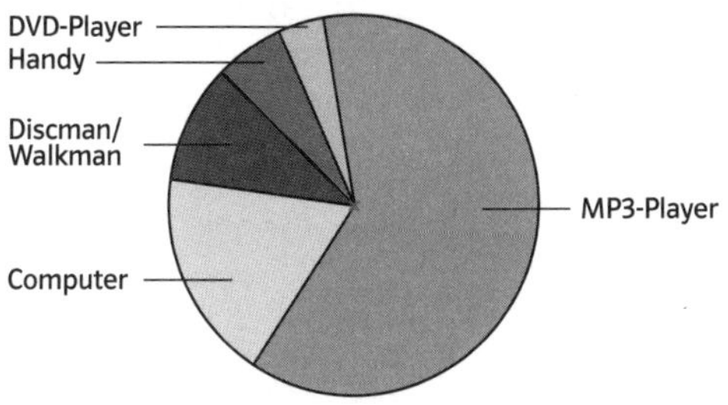

c) Ein Kreisdiagramm eignet sich hier am besten, da es um Anteile eines Ganzen geht. Wenn man jedoch Wert legt auf die Rangfolge der Medien, dann ist das Säulendiagramm augenfälliger.

Daten auswerten, Seite 63

1

a) Rangliste:

0	0	0	1	1	1	2	2	2	2	3	3	3	3
4	4	5	5	5	6	6	6	7	8	8	9	12	18

b) Minimum (0); Maximum (18); Spannweite (18)
Anzahl der Daten (28); Mittelwert der Zahlen 3 und 4 ist 3,5
Daten oberhalb des Zentralwertes: 14; unterhalb: 14
Mittelwert der Liste: 4,5

2

a) siehe Tabelle 1
b Minimum der Niederschläge: Juli, Maximum: Oktober
c) kältester Monat: Januar, wärmster Monat: Juli/August
d) durchschnittliche Niederschläge: 35,3 mm bzw. Liter je m^2
e) Mittelwert der Lufttemperatur: 15,8 °C
f) Rangliste der Niederschläge:
9; 14; 20; 30; 35; 36; 37; 39; 44; 47; 50; 63
Zentralwert: 36,5 mm
g) Rangliste der Temperaturen: 9°; 9,5°; 10,5°; 10,5°; 12,5°; 13°; 16,5°; 17,5°; 21°; 22°; 24°; 24°
Zentralwert: 14,75 °C

3

siehe Tabelle 2

Daten beurteilen, Seite 64

1

a) siehe Tabelle 3
b)

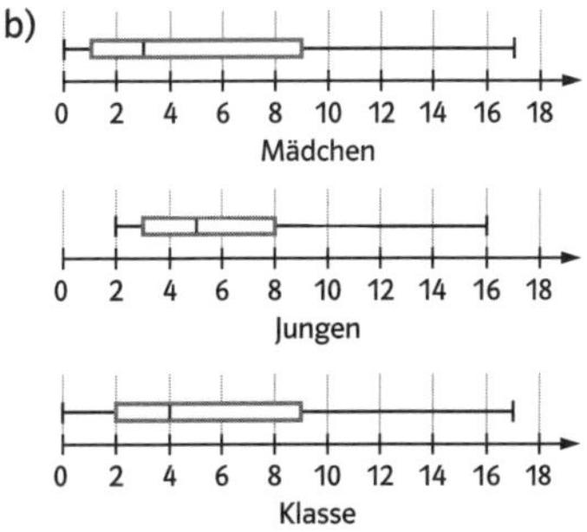

c) Die zwei oberen Aussagen treffen zu.
Aussage unten links: falsch, denn der Mittelwert bei den Mädchen beträgt 5,4; bei den Jungen 6,2.
Aussage unten rechts: Diese Aussage ist irreführend formuliert. Nicht „mehr als neun Fehltage", sondern „neun oder mehr Fehltage" ist richtig. Die zweite Formulierung entspricht allerdings dem Inhalt der Aussage oben links („mindestens neun Fehltage").

Tabelle 1

	Jan.	Febr.	März	April	Mai	Juni	Juli	Aug.	Sept.	Okt.	Nov.	Dez.
Niederschlag (mm)	37	35	36	39	30	14	9	20	50	63	47	44
Temperatur (°C)	9	9,5	10,5	12,5	16,5	21	24	24	22	17,5	13	10,5

Tabelle 2

Urliste	Rangliste	Minimum	Maximum	Spannweite	Zentralwert	Mittelwert
12; 3; 8; 10; 15; 18	3; 8; 8; 10; 12; 15; 18	3	18	15	10	10,6
2,5; 3,8; 5,7; 1,9; 5,6	1,9; 2,5; 3,8; 5,6; 5,7	1,9	5,7	3,8	3,8	3,9
112; 97; 38; 76; 47	38; 47; 76; 97; 112	38	112	74	76	74

Tabelle 3

	Zentralwert	oberes Quartil	Maximum	Minimum	unteres Quartil	Quartilabstand	Spannweite
Mädchen	3	9	17	0	1	8	17
Jungen	5	8	16	2	3	5	14
Klasse	4	9	17	0	2	7	17

2

a) und b) siehe Tabelle 1

c) Von links nach rechts gehören die Boxplots zu Ulla, Jan und Tim.

Pias Boxplot:

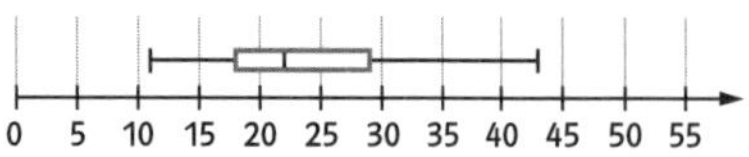

Sachrechnen | Merkzettel, Seite 65

- **Beispiele:** $q = 1 - \frac{20}{100} = 0{,}8$; $G = \frac{9{,}60}{0{,}80}€ = 12{,}00€$

- **Beispiele:** $K_5 = 3000{,}00€ \cdot 1{,}038^5 \approx 3615€$

- **Beispiele:** $K_0 = 2034{,}40€ : (1{,}035 \cdot 1{,}04 \cdot 1{,}05) = 1800{,}00€$

$K_5 = 1200€ \cdot (1{,}0375^5 + 1{,}0375^4 + 1{,}0375^3 + 1{,}0375^2 + 1{,}0375)$

$\approx 6709{,}71€$

- **Beispiele:** $6000{,}00€ + 5850{,}00€ + 5692{,}50€ = 17542{,}50€$

$18000{,}00€ + 4860{,}00€ + 270{,}00€ = 23130{,}00€$

- **Beispiele:**

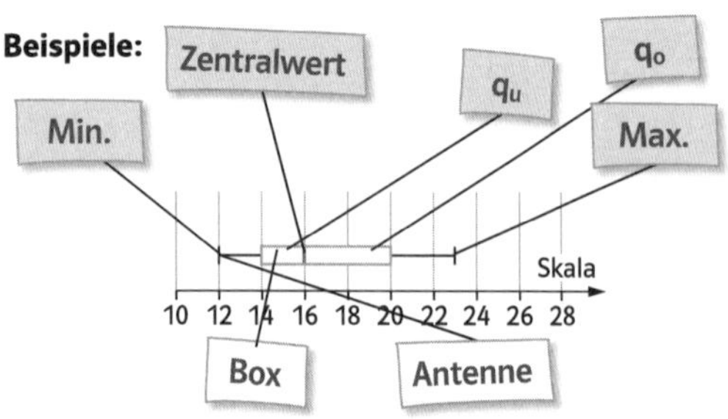

Grundlagen festigen 8 | PV 4, Seite 66

1

a) $P(2) = \frac{4}{12} = \frac{1}{3}$; $P(3) = \frac{1}{12}$; $P(4) = \frac{2}{12} = \frac{1}{6}$

$P(5) = \frac{3}{12} = \frac{1}{4}$; $P(7) = \frac{2}{12} = \frac{1}{6}$

b) $P(12) = P(5) \cdot P(7) + P(7) \cdot P(5) = \frac{1}{4} \cdot \frac{1}{6} + \frac{1}{6} \cdot \frac{1}{4} = \frac{1}{12}$

2

a) $P(\text{graues Kärtchen}) = \frac{5}{15} = \frac{1}{3}$

b) $P(\text{ungerade Zahl}) = \frac{9}{15} = \frac{3}{5}$

c) $P(\text{graues Kärtchen oder ungerade Zahl}) = \frac{1}{3} + \frac{3}{5} - \frac{3}{15}$

Man muss von der Summe der beiden Einzelwahrscheinlichkeiten noch $\frac{3}{15}$ abziehen, da man 3 Kärtchen doppelt gezählt hat.

3

Aufgaben und Lösungshinweise gehören wie folgt zusammen:

A1 → L1; A2 → L1; A3 → L1; A4 → L7; A5 → L4;
A6 → L6; A7 → L5; A8 → L8; A9 → L2; A10 → L3

4

a) Wertetabelle C; $y = (x + 3)^2 - 3{,}5$; um 3 LE nach links und 3,5 LE nach unten verschobene Normalparabel

b) Wertetabelle D; $y = x^2 - 3x + 4{,}75$; nach oben geöffnet und nur ein Achsenschnittpunkt

c) Wertetabelle B; $y = -4x^2 + 5$; nach unten geöffnet und schmaler als eine Normalparabel

d) Wertetabelle A; $y = -(x - 2{,}5)^2$; nach unten geöffnet und $N(2{,}5 \mid 0)$ als einzige Nullstelle

Hinweis: Die Funktionsgleichungen $y = x^2 + 3x + 4{,}75$ und $y = x^2 - 3x + 4{,}75$ müssen zuerst durch quadratische Ergänzung in die Scheitelform umgewandelt werden, dann kann das passende Schaubild zugeordnet werden.

Grundlagen festigen 9 | PV 4, Seite 67

1

a)

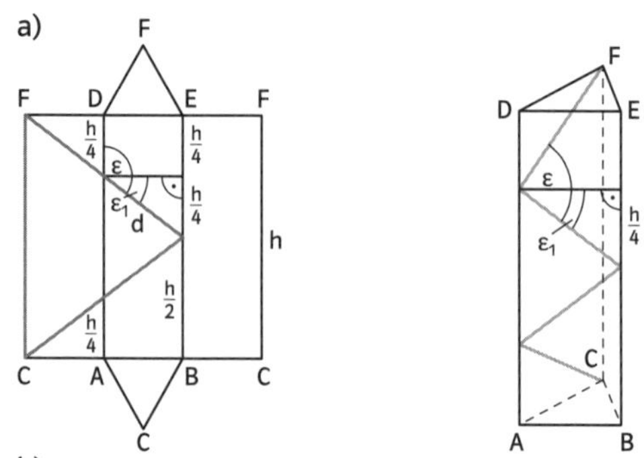

b)

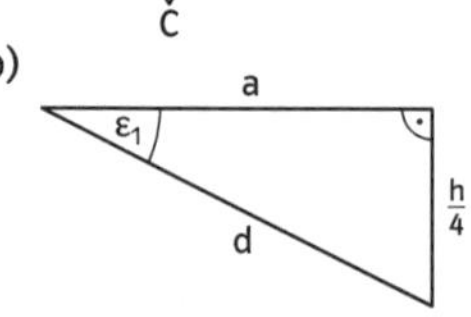

Berechnung von d: $d = (60{,}0\,cm - 22{,}5\,cm) : 4 = 9{,}375\,cm$

$\sin \varepsilon_1 = \frac{\frac{h}{4}}{d} = \frac{5{,}625}{9{,}375} = 0{,}6$; $\varepsilon_1 \approx 36{,}9°$

$a = \sqrt{d^2 - \left(\frac{h}{4}\right)^2} = \sqrt{(9{,}375\,cm)^2 - (5{,}625\,cm)^2} = 7{,}5\,cm$

$A_{Grundfläche} = \frac{a^2}{4}\sqrt{3} = \frac{(7{,}5\,cm)^2}{4}\sqrt{3} \approx 24{,}4\,cm^2$

c) $V_{Prisma} = A \cdot h = 24{,}4\,cm^2 \cdot 22{,}5\,cm = 549{,}0\,cm^2$

2

$A_{Dreieck} = 10\,cm^2$

$A_{Dreieck} = \frac{1}{2} \cdot g \cdot h = \frac{1}{2} \cdot a\sqrt{2} \cdot a = \frac{a^2}{2}\sqrt{2}$

$\frac{a^2}{2}\sqrt{2} = 10\,cm^2 \quad | \cdot 2$

$a^2\sqrt{2} = 20\,cm^2 \quad | : \sqrt{2}$

$a^2 = \frac{20}{\sqrt{2}}cm^2 = \frac{20 \cdot \sqrt{2}}{\sqrt{2} \cdot \sqrt{2}}cm^2 = \frac{20 \cdot \sqrt{2}}{2}cm^2 = 10 \cdot \sqrt{2}\,cm^2 \approx 14{,}14\,cm^2$

$a \approx 3{,}76\,m$ (die negative Lösung der Gleichung entfällt)

$V_{Würfel} = a^3 = (3{,}76\,cm)^3 \approx 53{,}2\,cm^3$

Tabelle 1

	Rangliste (gerundet auf Minuten)	unteres Quartil	Zentralwert	oberes Quartil
Tim	11; 16; 18; 18; 22; 22; 23; 27; 39; 43	18	22	27
Pia	11; 12; 18; 19; 22; 25; 29; 37; 43	18	22	29
Ulla	11; 12; 17; 19; 20; 22; 23; 27; 27; 36; 43	17	22	27
Jan	11; 15; 19; 19; 25; 29; 29; 43	17	22	29

3

a) Das Dreieck kann nicht berechnet werden, da die Zerlegung von γ nicht bekannt ist.

b) $h_b = a \cdot \sin\gamma$
$= 6{,}5\,\text{cm} \cdot \sin 59{,}7° \approx 5{,}61\,\text{cm}$
$b_1 = \sqrt{a^2 - h_b^2} = \sqrt{(6{,}5\,\text{cm})^2 - (5{,}61\,\text{cm})^2}$
$\approx 3{,}28\,\text{cm}$

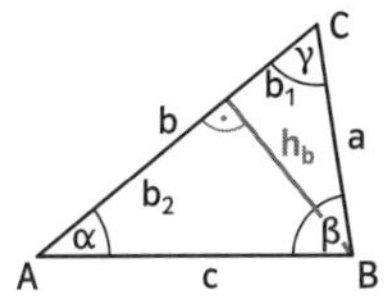

$b_2 = b - b_1 = 8{,}3\,\text{cm} - 3{,}28\,\text{cm} = 5{,}02\,\text{cm}$
$c = \sqrt{h_b^2 + b_2^2} = \sqrt{(5{,}61\,\text{cm})^2 + (5{,}02\,\text{cm})^2} \approx 7{,}53\,\text{cm}$
$u = a + b + c = (6{,}5 + 8{,}3 + 7{,}53)\,\text{cm} \approx 22{,}3\,\text{cm}$
$A = \frac{1}{2} \cdot b \cdot h_b = \frac{1}{2} \cdot 8{,}3\,\text{cm} \cdot 5{,}61\,\text{cm} \approx 23{,}3\,\text{cm}^2$

c) $h_a = b \cdot \sin\gamma$
$= 8{,}3\,\text{cm} \cdot \sin 59{,}7° \approx 7{,}17\,\text{cm}$
$a_1 = \sqrt{b^2 - h_a^2}$
$= \sqrt{(8{,}3\,\text{cm})^2 - (7{,}17\,\text{cm})^2} \approx 4{,}18\,\text{cm}$

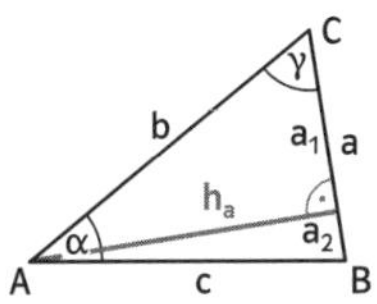

$a_2 = a - a_1 = 6{,}5\,\text{cm} - 4{,}18\,\text{cm} = 2{,}32\,\text{cm}$
$c = \sqrt{h_a^2 + a_2^2} = \sqrt{(7{,}17\,\text{cm})^2 + (2{,}32\,\text{cm})^2} \approx 7{,}54\,\text{cm}$
$u = a + b + c = (6{,}5 + 8{,}3 + 7{,}54)\,\text{cm} \approx 22{,}3\,\text{cm}$
$A = \frac{1}{2} \cdot a \cdot h_a = \frac{1}{2} \cdot 6{,}5\,\text{cm} \cdot 7{,}17\,\text{cm} \approx 23{,}3\,\text{cm}^2$

Wenn nur ein Winkel eines Dreiecks gegeben ist, sollte dieser nicht zerlegt werden, da sonst für die Berechnung nötige Informationen verloren gehen.

4

$\alpha = 110°$; $\beta = 70°$; $\gamma = 110°$
$a^2 = (3\,\text{cm})^2 + (3\,\text{cm})^2 - 2 \cdot 3\,\text{cm} \cdot 3\,\text{cm} \cdot \cos 110° \approx 24{,}2\,\text{cm}^2$
$a \approx 4{,}9\,\text{cm}$
$b^2 = (3\,\text{cm})^2 + (2\,\text{cm})^2 - 2 \cdot 3\,\text{cm} \cdot 2\,\text{cm} \cdot \cos 70° \approx 8{,}9\,\text{cm}^2$
$b \approx 3{,}0\,\text{cm}$
$c^2 = (2\,\text{cm})^2 + (2\,\text{cm})^2 - 2 \cdot 2\,\text{cm} \cdot 2\,\text{cm} \cdot \cos 110° \approx 10{,}7\,\text{cm}^2$
$c \approx 3{,}3\,\text{cm}$

Grundlagen festigen 10 | PV 4, Seite 68

1

3. Nebenwinkel γ_1 berechnen:
$\gamma_1 = 180° - \gamma = 65°$
4. (oder 6.) Höhe $\overline{HA}$ berechnen:
$\overline{HA} = b \cdot \sin\gamma_1$
$= 5{,}9\,\text{cm} \cdot \sin 65° \approx 5{,}35\,\text{cm}$
5. (oder 4.) Strecke $\overline{HC}$ berechnen:
$\overline{HC} = b \cdot \cos\gamma_1 \approx 2{,}49\,\text{cm}$

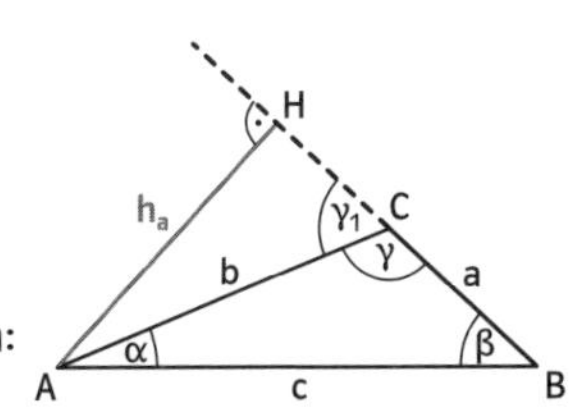

6. (oder 5.) Strecke $\overline{HB} = \overline{HC} + \overline{CB}$ berechnen:
$\overline{HB} = \overline{HC} + a \approx 5{,}79\,\text{cm}$
7. (oder 8.) Strecke $\overline{AB}$ berechnen: $\overline{AB} = \sqrt{\overline{HB}^2 + \overline{HA}^2} \approx 7{,}88\,\text{cm}$
8. (oder 9.) Umfang berechnen: $u = a + b + c \approx 17{,}08\,\text{cm}$
9. (oder 7.) Flächeninhalt berechnen: $A = \frac{1}{2} \cdot \overline{HB} \cdot \overline{HA} \approx 15{,}5\,\text{cm}^2$

2

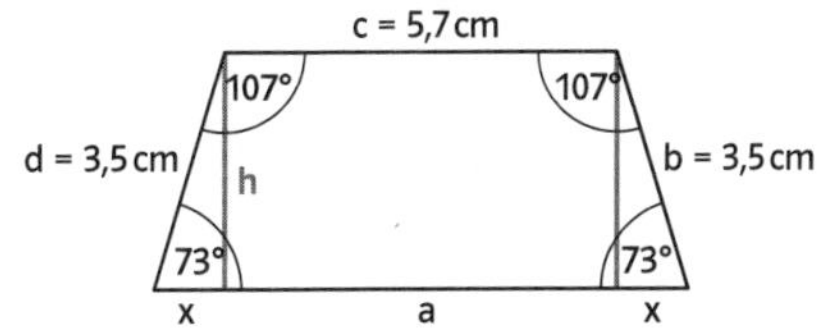

$x = b \cdot \cos 73° = 3{,}5\,\text{cm} \cdot \cos 73° \approx 1{,}02\,\text{cm}$
$h = b \cdot \sin 73° = 3{,}5\,\text{cm} \cdot \sin 73° \approx 3{,}35\,\text{cm}$
$a = c + 2 \cdot x = 5{,}7\,\text{cm} + 2 \cdot 1{,}02\,\text{cm} = 7{,}74\,\text{cm}$
$u = a + b + c + d = 7{,}74\,\text{cm} + 3{,}5\,\text{cm} + 5{,}7\,\text{cm} + 3{,}5\,\text{cm} \approx 20{,}4\,\text{cm}$
$A_{\text{Trapez}} = \frac{a + c}{2} \cdot h = \frac{7{,}74\,\text{cm} + 5{,}7\,\text{cm}}{2} \cdot 3{,}35\,\text{cm} \approx 22{,}5\,\text{cm}^2$

3

a) siehe Tabelle 1
Zinsen: bei Typ A 1590,00 €, bei Typ B 1676,27 €
Steigerung des Kapitals:
bei Typ A um 13,25 %, bei Typ B um 13,97 %
b) Gleichbleibender Zinssatz:
bei Typ A rund 2,1 %, bei Typ B 2,2 %

4

Angebot A: 98 % von 315 €: $P = G \cdot q = 315\,€ \cdot 0{,}98 = 308{,}70\,€$
Angebot B: 119 % von 270 €; davon 97 %:
$P = G \cdot q_1 \cdot q_2 = 270\,€ \cdot 1{,}19 \cdot 0{,}97 \approx 311{,}66\,€$
Angebot A ist günstiger.

Anspruchsvolle Aufgaben meistern 8 | PV 4, Seite 69

1

(1) $D = \mathbb{R} \setminus \{4; -4\}$; $L = \{12\}$

$$\frac{x}{2(x-4)} - \frac{2}{x-4} = \frac{8}{x+4}$$
$$x(x+4) - 2 \cdot 2(x+4) = 8 \cdot 2(x-4)$$
$$x^2 + 4x - 4x - 16 = 16x - 64$$
$$x^2 - 16x + 48 = 0$$

$x_1 = 4$; $x_2 = 12$
($L = \{4\}$ wird verworfen, da $4 \notin D$)

(2) $D = \mathbb{R} \setminus \{3; -3\}$; $L = \{9; 2\}$

$$\frac{1}{x-3} = \frac{2x+1}{(x+3)(x-3)} - \frac{2(x-2)}{(x+3)^2}$$
$$(x+3)^2 = (2x+1)(x+3) - 2(x-2)(x-3)$$
$$x^2 + 6x + 9 = 2x^2 + 7x + 3 - 2(x^2 - 5x + 6)$$
$$x^2 + 6x + 9 = 2x^2 + 7x + 3 - 2x^2 + 10x - 12$$
$$x^2 - 11x + 18 = 0$$

$x_1 = 9$; $x_2 = 12$

Tabelle 1

Jahr	1	2	3	4	5	6
Zinssatz	0,5 %	1,5 %	2,0 %	2,5 %	3,25 %	3,5 %
Zinsen Typ A (in €)	60,00	180,00	240,00	300,00	390,00	420,00
Kapital Typ A (in €)	12 000,00	12 000,00	12 000,00	12 000,00	12 000,00	12 000,00
Zinsen Typ B (in €)	60,00	180,90	244,82	312,14	415,93	462,48
Kapital Typ B (in €)	12 060,00	12 240,90	12 485,72	12 797,86	13 213,79	13 676,27

(3) $D = \mathbb{R} \setminus \{5; -5\}$; $L = \{4{,}27; -8{,}77\}$

$\frac{-2}{(x-5)^2} = \frac{6x-3}{(x+5)(x-5)} - \frac{4}{x+5}$

$-2(x+5) = (6x-3)(x-5) - 4(x-5)^2$

$-2x - 10 = 6x^2 - 3x - 30x + 15 - 4(x^2 - 10x + 25)$

$-2x - 10 = 6x^2 - 33x + 15 - 4x^2 + 40x - 100 \quad | + 2x + 10$

$0 = 2x^2 + 9x - 75$

$0 = x^2 + 4{,}5x - 37{,}5$

$x_{1,2} = -2{,}25 \pm \sqrt{2{,}25^2 + 37{,}5} = -2{,}25 \pm \sqrt{42{,}5625} \approx -2{,}25 \pm 6{,}52$

(4) $D = \mathbb{R} \setminus \{2; -4\}$; $L = \{\,\}$

$\frac{4x}{x-2} = 4 - \frac{5x}{(x+4)}$

$4x(x+4) = 4(x+4)(x-2) - 5x(x-2)$

$4x^2 + 16x = 4(x^2 + 4x - 2x - 8) - 5x^2 + 10x$

$4x^2 + 16x = 4x^2 + 8x - 32 - 5x^2 + 10x$

$5x^2 - 2x + 32 = 0$

$x^2 - 0{,}4x + 6{,}4 = 0$

(5) $D = \mathbb{R} \setminus \{3; -3\}$; $L = \left\{2; -\frac{2}{7}\right\}$

$\frac{10x^2 - 14x - 13}{2(x+3)(x-3)} = \frac{2(x+2)}{x+3} - \frac{x-5}{2(x-3)}$

$10x^2 - 14x - 13 = 2 \cdot (x+2) \cdot 2(x-3) - (x-5)(x+3)$

$10x^2 - 14x - 13 = 4(x^2 + 2x - 3x - 6) - (x^2 - 5x + 3x - 15)$

$10x^2 - 14x - 13 = 4x^2 - 4x - 24 - x^2 + 2x + 15$

$7x^2 - 12x - 4 = 0$

$x^2 - \frac{12}{7}x - \frac{4}{7} = 0$

$x_{1,2} = \frac{6}{7} \pm \sqrt{\left(\frac{6}{7}\right)^2 + \frac{4}{7}} = \frac{6}{7} \pm \sqrt{\frac{64}{49}} = \frac{6}{7} \pm \frac{8}{7}$

$x_1 = 2$; $x_2 = -\frac{2}{7}$

(6) $D = \mathbb{R} \setminus \{5; -5\}$; $L = \{0{,}25; -1\}$

$\frac{x-4}{2(x-5)} = \frac{2x+3}{3(x+5)} - \frac{5x^2 - 14x + 29}{6(x+5)(x-5)}$

$3(x-4)(x+5) = 2(x-5)(2x+3) - (5x^2 - 14x + 29)$

$3x^2 + 3x - 60 = 2(2x^2 - 10x + 3x - 15) - 5x^2 + 14x - 29$

$3x^2 + 3x - 60 = 4x^2 - 14x - 30 - 5x^2 + 14x = 29$

$4x^2 + 3x - 1 = 0$

$x^2 + 0{,}75x - 0{,}25 = 0$

$x_1 = 0{,}25$; $x_2 = -1$

(7) $D = \mathbb{R} \setminus \{3; 4\}$; $L = \{0\}$

$\frac{x-3}{x-4} = \frac{x^2 - 10x + 25}{(x-3)(x-4)} - \frac{x-4}{x-3}$

$(x-3)^2 = x^2 - 10x + 25 - (x-4)^2$

$x^2 - 6x + 9 = x^2 - 10x + 25 - x^2 + 8x - 16$

$x^2 - 4x = 0$

$x(x-4) = 0$

$x_1 = 0$; $x_2 = 4$

($L = \{4\}$ wird verworfen, da $4 \notin D$)

2

a)

x	3	4	5	6	7	8	9
y	0	5	8	9	8	5	0

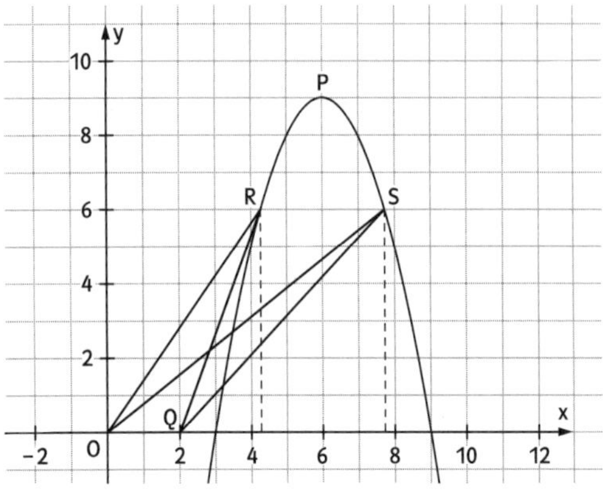

b) Der Flächeninhalt des Dreiecks $\left(A = \frac{1}{2} \cdot g \cdot h\right)$ ist aufgrund der unveränderlichen Grundseite des Dreiecks nur von seiner Höhe abhängig. Diese ist beim Scheitelpunkt $P(6\,|\,9)$ der Parabel maximal – dort beträgt die Höhe des Dreiecks 9 LE.

$A_{Dreieck} = \frac{1}{2} \cdot 2 \cdot 9 = 9\,FE$

c) Für $A_{Dreieck} = 6\,FE$ ergibt sich beim Einsetzen in die Flächeninhaltsformel $6 = \frac{1}{2} \cdot 2 \cdot h$; $h = 6$

Diese Höhe ist der y-Wert der beiden gesuchten Punkte.

Einsetzen von $y = 6$ in die Funktionsgleichung

$y = -x^2 + 12x - 27$ ergibt:

$6 = -x^2 + 12x - 27 \quad | -6$

$0 = -x^2 + 12x - 33 \quad | \cdot (-1)$

$0 = x^2 - 12x + 33$

$x_{1,2} = 6 \pm \sqrt{6^2 - 33} = 6 \pm \sqrt{3}$

$x_1 = 6 - \sqrt{3} \approx 4{,}3$; $R(4{,}3\,|\,6)$

$x_2 = 6 + \sqrt{3} \approx 7{,}7$; $S(7{,}7\,|\,6)$

Der Abstand der beiden Punkte beträgt:

$\overline{RS} = x_2 - x_1 = 6 + \sqrt{3} - (6 - \sqrt{3}) = 6 + \sqrt{3} - 6 + \sqrt{3} = 2\sqrt{3} \approx 3{,}5\,LE$

3

a) $S_1(4\,|\,3)$; p_1: $y = (x-4)^2 + 3$

$S_2(-3\,|\,4)$; p_2: $y = -(x+3)^2 + 4$

b) und c)

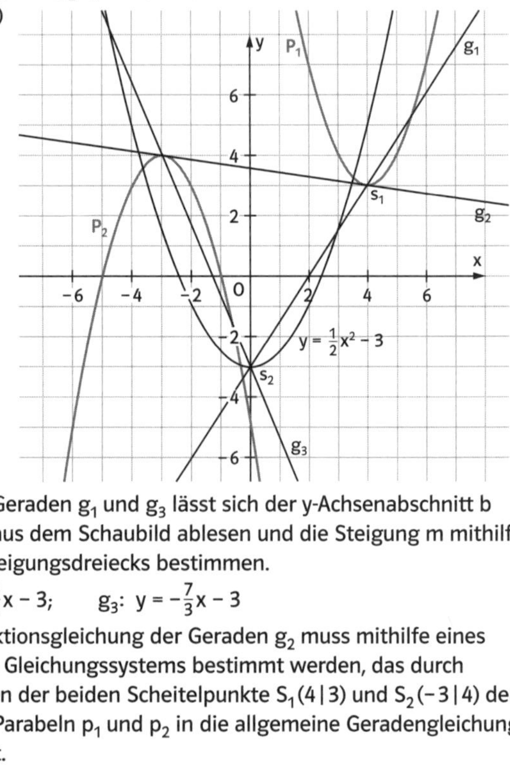

Für die Geraden g_1 und g_3 lässt sich der y-Achsenabschnitt b jeweils aus dem Schaubild ablesen und die Steigung m mithilfe eines Steigungsdreiecks bestimmen.

g_1: $y = \frac{3}{2}x - 3$; g_3: $y = -\frac{7}{3}x - 3$

Die Funktionsgleichung der Geraden g_2 muss mithilfe eines linearen Gleichungssystems bestimmt werden, das durch Einsetzen der beiden Scheitelpunkte $S_1(4\,|\,3)$ und $S_2(-3\,|\,4)$ der beiden Parabeln p_1 und p_2 in die allgemeine Geradengleichung entsteht.

(1) $3 = 4m + b$

(2) $4 = -3m + b$

(1) – (2): $-1 = 7m$; $m = -\frac{1}{7}$

(Die Steigung kann auch mithilfe eines Steigungsdreiecks aus dem Schaubild abgelesen werden.)

Durch Einsetzen von $m = -\frac{1}{7}$ in (1) erhält man:

$3 = 4 \cdot \left(-\frac{1}{7}\right) + b$

$3 = -\frac{4}{7} + b \quad | + \frac{4}{7}$

$3\frac{4}{7} = b$

g_3: $y = -\frac{1}{7}x + 3\frac{4}{7}$

Der Flächeninhalt des Dreiecks lässt sich mit der Formel $A = \frac{1}{2} \cdot b \cdot c \cdot \sin\alpha$ bestimmen. Dazu müssen die Längen beider Dreiecksseiten mithilfe der beiden rechtwinkligen Dreiecke und der Winkel α mithilfe der beiden Ergänzungswinkel α_1 und α_2 berechnet werden.

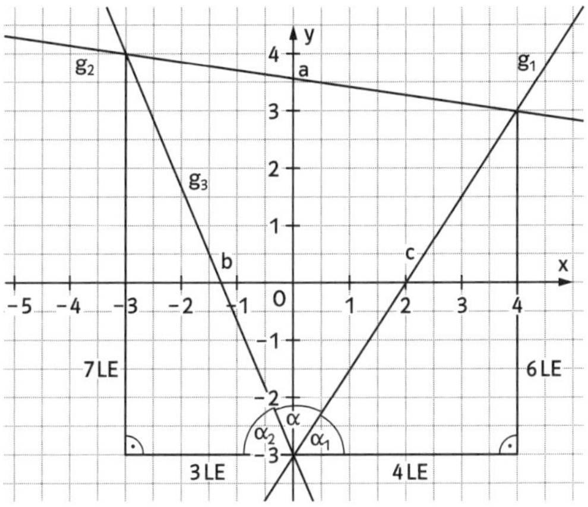

$c = \sqrt{6^2 + 4^2} \approx 7{,}2\,\text{LE}$; $b = \sqrt{7^2 + 3^2} \approx 7{,}6\,\text{LE}$

$\tan\alpha_1 = \frac{6}{4} = 1{,}5$; $\alpha_1 \approx 56{,}3°$

$\tan\alpha_2 = \frac{7}{3} = 2{,}3$; $\alpha_2 \approx 66{,}8°$

$\alpha = 180° - \alpha_1 - \alpha_2 = 180° - 56{,}3° - 66{,}8° = 56{,}9°$

$A = \frac{1}{2} \cdot b \cdot c \cdot \sin\alpha = \frac{1}{2} \cdot 7{,}6 \cdot 7{,}2 \cdot \sin 56{,}9° \approx 22{,}9\,\text{FE}$

Anspruchsvolle Aufgaben meistern 9 | PV 4, Seite 70

1

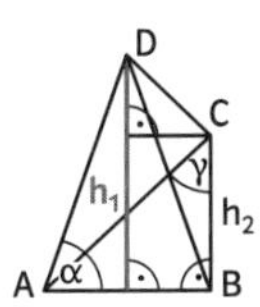

$\tan\alpha = \frac{h_1}{\frac{\overline{AB}}{2}}$

$h_1 = \frac{\overline{AB}}{2} \cdot \tan\alpha = 4{,}8\,\text{cm} \cdot \tan 70{,}2° \approx 13{,}33\,\text{cm}$

$\tan\gamma = \frac{\overline{AB}}{h_2}$

$h_2 = \frac{\overline{AB}}{\tan\gamma} = \frac{9{,}6\,\text{cm}}{\tan 47{,}7°} \approx 8{,}74\,\text{cm}$

$\overline{CD} = \sqrt{\left(\frac{\overline{AB}}{2}\right)^2 + (h_1 - h_2)^2} = \sqrt{(4{,}8\,\text{cm})^2 + (4{,}59\,\text{cm})^2} \approx 6{,}6\,\text{cm}$

2

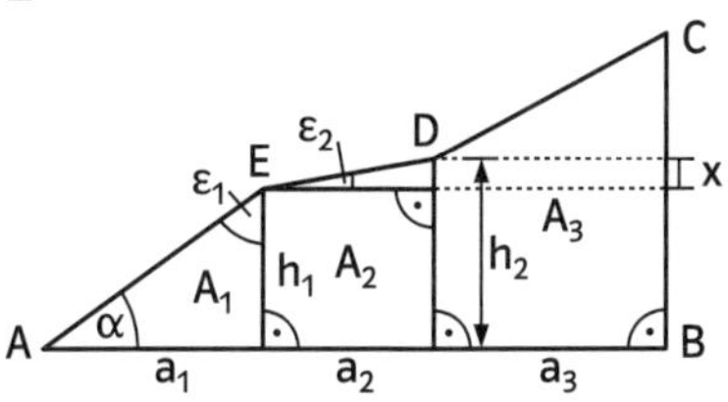

$\cos\alpha = \frac{a_1}{\overline{AE}}$; $a_1 = \overline{AE} \cdot \cos\alpha = 7{,}1\,\text{cm} \cdot \cos 35{,}2° \approx 5{,}80\,\text{cm}$

$\cos\alpha = \frac{a_1}{\overline{AE}}$; $a_1 = \overline{AE} \cdot \cos\alpha = 7{,}1\,\text{cm} \cdot \cos 35{,}2° \approx 5{,}80\,\text{cm}$

$h_1 = \sqrt{\overline{AE}^2 - a_1^2} = \sqrt{(7{,}1\,\text{cm})^2 - (5{,}8\,\text{cm})^2} \approx 4{,}10\,\text{cm}$

$\varepsilon_1 = 90° - \alpha = 90° - 35{,}2° = 54{,}8°$

$\varepsilon_2 = \varepsilon - 90° - \varepsilon_1 = 154{,}7° - 90° - 54{,}8° = 9{,}9°$

$\cos\varepsilon_2 = \frac{a_2}{\overline{ED}}$; $a_2 = \overline{ED} \cdot \cos\varepsilon_2 = 4{,}5\,\text{cm} \cdot \cos 9{,}9° \approx 4{,}43\,\text{cm}$

$x = \sqrt{\overline{ED}^2 - a_2^2} = \sqrt{(4{,}5\,\text{cm})^2 - (4{,}43\,\text{cm})^2} \approx 0{,}79\,\text{cm}$

$h_2 = h_1 + x = 4{,}10\,\text{cm} + 0{,}79\,\text{cm} = 4{,}89\,\text{cm}$

$$A_3 = A_{ABCDE} - A_1 - A_2 = A_{ABCDE} - \frac{1}{2} \cdot a_1 \cdot h_1 - \frac{h_1 + h_2}{2} \cdot a_2$$

$$= 111\,\text{cm}^2 - \frac{1}{2} \cdot 5{,}80\,\text{cm} \cdot 4{,}10\,\text{cm} - \frac{4{,}10\,\text{cm} + 4{,}89\,\text{cm}}{2} \cdot 4{,}43\,\text{cm}$$

$$\approx 79{,}20\,\text{cm}^2$$

$A_3 = \frac{h_2 + \overline{BC}}{2} \cdot a_3 \quad | \cdot 2$

$2 \cdot A_3 = (h_2 + \overline{BC}) \cdot a_3 \quad | : (h_2 + \overline{BC})$

$\frac{2 \cdot A_3}{h_2 + \overline{BC}} = a_3$

$a_3 = \frac{2 \cdot A_3}{h_2 + \overline{BC}} = \frac{2 \cdot 79{,}20\,\text{cm}^2}{4{,}89\,\text{cm} + 8{,}1\,\text{cm}} \approx 12{,}20\,\text{cm}$

$\overline{AB} = a_1 + a_2 + a_3 = 5{,}80\,\text{cm} + 4{,}43\,\text{cm} + 12{,}20\,\text{cm} \approx 22{,}4\,\text{cm}$

3

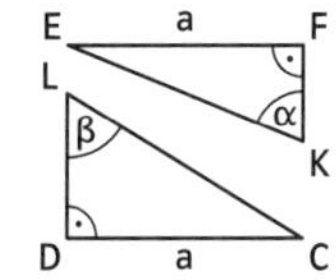

$\sin\alpha = \frac{a}{\overline{EK}}$

$\overline{EK} = \frac{a}{\sin\alpha} = \frac{3{,}6\,\text{cm}}{\sin 65°} \approx 3{,}97\,\text{cm}$

$\overline{FK} = \sqrt{\overline{EK}^2 - a^2}$

$= \sqrt{(3{,}97\,\text{cm})^2 - (3{,}6\,\text{cm})^2} \approx 1{,}67\,\text{cm}$

$\overline{BK} = 2a - \overline{FK} = 7{,}2\,\text{cm} - 1{,}67\,\text{cm} = 5{,}53\,\text{cm}$

$\overline{KC} = \sqrt{\overline{BK}^2 + a^2} = \sqrt{(5{,}53\,\text{cm})^2 + (3{,}6\,\text{cm})^2} \approx 6{,}60\,\text{cm}$

$\tan\delta = \frac{\overline{BK}}{a} = \frac{5{,}53\,\text{cm}}{3{,}6\,\text{cm}}$; $\delta \approx 56{,}9°$

$\sin\beta = \frac{a}{\overline{CL}}$; $\overline{CL} = \frac{a}{\sin\beta} = \frac{3{,}36\,\text{cm}}{\sin 55°} \approx 4{,}39\,\text{cm}$

$\overline{LD} = \sqrt{\overline{CL}^2 - a^2} = \sqrt{(4{,}39\,\text{cm})^2 - (3{,}6\,\text{cm})^2} \approx 2{,}51\,\text{cm}$

$\overline{LH} = 2a - \overline{LD} = 7{,}2\,\text{cm} - 2{,}51\,\text{cm} = 4{,}69\,\text{cm}$

$\overline{LE} = \sqrt{\overline{LH}^2 + a^2} = \sqrt{(4{,}69\,\text{cm})^2 + (3{,}6\,\text{cm})^2} \approx 5{,}91\,\text{cm}$

$\tan\varepsilon = \frac{a}{\overline{LH}} = \frac{3{,}6\,\text{cm}}{4{,}69\,\text{cm}}$; $\varepsilon \approx 37{,}5°$

$\overline{EKCL} = \overline{EK} + \overline{KC} + \overline{CL} + \overline{LE} = 3{,}97\,\text{cm} + 6{,}60\,\text{cm} + 4{,}39\,\text{cm} + 5{,}91\,\text{cm}$

$\approx 20{,}9\,\text{cm}$

4

a) Bei dem Viereck ABRS handelt es sich um ein Trapez.

b) Berechnungen im Dreieck BCR:

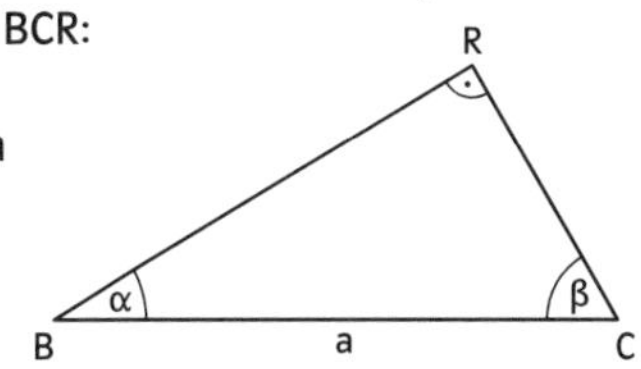

$\overline{BR} = a \cdot \cos\alpha$

$= 8{,}4\,\text{cm} \cdot \cos 27° \approx 7{,}48\,\text{cm}$

$\overline{CR} = \sqrt{a^2 - \overline{BR}^2}$

$= \sqrt{(8{,}4\,\text{cm})^2 - (7{,}48\,\text{cm})^2}$

$\approx 3{,}82\,\text{cm}$

$\beta = 180° - 90° - \alpha = 180° - 90° - 27° = 63°$ (Basiswinkel des Seitendreiecks)

Berechnungen im hinteren Manteldreieck der Pyramide:

$x = \overline{CR} \cdot \cos\beta$

$= 3{,}82\,\text{cm} \cdot \cos 63°$

$\approx 1{,}73\,\text{cm}$

$\overline{RS} = a - 2x$

$= 8{,}4\,\text{cm} - 2 \cdot 1{,}73\,\text{cm}$

$= 4{,}94\,\text{cm}$

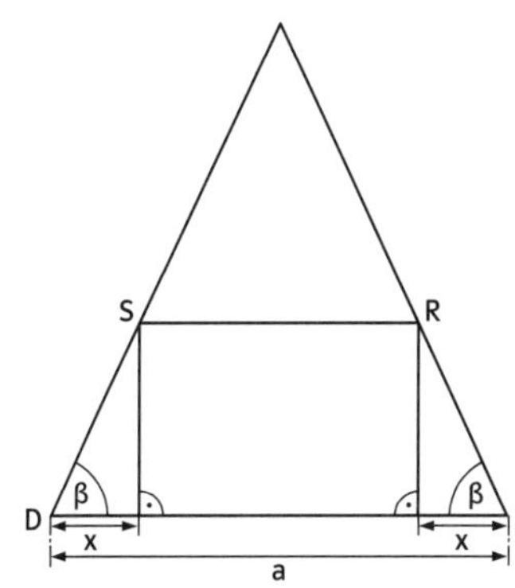

Berechnungen im Trapez ABRS:

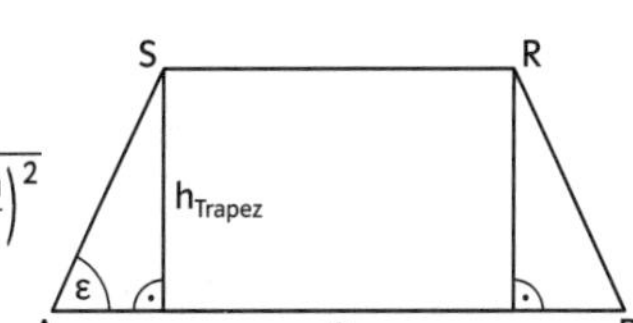

$h_{Trapez} = \sqrt{\overline{BR}^2 - \left(\frac{a - \overline{RS}}{2}\right)^2}$

$= \sqrt{(7{,}48\,\text{cm})^2 - \left(\frac{8{,}4\,\text{cm} - 4{,}94\,\text{cm}}{2}\right)^2}$

$= \sqrt{(7{,}48\,\text{cm})^2 - (1{,}73\,\text{cm})^2}$

$\approx 7{,}28\,\text{cm}$

$A_{Trapez} = \frac{a + \overline{RS}}{2} \cdot h_{Trapez} = \frac{8{,}4\,\text{cm} + 4{,}94\,\text{cm}}{2} \cdot 7{,}28\,\text{cm} \approx 48{,}6\,\text{cm}^2$

$\sin\varepsilon = \frac{h_{Trapez}}{\overline{BR}} = \frac{7{,}28\,\text{cm}}{7{,}48\,\text{cm}}$; $\varepsilon \approx 76{,}7°$

1

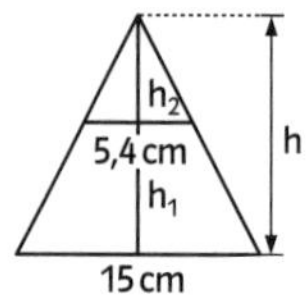

a) $d = \sqrt{(15\,cm)^2 + (15\,cm)^2} \approx 21{,}21\,cm$

$\tan 65° = \frac{h}{10{,}61\,cm}$; $h \approx 22{,}75\,cm$

b) Nach den Strahlensätzen gilt:

$\frac{h_2}{5{,}4\,cm} = \frac{22{,}75\,cm}{15\,cm}$; $h_2 = 8{,}19\,cm$

c) $V_{gesamt} = \frac{1}{3}a^2 \cdot h = \frac{1}{3} \cdot (15\,cm)^2 \cdot 22{,}75\,cm = 1706{,}25\,cm^3$

$V_{Spitze} = \frac{1}{3}a^2 \cdot h_2 = \frac{1}{3} \cdot (5{,}4\,cm)^2 \cdot 8{,}19\,cm \approx 79{,}61\,cm^3$

$V_{Stumpf} = V_{gesamt} - V_{Spitze} \approx 1626{,}64\,cm^3$

$q \approx \frac{79{,}61}{1706{,}25} \approx 0{,}0467$

Es wurden rund 4,67 % des Volumens der Pyramide abgeschnitten.

d) $h_s \approx \sqrt{(22{,}75\,cm)^2 + (7{,}5\,cm)^2} \approx 23{,}95\,cm$

Trapezhöhe h_{s_1}:

$\frac{h_{s_2}}{5{,}4\,cm} = \frac{23{,}95\,cm}{15\,cm}$; $h_{s_2} \approx 8{,}62\,cm$; $h_{s_1} \approx 15{,}33\,cm$

$O = (15\,cm)^2 + 4 \cdot \frac{1}{2}(5{,}4\,cm + 15\,cm) \cdot 15{,}33\,cm + (5{,}4\,cm)^2$
$\approx 879{,}62\,cm^2$

2

a)

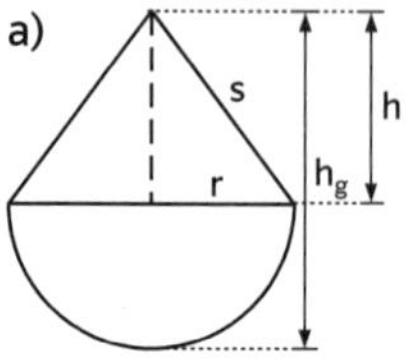

b) $h = h_g - r = 12\,cm - 5\,cm = 7\,cm$

$s = \sqrt{(7\,cm)^2 + (5\,cm)^2} \approx 8{,}6\,cm$

$O_g = O_{Halbkugel} + M_{Kegel} = 2\pi r^2 + \pi r s$
$= 2\pi \cdot (5\,cm)^2 + \pi \cdot 5\,cm \cdot 8{,}6\,cm \approx 292{,}17\,cm^2$

$V_g = V_{Kegel} + V_{Halbkugel} = \frac{1}{3}\pi r^2 h + \frac{2}{3}\pi r^3$
$= \frac{1}{3}\pi \cdot (5\,cm)^2 \cdot 7\,cm + \frac{2}{3}\pi \cdot (5\,cm)^3 \approx 445{,}06\,cm^3$

c) $h = 2r$

$V = 14{,}14\,dm^3 = \frac{1}{3}\pi r^2 h + \frac{2}{3}\pi r^3 = \frac{1}{3}\pi r^2 \cdot 2r + \frac{2}{3}\pi r^3 = \frac{2}{3}\pi r^3 + \frac{2}{3}\pi r^3$
$= \frac{4}{3}\pi r^3$

$r^3 = 14{,}14\,dm^3 \cdot \frac{3}{4}\pi \approx 3{,}38\,dm^3$; $r \approx 1{,}5\,dm$

$s = \sqrt{(1{,}5\,dm)^2 + (3\,dm)^2} \approx 3{,}35\,dm$

$O = 2\pi r^2 + \pi r s = 2\pi \cdot (1{,}5\,dm)^2 + \pi \cdot 1{,}5\,dm \cdot 3{,}35\,dm \approx 29{,}92\,dm^2$

d) $h_g = 4r$; $h = 4r - r = 3r$

$V = \frac{1}{3}\pi r^2 h + \frac{2}{3}\pi r^3 = \frac{1}{3}\pi r^2 \cdot 3r + \frac{2}{3}\pi r^3 = \pi r^3 + \frac{2}{3}\pi r^3 = \frac{5}{3}\pi r^3$

$s = \sqrt{(3r)^2 + r^2} = \sqrt{9r^2 + r^2} = \sqrt{10r^2} = r\sqrt{10}$

$O = 2\pi r^2 + \pi r \cdot s = 2\pi r^2 + \pi r \cdot r\sqrt{10} = 2\pi r^2 + \pi r^2\sqrt{10}$
$= \pi r^2(2 + \sqrt{10})$

Beilage zum Arbeitsheft Schnittpunkt BW 6

ISBN: 978-3-12-740305-3
ISBN: 978-3-12-740306-0

Internetadresse: www.klett.de

Zeichnungen/Illustrationen: media office gmbh, Kornwestheim
DTP/Satz: media office gmbh, Kornwestheim